Linux从零开始学

视频教学版

张春晓 编著

清華大学出版社
北京

内 容 简 介

本书以 CentOS Linux 系统的操作实践为出发点，系统讲解 Linux 安装和管理的方法，从系统安装、基础命令到网络管理以及常用的系统服务，使得读者可以快速获得日常维护 Linux 系统和网络服务的技能。本书配套脚本源码、PPT 课件与教学视频。

本书共分 16 章。第 1~10 章是 Linux 系统的基础知识，内容涵盖 CentOS Stream 8 的安装方法、常见的 Linux 命令、vi 编辑器、文件系统和磁盘管理、日志系统管理、用户管理、应用程序管理、Shell 基础知识、进程管理和网络管理；第 11~16 章是各项流行的网络服务的安装和配置方法，主要包括防火墙和 DHCP、NFS、Samba、FTP、域名解析、邮件服务、Squid 以及无人值守安装 Linux。

本书适合 Linux 初学者、Linux 爱好者以及 Linux 系统开发人员、测试人员等，使用本书无须学习、理解过多的基础理论，即可快速掌握 Linux 系统及其常用的管理技巧。同时，本书也适合作为高等院校和培训机构计算机相关专业的教材。

图书在版编目（CIP）数据

Linux 从零开始学：视频教学版 / 张春晓编著. –北京：清华大学出版社，2022.3（2023. 11重印）
ISBN 978-7-302-60152-4

Ⅰ. ①L… Ⅱ. ①张… Ⅲ. ①Linux 操作系统 Ⅳ. ①TP316.85

中国版本图书馆 CIP 数据核字（2022）第 030432 号

责任编辑： 夏毓彦
封面设计： 王 翔
责任校对： 闫秀华
责任印制： 曹婉颖

出版发行： 清华大学出版社
网　　址： http://www.tup.com.cn，http://www.wqbook.com
地　　址： 北京清华大学学研大厦 A 座　　**邮　　编：** 100084
社 总 机： 010-83470000　　**邮　　购：** 010-62786544
投稿与读者服务： 010-62776969，c-service@tup.tsinghua.edu.cn
质量反馈： 010-62772015，zhiliang@tup.tsinghua.edu.cn

印 装 者： 三河市君旺印务有限公司
经　　销： 全国新华书店
开　　本： 190mm×260mm　　**印　　张：** 20.5　　**字　　数：** 553 千字
版　　次： 2022 年 4 月第 1 版　　**印　　次：** 2023 年11月第 3 次印刷
定　　价： 79.00 元

产品编号：086702-01

前　言

随着互联网的普及，Linux 已经成为支撑各种互联网服务的重要基础之一，基本上所有的网络服务器都是基于 Linux 系统的。目前，随着市场需求推动以及大数据的增多，如何确保互联网系统平台的高可用性、提高计算资源利用率成为企业关注的焦点，可以说 Linux 网络管理和运维人员已经成为企业急需的高端人才。本书在这个背景下编写而成。

本书是一本从零开始系统介绍CentOS Stream 8 Linux系统管理和基础网络服务的自学用书和教程，遵循由浅入深的原则，循序渐进地讲解各个知识点，并充分结合实践，快速提高读者的学习兴趣，进而推动读者深入掌握相关知识。本书选择 CentOS Stream 8 为样本学习 Linux 系统，方便读者在未来工作中平滑过渡到 Red Hat Enterprise Linux。

本书以实战为主旨，涵盖 Linux 运维的各个方面，从第 1 章开始就结合实战操作，使得读者能够跟随本书内容进行学习，在实际操作过程中掌握每一个知识点，最终能够系统、深入地理解 Linux 运维的方法，提升系统维护和网络维护的能力。

本书特色

1. 注重基础知识

为了使读者能更好地学习和掌握 Linux，本书的许多章节都着重介绍基础知识和基本技能。基础知识和基本技能在 Linux 的运维体系中至关重要，也是举一反三地在不同环境中快速解决问题的基础。

2. 案例式学习模式

在本书中，每个知识点都列举了多个实用的示例和解决方案，真正做到以案例教学，同时每个案例都做到有一定的启发性，以便于读者能应对更多的实际情景。

3. 注重思路教学

Linux 系统中的许多软件和服务都设计得十分灵活，每个环境中都可以找到多种解决方案。对本书中的案例编者都做了详尽的解释，以便于读者理解。

4. 系统化教学

Linux 的维护是一项熟能生巧的工作。对于初学者来说，看书学习非常重要，但是必须在书本的指导下多操作、多动手，才能提高学习 Linux 的兴趣；否则只是看了一堆方法，却不知如何实际操作，用不了多久就会失去学习的兴趣，导致半途而废。本书从零基础开始，循序渐进，是一本可用于系统化教学的 Linux 教程。

5. 综合示例与常见问题

本书第 2~11 章是系统和网络维护常用的基础技能，这些章的最后都给出了综合示例，读者可以综合本章所学，真正做到学以致用。还有很多章最后给出了一些常见问题，帮助读者认识 Linux 运维工作中的一些重点和难点。

本书内容

本书共分 16 章，内容包括虚拟环境安装 CentOS Stream 8 Linux、新手需要掌握的 Linux 命令、vi 编辑器、Linux 文件系统和磁盘管理、日志系统管理、用户身份管理、应用程序管理、Shell 的使用及管道与重定向、系统启动控制与进程管理、网络管理、防火墙与 DHCP、网络文件共享 NFS、Samba 和 FTP、BIND 域名解析服务、Postfix 与 Dovecot 邮件系统部署、Squid 代理缓存、PXE+Kickstart 无人值守安装。

脚本源码、PPT 课件与教学视频下载

本书配套下载资源包括脚本源码、PPT 课件与教学视频，请用微信扫描下面的二维码获取，也可按扫描后的页面提示把下载链接转发到自己的邮箱中下载。如果有疑问和建议，请联系 booksaga@163.com，邮件主题写“Linux 从零开始学”。

适合阅读本书的读者

- Linux 初学人员
- Web 服务器后端工程师
- Web 前端工程师
- Linux 运维工程师
- 互联网系统架构师
- 网络管理员
- 软件开发经理、项目经理
- 计算机相关专业的学生
- 培训机构的学员

编　者

2022 年 1 月

目 录

第 1 章 虚拟环境安装 Linux......1
1.1 认识虚拟机......1
1.1.1 虚拟机简介......1
1.1.2 虚拟机的运行环境......2
1.2 安装前的准备......2
1.2.1 选择 Linux 安装版本......2
1.2.2 准备相应的硬件资源......3
1.2.3 安装方式的选择......4
1.3 在虚拟机上安装 Linux......4
1.3.1 安装 VMware 虚拟机......4
1.3.2 安装 CentOS Stream 8......7
1.4 Linux 的登录......10
1.4.1 本地登录......11
1.4.2 远程登录......11
1.5 Linux 的终端命令行......15
1.6 Linux 的桌面......16
1.6.1 KDE 桌面环境......16
1.6.2 GNOME 桌面环境......16
1.7 小结......17
第 2 章 新手需要掌握的 Linux 命令......18
2.1 Linux 的目录结构......18
2.2 文件管理......20
2.2.1 复制文件：cp......20
2.2.2 移动文件：mv......22
2.2.3 创建文件或修改文件的时间：touch......24

2.2.4 删除文件：rm 27
2.2.5 查看文件：cat、tac、more、less、tail 29
2.2.6 查找文件或目录：find 35
2.2.7 过滤文本：grep 41
2.2.8 比较文件差异：diff 45
2.2.9 在文件或目录之间创建链接：ln 47
2.2.10 显示文件类型：file 49
2.2.11 分割文件：split 50
2.2.12 合并文件：join 52
2.2.13 文件权限：umask 54
2.2.14 文本操作：awk 和 sed 55
2.3 目录管理 59
2.3.1 显示当前工作目录：pwd 59
2.3.2 创建目录：mkdir 60
2.3.3 删除目录：rmdir 61
2.3.4 改变工作目录：cd 62
2.3.5 查看工作目录文件：ls 63
2.3.6 查看目录树：tree 67
2.3.7 打包或解包文件：tar 68
2.3.8 压缩或解压缩文件和目录：zip/unzip 69
2.3.9 压缩或解压缩文件和目录：gzip/gunzip 71
2.3.10 压缩或解压缩文件和目录：bzip2/bunzip2 73
2.4 系统管理 75
2.4.1 查看命令帮助：man 75
2.4.2 导出环境变量：export 75
2.4.3 查看历史记录：history 76
2.4.4 显示或修改系统时间与日期：date 78
2.4.5 清除屏幕：clear 80
2.4.6 查看系统负载：uptime 80
2.4.7 显示系统内存状态：free 81
2.4.8 转换或复制文件：dd 82
2.5 任务管理 84
2.5.1 单次任务：at 84
2.5.2 周期任务：cron 84

2.6 关机命令 86
2.6.1 使用 shutdown 命令关机或重启 86
2.6.2 简单的关机命令 halt 87
2.6.3 使用 reboot 命令重启系统 87
2.6.4 使用 poweroff 终止系统运行 87
2.6.5 使用 init 命令改变系统运行级别 87
2.7 综合示例——用脚本备份重要文件和目录 88
2.8 小结 91
第 3 章 vi 编辑器 92
3.1 进入与退出 vi 92
3.2 移动光标 92
3.3 输入文本 93
3.4 复制与粘贴 94
3.5 删除与修改 94
3.6 查找与替换 95
3.7 执行 Shell 命令 95
3.8 保存文件 95
3.9 综合示例——增删改文件 96
3.10 小结 97
第 4 章 Linux 文件系统与磁盘管理 98
4.1 文件系统概述 98
4.1.1 Linux 分区简介 98
4.1.2 文件的类型 99
4.1.3 文件的属性与权限 100
4.1.4 改变文件所有权：chown 和 chgrp 101
4.1.5 改变文件权限：chmod 103
4.2 磁盘管理命令 104
4.2.1 查看磁盘空间使用情况：df 104
4.2.2 查看文件或目录所占用的空间：du 105
4.2.3 查看和调整文件系统参数：tune2fs 106
4.2.4 格式化文件系统：mkfs 107
4.2.5 挂载/卸载文件系统：mount/umount 108

4.2.6 基本磁盘管理：fdisk 110
4.3 交换空间管理 113
4.4 磁盘冗余阵列 RAID 113
4.5 综合示例——监控硬盘空间 114
4.6 小结 115

第 5 章 日志系统管理 116

5.1 Linux 常见日志文件及命令 116
5.2 Linux 日志系统 syslogd 119
5.2.1 syslogd 日志系统简介 120
5.2.2 syslogd 配置文件及语法 120
5.3 使用日志轮转功能 122
5.3.1 logrotate 命令和配置文件的参数及其说明 122
5.3.2 利用 logrotate 轮转 Nginx 日志 124
5.4 综合示例——利用系统日志定位问题 125
5.5 小结 126

第 6 章 用户身份管理 127

6.1 Linux 用户管理简介 127
6.1.1 Linux 用户登录过程 127
6.1.2 Linux 用户类型 128
6.2 Linux 用户管理机制 129
6.2.1 用户账号文件/etc/passwd 129
6.2.2 用户密码文件/etc/shadow 130
6.2.3 用户组文件/etc/group 131
6.3 Linux 用户管理命令 131
6.3.1 添加用户：useradd 131
6.3.2 更改用户：usermod 132
6.3.3 删除用户：userdel 134
6.3.4 更改或设置用户密码：passwd 134
6.3.5 切换用户：su 135
6.3.6 普通用户获取超级权限：sudo 136
6.4 用户组管理命令 137
6.4.1 添加用户组：groupadd 137

6.4.2 删除用户组：groupdel 138
6.4.3 修改用户组：groupmod 138
6.5 综合示例——批量添加用户及设定密码 139
6.6 小结 141
第 7 章 应用程序管理 142
7.1 软件包管理基础 142
7.1.1 RPM 143
7.1.2 YUM 143
7.2 YUM 的使用 143
7.2.1 YUM 配置文件 143
7.2.2 安装软件包 145
7.2.3 升级软件包 146
7.2.4 查看已安装的软件包 146
7.2.5 卸载软件包 147
7.3 从源代码安装软件 148
7.3.1 软件配置 148
7.3.2 软件编译 148
7.3.3 软件安装 148
7.4 Linux 函数库概述 151
7.5 综合示例——使用 YUM 安装 Web 服务软件 Nginx 153
7.6 小结 156
第 8 章 Shell 的使用及管道与重定向 157
8.1 Shell 简介 157
8.2 bash 的使用 158
8.2.1 别名 159
8.2.2 命令历史 159
8.2.3 命令补齐 160
8.2.4 命令行编辑 161
8.2.5 通配符 161
8.3 管道与重定向 162
8.3.1 标准输入与输出 162
8.3.2 输入重定向 163

8.3.3 输出重定向 164
8.3.4 错误输出重定向 165
8.3.5 管道 166
8.4 环境变量的配置 167
8.4.1 Shell 变量 167
8.4.2 Shell 环境变量的配置文件 169
8.5 综合示例——Shell 演示 169
8.6 小结 170

第 9 章 系统启动控制与进程管理 171

9.1 启动管理 171
9.1.1 GRUB 管理器概述 171
9.1.2 Linux 系统的启动过程 172
9.1.3 Linux 运行级别 173
9.1.4 Linux 初始化配置脚本/etc/inittab 的解析 174
9.1.5 Linux 启动服务的控制 176
9.2 Linux 进程管理 178
9.2.1 进程的概念 178
9.2.2 进程管理工具与常用命令 179
9.3 综合示例——进程监控 185
9.4 小结 187

第 10 章 网络管理 188

10.1 网络管理协议介绍 188
10.1.1 TCP/IP 概述 188
10.1.2 UDP 与 ICMP 简介 190
10.2 网络管理命令 191
10.2.1 检查网络是否通畅或网络连接速度：ping 191
10.2.2 配置网络或显示当前网络接口状态：ifconfig 193
10.2.3 显示、添加或修改路由表：route 195
10.2.4 复制文件至其他系统：scp 195
10.2.5 复制文件至其他系统：rsync 196
10.2.6 显示网络连接、路由表或网络接口状态：netstat 198
10.2.7 探测至目的地址的路由信息：traceroute 200

10.2.8 测试、登录或控制远程主机：telnet 202
10.2.9 下载网络文件：wget 202
10.3 Linux 网络配置 204
10.3.1 Linux 网络配置的相关文件 204
10.3.2 配置 Linux 系统的 IP 地址 204
10.3.3 设置主机名 205
10.3.4 设置默认网关 206
10.3.5 设置 DNS 服务器 206
10.4 综合示例——监控网卡流量 207
10.5 小结 209
第 11 章 防火墙与 DHCP 210
11.1 Linux 防火墙 firewalld 211
11.1.1 Linux 内核防火墙的工作原理 211
11.1.2 Linux 软件防火墙 firewalld 213
11.2 firewalld 配置实例 219
11.2.1 允许外部主机访问 Web 服务器 219
11.2.2 修改 SSH 默认的服务端口，并允许外部主机访问 219
11.2.3 只允许特定主机访问 SSH 服务 220
11.3 Linux 高级网络配置工具 221
11.3.1 高级网络管理工具 iproute2 221
11.3.2 网络数据采集与分析工具 tcpdump 223
11.4 DHCP 226
11.4.1 DHCP 的工作原理 226
11.4.2 配置 DHCP 服务器 227
11.4.3 配置 DHCP 客户端 228
11.5 网络常见问题 229
11.5.1 如何设置 IP 地址使之永久生效 229
11.5.2 VMWare 虚拟机中如何测试 DHCP 功能 230
11.5.3 如何使一个域名解析到多个 IP 230
11.6 综合示例——利用 firewalld 阻止外网异常请求 231
11.7 小结 232

第 12 章 网络文件共享 NFS、Samba 和 FTP 233
12.1 网络文件系统 NFS 233
12.1.1 NFS 简介 233
12.1.2 配置 NFS 服务器 234
12.1.3 配置 NFS 客户端 238
12.2 文件服务器 Samba 239
12.2.1 Samba 服务简介 239
12.2.2 Samba 服务安装配置 239
12.3 FTP 服务器 242
12.3.1 FTP 服务概述 242
12.3.2 vsftp 的安装与配置 243
12.3.3 proftpd 的安装与配置 247
12.4 常见问题 250
12.4.1 如何在 Windows 和 Linux 之间共享文件 250
12.4.2 Linux 文件如何在 Windows 中编辑 250
12.4.3 如何设置 FTP 才能实现文件上传 251
12.5 小结 251
第 13 章 BIND 域名解析服务 252
13.1 DNS 域名解析服务 252
13.1.1 域名 252
13.1.2 DNS 域名解析服务 253
13.2 安装 BIND 服务程序 254
13.2.1 软件安装 254
13.2.2 配置 BIND 255
13.3 部署从服务器 259
13.3.1 安装 BIND 259
13.3.2 定义区域 260
13.3.3 配置主域名服务器 260
13.3.4 检查从域名服务器数据同步 260
13.3.5 测试从域名服务器 261
13.4 安全的加密传输 261
13.5 部署缓存服务器 265
13.5.1 DNS 缓存服务器及其功能 265

13.5.2 DNS 查询流程 265
13.5.3 部署 DNS 缓存服务器 266
13.5.4 测试 DNS 缓存服务器 269
13.6 分离解析技术 269
13.6.1 域名分离解析 269
13.6.2 部署域名分离解析 270
13.7 小结 274
第 14 章 Postfix 与 Dovecot 邮件系统部署 275
14.1 电子邮件系统 275
14.1.1 POP3 275
14.1.2 STMP 276
14.1.3 IMAP 276
14.2 部署基础的电子邮件系统 276
14.2.1 配置域名解析服务 276
14.2.2 配置 Postfix 服务 277
14.2.3 配置 Dovecot 服务 278
14.2.4 测试邮件服务 279
14.3 设置用户别名信箱 282
14.4 小结 283
第 15 章 Squid 代理缓存 284
15.1 Squid 简介 284
15.1.1 什么是 Squid 284
15.1.2 Squid 的主要功能 285
15.1.3 Squid 的主要应用场景 285
15.2 配置正向代理服务器 285
15.2.1 正向代理原理 286
15.2.2 正向代理配置方法 286
15.2.3 测试正向代理 289
15.3 配置透明代理服务器 292
15.3.1 什么是透明代理服务器 292
15.3.2 透明代理服务器的配置方法 292
15.3.3 测试透明代理服务器 295

15.4 配置反向代理服务器......296
15.4.1 反向代理的原理......296
15.4.2 反向代理服务器的配置方法......296
15.4.3 测试反向代理服务器......299
15.5 配置缓存代理服务器......300
15.5.1 Web 缓存的基本概念......300
15.5.1 Squid 缓存的常用选项......301
15.5.3 Squid 缓存配置实例......302
15.6 小结......303
第 16 章 PXE+Kickstart 无人值守安装......304
16.1 通过 PXE 安装 CentOS......304
16.1.1 PXE 及其基本原理......304
16.1.2 准备安装环境......305
16.1.3 安装 DHCP 服务器......306
16.1.4 安装 TFTP 服务器......307
16.1.5 准备引导文件......307
16.1.6 准备内核文件......307
16.1.7 准备安装文件......309
16.1.8 开始安装......310
16.2 PXE 结合 Kickstart 实现无人值守安装 CentOS......312
16.2.1 安装环境准备......312
16.2.2 开始安装......313
16.3 小结......314

第1章

虚拟环境安装 Linux

学习 Linux 首先要了解 Linux 的安装，并掌握 Linux 登录的几种方式。安装 Linux 有多种方式，可以直接将 Linux 安装到某台计算机上，也可以采用虚拟机的安装方式。

本章首先介绍虚拟机的相关知识，演示如何在虚拟机上安装 Linux，然后介绍 Linux 的其他安装方式和登录方式。通过本章，读者可以掌握 Linux 系统的安装过程和登录方法。

本章主要涉及的知识点有：

- 认识虚拟机
- 安装 CentOS Stream 8 Linux
- 登录 Linux 的方式
- Linux 的两种桌面环境

1.1 认识虚拟机

采用虚拟机安装 Linux 是一个比较好的选择，虚拟机对于初学者来说很便利，可以重装系统，进行硬盘分区，甚至可以进行计算机病毒的实验。如果不小心把虚拟机的系统折腾崩溃了，造成系统不能启动，只要物理机没有损坏，就可以重新虚拟出一台新的虚拟机再次进行实验，不必担心计算机因不断实验而损坏。各台虚拟机可以安装不同版本的软件以便进行对比和实验。对于提供服务的公司而言，虚拟机可以充分利用软硬件资源，节省了大量硬件采购成本，并方便组建自己的网络。本节首先介绍虚拟机的作用，然后介绍虚拟机的运行环境。

1.1.1 虚拟机简介

虚拟机通过特定的软件模拟现实中具有硬件系统功能的计算机系统，它运行在一个完全隔离的环境中。真实的计算机称作“物理机”，而通过虚拟机软件虚拟出来的计算机称为“虚拟机”。虚拟机离不开虚拟机软件，常见的虚拟机软件有 VMware 系列和 VirtualBox 系列。

虚拟机软件可以在用户的操作系统（如 Windows 10）上虚拟出来若干台计算机，每台计算机都有自己的 CPU、硬盘、网卡等硬件设备，可以安装各种计算机软件。这些虚拟机共同使用计算机中的硬件访问网络资源。每台虚拟机都可以安装独立的操作系统。

虚拟机可以安装 Windows 系列，也可以安装 Linux 的各个发行版，各个系统之间可以相互运行而互不干扰，如果单个系统崩溃，并不会影响其他的系统。虚拟机可以方便地增删硬件，增加硬件不会增加用户的成本。虚拟机的使用方式和普通的计算机一样，真可谓一举多得。总之，虚拟机让普通用户可以拥有多台计算机，让一些有破坏性的实验可以很方便地进行，节省了大量成本。

注意： 虚拟机并不能虚拟出无限的资源，虚拟出来的计算机的硬件设备受限于物理机的各个硬件。各台虚拟机由于共享同样的硬件资源，所以虚拟机运行得越多，物理机的 CPU 和内存消耗也会相应增加。

1.1.2 虚拟机的运行环境

常见的用户计算机都可以作为承载虚拟机的物理机，虚拟出来的虚拟机数量取决于物理机的硬件资源。

虚拟机可以运行在 Windows 上，也可以运行在 Linux 和 macOS 系统上。本章讲解的虚拟机运行在 Windows 10 系统上。

1.2 安装前的准备

安装 Linux 要进行相应的准备，要选择适合自己的发行版，另外需要准备相应的硬件资源并选择合适的安装方式。

1.2.1 选择 Linux 安装版本

安装 Linux 选择合适的发行版是必要的，Linux 的发行版众多，在确定使用哪个发行版之前，建议多花费一些时间来多尝试下载、安装和测试几个发行版。针对个人开发者或喜欢 Linux 提供的桌面环境的普通用户，每个发行版都有对应的用户群划分。

1. Ubuntu

如果是桌面环境 KDE 或 GNOME 的支持者，Ubuntu 是一个比较适合新手的发行版，其用户界面非常友好，可以轻松地在大多数机器上安装，安装完毕后桌面已经配置好了，方便用户使用。

2. Debian

如果对软件包管理系统有兴趣，Debian 有很多出众的地方。它的软件包管理非常稳定，桌面环境也经过很好的调整，符合人们的使用习惯，同时在它的软件库中，资源丰富的程度也独一无二。

3. Fedora

Fedora 通过业界标准的 RPM 格式能够毫不费力地解决应用程序的软件库依赖问题，因而安装软件很容易。Fedora 的软件管理和安全更新有着很高的水准。对于每天都需要使用桌面程序的用户来说，Fedora 默认安装的软件包非常全面，系统启动的同时会看到蓝色的桌面上有人惊诧的主题配色。

4. openSUSE

如果要为办公环境选择一款 Linux 发行版，那么一定有几个方面的要求是必须满足的。首先需要具备一套办公软件和一个标准的人员信息管理软件；其次需要有很好的安全性，并且拥有交互性和专业性。openSUSE 与 OpenOffice 紧密结合，具有良好的扩展性。技术支持和培训可以方便地从 Novell 公司那里获得，其核心功能是文件处理，Novell 公司将 OpenOffice 很好地集成到了桌面环境中。与 Fedora 一样，openSUSE 也提供了一个企业版本，大量商业软件商会在这个平台上发布专业应用软件。

5. 服务器版（CentOS、Red Hat 和 openSUSE）

作为服务器的运行环境，Linux 是最好的选择之一，Linux 在这个领域取得了巨大的成功。但并不是所有的 Linux 系统都是按照同一标准构建的，面向桌面应用的 Linux 发行版，它的应用软件的安全级别与为服务器创建的 Linux 发行版的安全级别不在一个级别上，并且大多数服务器版为了减少潜在的问题，默认都不带桌面环境。

出于以上原因，大型全面的商用发行版（如 Red Hat 企业版和 openSUSE 企业版）成为企业的首选方案。企业使用企业版的 Linux 可以获得更好的技术支持，并能从中受益。由于开源的特性，那些需要付费的发行版也需要公布软件的源代码。尽管 CentOS 被定位为适合服务器运行，但它还是集成了一个图形界面来完成大部分管理工作。如果需要更专业的支持，那么可以平滑地从 CentOS 转至 Red Hat 企业版。

注意：本书讲解的 Linux 使用 CentOS Stream 8 版本，方便读者以后在工作中平滑过渡到 Red Hat Enterprise Linux 版本。

1.2.2　准备相应的硬件资源

在选定发行版之后，就可以安装操作系统了。在安装之前，了解其硬件需求是非常必要的。硬件的发展日新月异，这也带来了硬件与操作系统之间的兼容性问题。在安装 Linux 之前，要确定计算机的硬件能否被 Linux 发行版支持。

首先，所有的 CPU 处理器基本都可以被 Linux 发行版支持。经过多年的发展，Linux 内核不断完善，已经可以支持大部分主流厂商的硬件。Linux 操作系统下的其他硬件驱动也得到了广泛的支持，对应的 Linux 发行版的官方网站也提供了支持的硬件列表。

其次，Linux 系统运行对内存的要求比较低，128MB 内存即可支持。

最后，硬盘空间是一个必须考虑的问题，计算机必须有足够大的分区供用户安装 Linux 系统，建议在硬盘上预留的空闲空间应在 20GB 以上。

注意：如果直接在硬盘上安装 Linux 而不使用虚拟机，则需要对重要数据进行备份，包含系统分区表等。

1.2.3 安装方式的选择

Linux 操作系统有多种安装方式，下面介绍常见的几种。

1. 从光盘安装

这是比较简单方便的安装方法，Linux 发行版可以在对应的官方网站下载，下载完成后刻录成光盘，然后将计算机设置成光驱引导。把光盘放入光驱，重新引导系统，系统引导完成即可进入图形化安装界面。

2. 从硬盘安装

Linux 发行版对应的官方网站下载的光盘映像文件可以直接从硬盘进行安装。通过特定的 ISO 文件读取软件可以将光盘解压到指定的目录待用，重新引导即可进入 Linux 的安装界面。这时安装程序就会提示选择是用光盘安装还是从硬盘安装，选择从硬盘安装后，系统会提示输入安装文件所在的目录。

3. 其他安装方式

Linux 发行版可以通过 U 盘或网络进行安装，每种安装方法类似，区别在于安装过程中系统的引导方式。本章主要以光盘安装为例介绍 Linux 的安装过程。

Linux 安装程序引导完毕后的效果如图 1.1 所示。

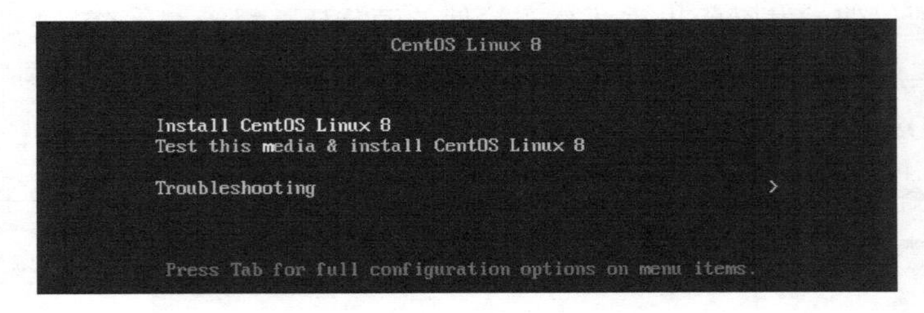

图 1.1 Linux 安装界面

1.3 在虚拟机上安装 Linux

对于初学者来说，在虚拟机上安装 Linux 是非常好的方式，通过特定的虚拟机软件可以虚拟出多台计算机，对学习和实验来说都非常方便。本节介绍如何安装虚拟机及如何在虚拟机上安装 CentOS Stream 8 Linux 系统。

1.3.1 安装 VMware 虚拟机

VMware 是使用非常广泛的虚拟机软件，本节以 VMware Workstation 15.5 Pro 为例说明 VMware 软件的安装过程。

（1）首先从 VMware 官网下载 VMware Workstation 15.5 Pro 安装程序，本书配套下载资源中提供有下载网址，下载下来之后，双击下载的 VMware Workstation 15.5 Pro 安装程序，然后进入安装向导界面，如图 1.2 所示。

（2）此处不需要选择，直接单击【下一步】按钮进入下一个界面，如图 1.3 所示，这里要选择【我接受许可协议中的条款】复选框，然后单击【下一步】按钮。

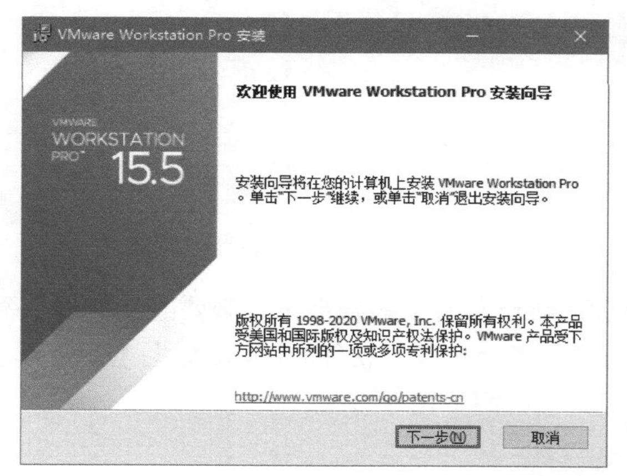

图 1.2　VMware 安装向导界面

图 1.3　最终用户许可协议界面

（3）进入自定义安装界面，如图 1.4 所示，如果不需要自定义路径，单击【下一步】按钮进入下一个界面。

（4）在用户体验设置界面，取消【启动时检查产品更新】和【加入 VMware 客户体验提升计划】复选框，单击【下一步】按钮，如图 1.5 所示。

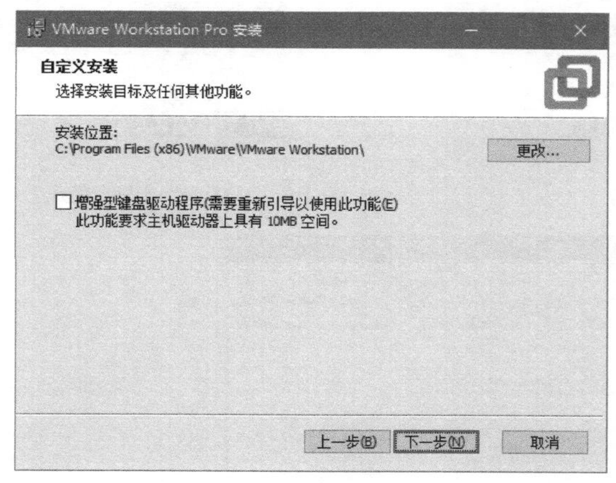

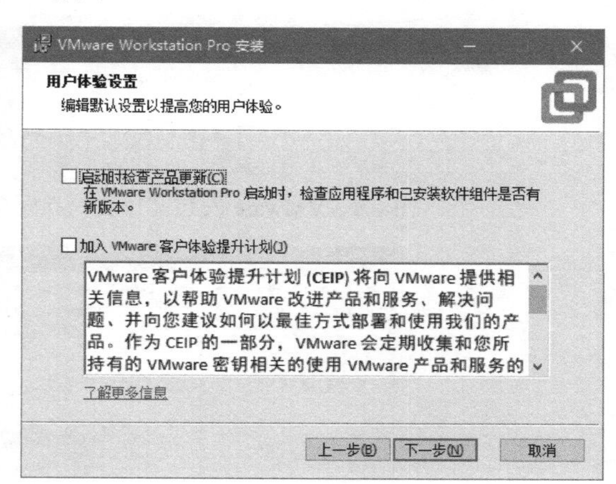

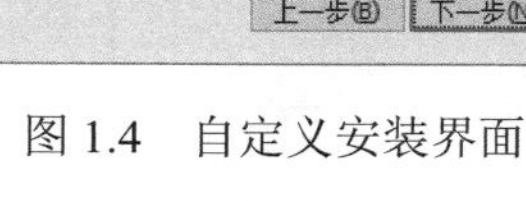

图 1.4　自定义安装界面

图 1.5　用户体验设置界面

（5）在安装过程中会创建 VMware 的快捷方式，如图 1.6 所示，此处选择创建快捷方式的位置，单击【下一步】按钮。

（6）进入安装确认界面，如图 1.7 所示，直接单击【安装】按钮，开始安装。

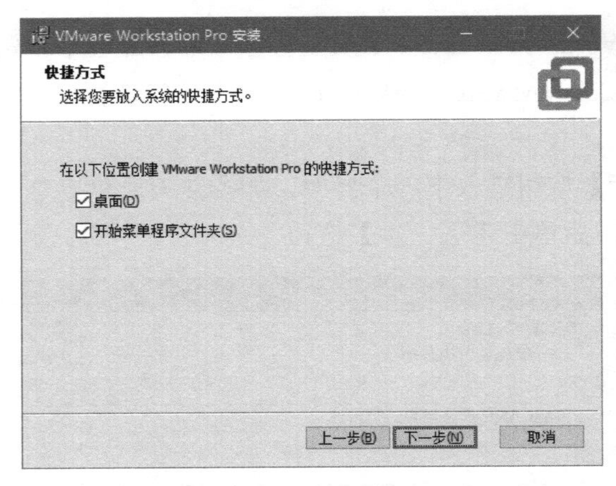

图 1.6　创建快捷方式

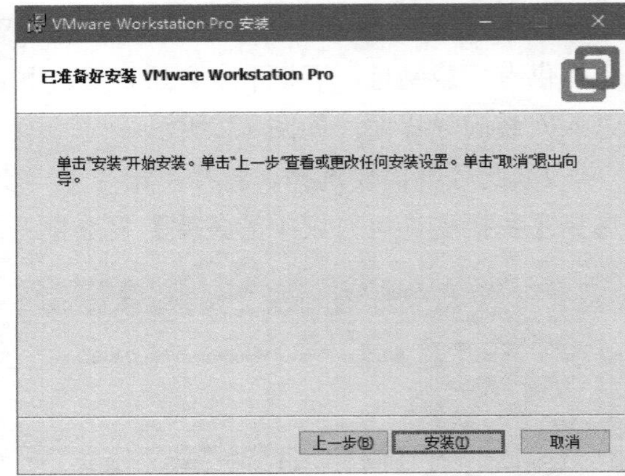

图 1.7　安装确认

（7）此时打开如图 1.8 所示的界面，说明 VMware 软件安装需要进行必要的复制和系统设置，此步完成后，VMware 软件安装完毕。此时桌面上会生成该软件的图标，如图 1.9 所示，双击该图标即可使用 VMware 软件。启动后的效果图如图 1.10 所示。

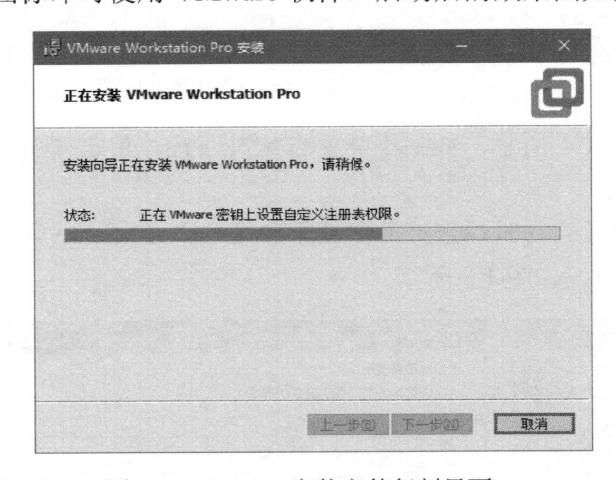

图 1.8　VMware 安装文件复制界面

图 1.9　VMware 快捷方式

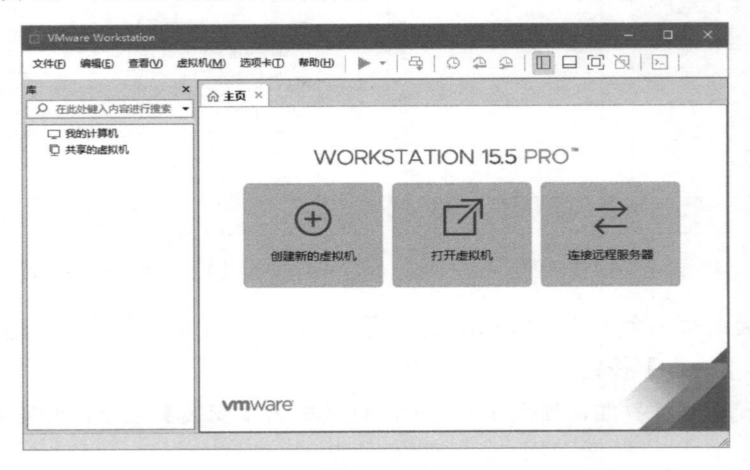

图 1.10　VMware Workstation 启动界面

1.3.2　安装 CentOS Stream 8

Linux 的安装方法有很多种，本书主要以光盘安装为例介绍 CentOS Stream 8 Linux 的安装过程及相关参数的设置。详细步骤如下：

（1）在图 1.10 所示的界面上单击“创建新的虚拟机”按钮，打开“新建虚拟机向导”，按窗口引导（可参看本书配套下载资源中的创建虚拟机的截图）创建一个 CentOS 8 64 位虚拟机，如图 1.11 所示。选中“CentOS 8 64 位”，单击【虚拟机】|【设置】菜单，如图 1.12 所示。

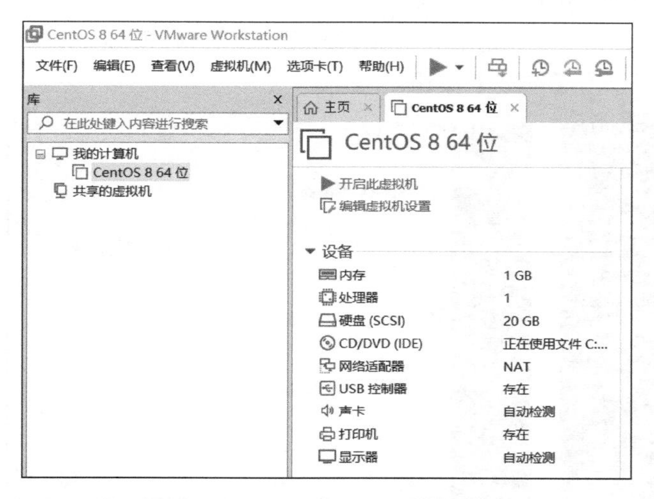

图 1.11　创建一个空的 CentOS 8 64 位虚拟机

图 1.12　VMware Workstation 设置选择步骤

（2）打开虚拟机设置界面，如图 1.13 所示。单击【CD/DVD（IDE）】选项，窗口右边显示光驱的连接方式。此处单击【使用 ISO 映像文件】单选按钮，然后单击【浏览…】按钮，弹出文件选择窗口，选择下载的 ISO 文件，通过此步设置将发行版的 ISO 文件和 VMware 相关联。然后单击【确定】按钮，设置完毕。

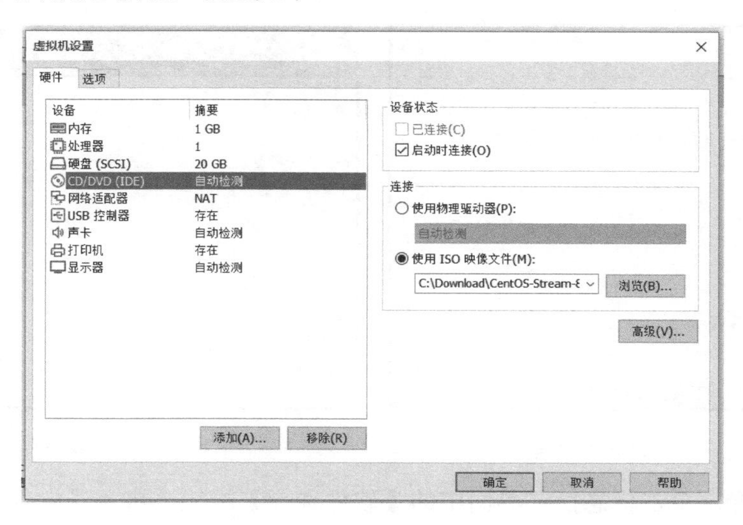

图 1.13　虚拟机设置界面

（3）通过以上步骤完成虚拟机参数的设置，下一步启动虚拟机，如图 1.14 所示，单击菜单中的绿色箭头即可启动虚拟机。

（4）启动后，耐心等待安装程序引导完毕，即可进入 Linux 的安装界面。Linux 的安装和 Windows 的安装类似，如图 1.15 所示。

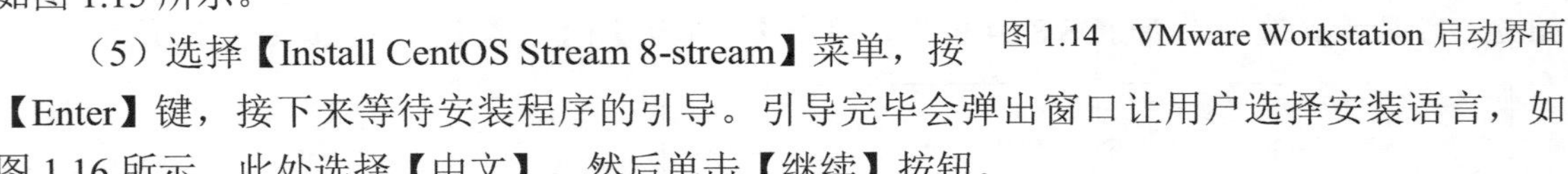

图 1.14　VMware Workstation 启动界面

（5）选择【Install CentOS Stream 8-stream】菜单，按【Enter】键，接下来等待安装程序的引导。引导完毕会弹出窗口让用户选择安装语言，如图 1.16 所示。此处选择【中文】，然后单击【继续】按钮。

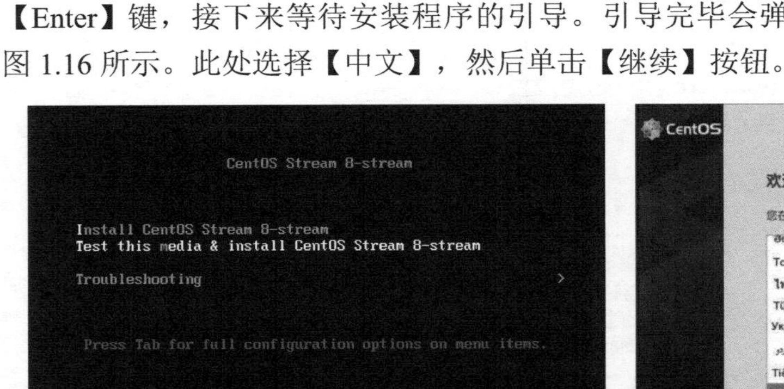

图 1.15　Linux 安装引导界面

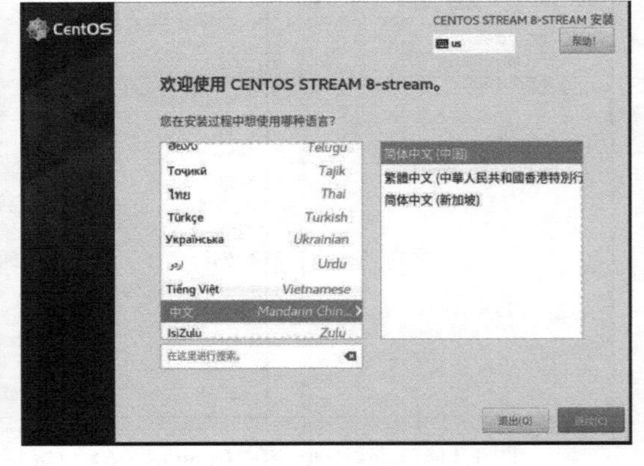

图 1.16　选择安装语言

（6）接下来进入安装信息摘要界面，如图 1.17 所示，此处设置的选项比较多。

① 设置安装目的地。单击【安装目的地】按钮，进入【安装目标位置】界面，如图 1.18 所示。此处保证勾选了虚拟机的虚拟硬盘，然后单击【完成】按钮，返回安装信息摘要界面。

图 1.17　安装信息摘要

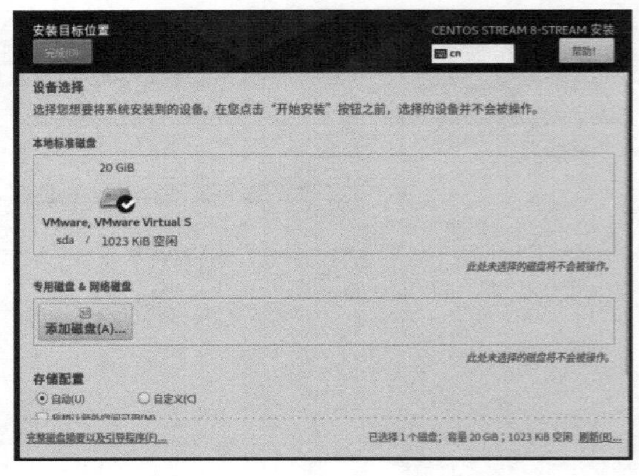

图 1.18　安装目标位置

② 软件选择。单击信息摘要界面中的【软件选择】按钮，进入【软件选择】界面，如图 1.19 所示。此处选择【带 GUI 的服务器】单选按钮，然后单击【完成】按钮返回安装信息

摘要界面。

③ 设置时间和日期。单击安装信息摘要界面中的【时间和日期】按钮，进入【时间和日期】界面，如图 1.20 所示。在【地区】和【城市】下拉菜单中分别选择【亚洲】和【上海】选项，也可以直接在地图上找到上海，单击【完成】按钮，返回安装信息摘要界面。

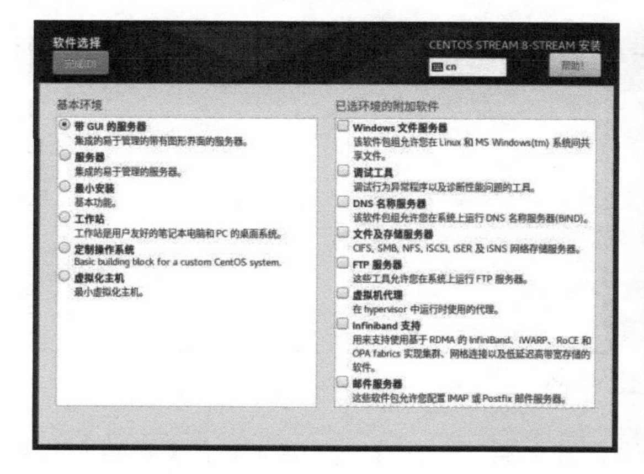

图 1.19 软件选择

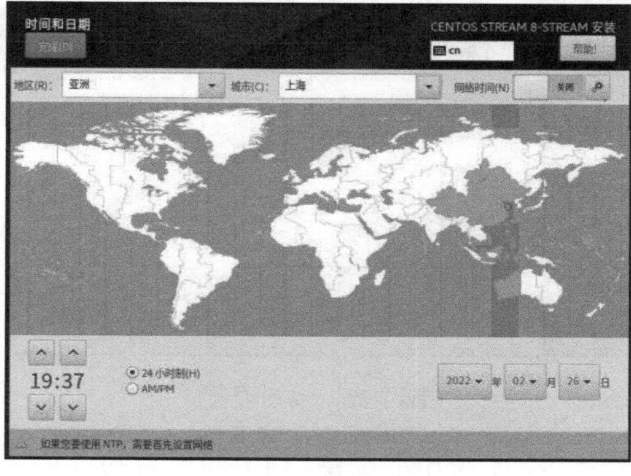

图 1.20 设置时间和日期

④ 设置网络和主机名。在安装信息摘要界面中单击【网络和主机名】按钮，进入【网络和主机名】界面，如图 1.21 所示。

在【主机名】文本框中输入自己的主机名，例如 CentOS，单击【以太网】右侧的滑块，开启网络。然后单击【完成】按钮，返回安装信息摘要界面，如图 1.22 所示。

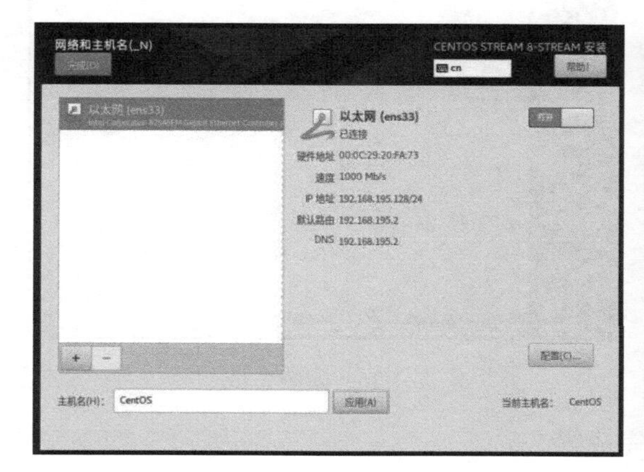

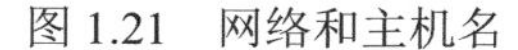
图 1.21 网络和主机名

图 1.22 安装信息摘要

（7）设置 root 用户的密码。在安装过程中，引导程序会要求用户设置 root 用户的密码，如图 1.23 所示。单击【root 密码】按钮，打开 ROOT 密码界面，如图 1.24 所示。在【Root 密码】和【确认】框中输入相同的密码，然后单击【完成】按钮，返回安装信息摘要界面。

（8）创建用户。通常情况下，用户应该通过非 root 用户进行系统维护，所以在安装过程中，安装程序会提供一个创建用户的机会，用户可以在安装信息摘要界面中单击【创建用户】按钮（如图 1.23 所示），为系统创建一个普通用户，请读者尝试一下，创建一个名叫“chunxiao”

的用户。该步骤不是必需的，如果没有创建普通用户，那么可以使用 root 用户登录系统后再创建普通用户。

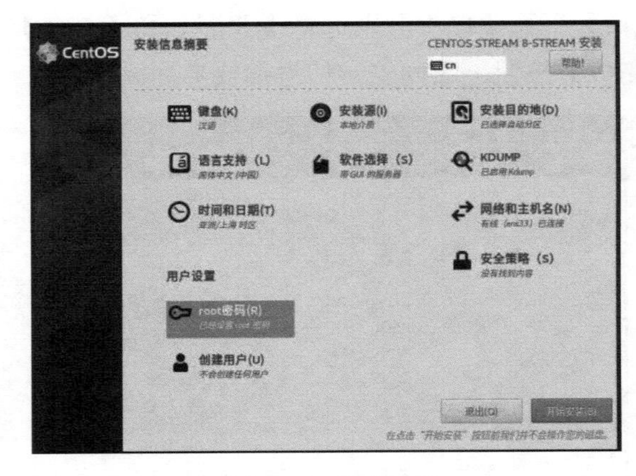

图 1.23　用户设置

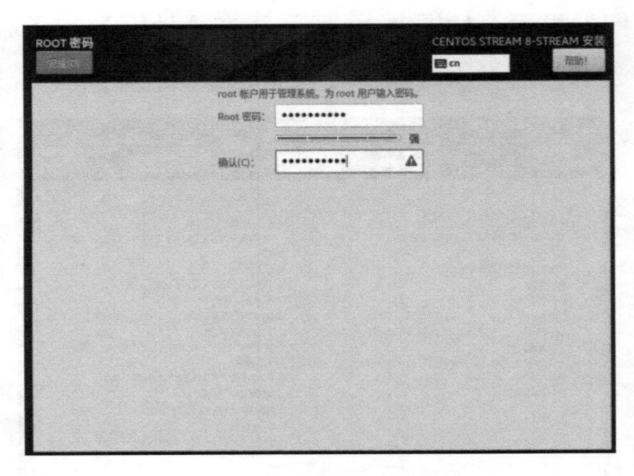

图 1.24　设置 root 用户密码

（9）正式开始安装。当上面所有的选项都设置好之后，单击图 1.23 右下角的【开始安装】按钮，开始安装系统。安装进度界面如图 1.25 所示。

（10）安装完成。等待安装完成之后，单击【重启系统】按钮，重新启动虚拟机，如图 1.26 所示。

图 1.25　安装进度

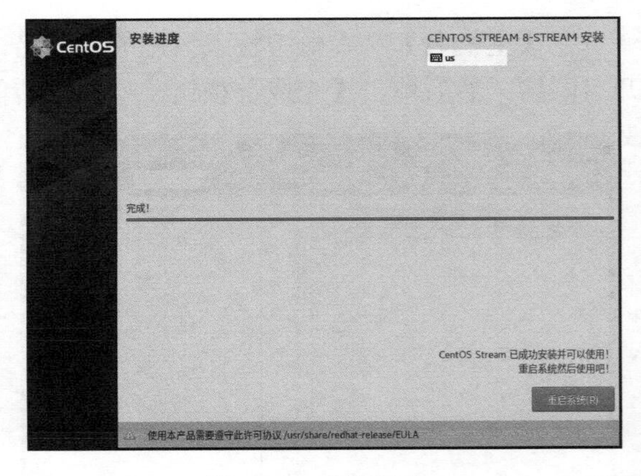

图 1.26　安装完成

至此，CentOS Stream 8 Linux 系统就安装完成了。

1.4 Linux 的登录

Linux 系统的登录方式有多种，本节主要介绍 Linux 常见的登录方式，如本地登录、通过软件远程连接进行登录等。

1.4.1　本地登录

Linux 系统引导完毕后，会进入登录界面，如图 1.27 所示。

如果用户名已经列出，则用户可以单击用户名；如果用户名没有列出，例如 root 用户，则可以单击【未列出】按钮，然后输入用户。此处单击屏幕中的用户名【chunxiao】，然后输入密码，如图 1.28 所示。

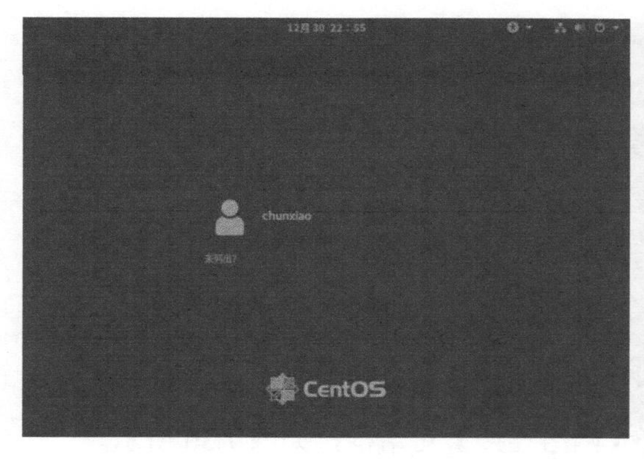

图 1.27　登录界面

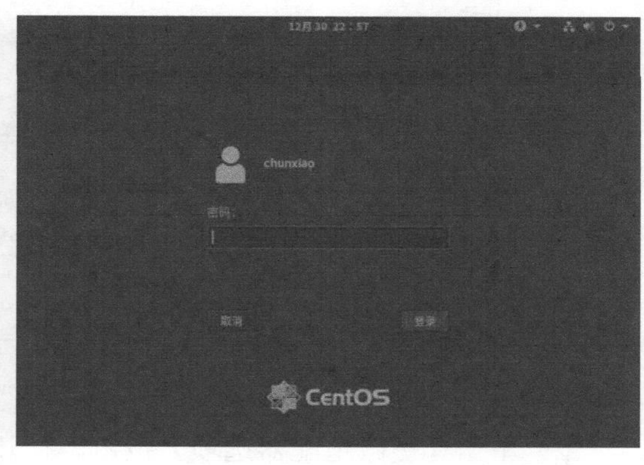

图 1.28　用户登录

单击【登录】按钮，即可进入 CentOS Stream 8 的桌面环境。

如想切换到命令模式，可单击【系统】|【终端】菜单，输入“init 3”即可完成启动级别的转变。Linux 运行级别如表 1.1 所示。

表 1.1　Linux 运行级别

参　数	说　明
0	停机
1	单用户模式
2	多用户模式
3	完全多用户模式，服务器一般运行在此级别
4	一般不用，在一些特殊情况下使用
5	X11 模式，一般发行版默认的运行级别，可以启动图形桌面系统
6	重新启动

1.4.2　远程登录

提示：建议初学者跳过本小节内容，直接使用本地登录继续学习。在学完第 10 章网络管理之后，再回过头来学习本小节 SecureCRT 远程登录 Linux 的配置。

除了在本机登录 Linux 外，还可以利用 Linux 提供的 sshd 服务进行系统的远程登录。远程登录步骤如下：

（1）以 Windows 10 为例，右击【开始】菜单，在弹出的快捷菜单中选择【网络连接】命令，此时弹出设置界面，如图 1.29 所示。

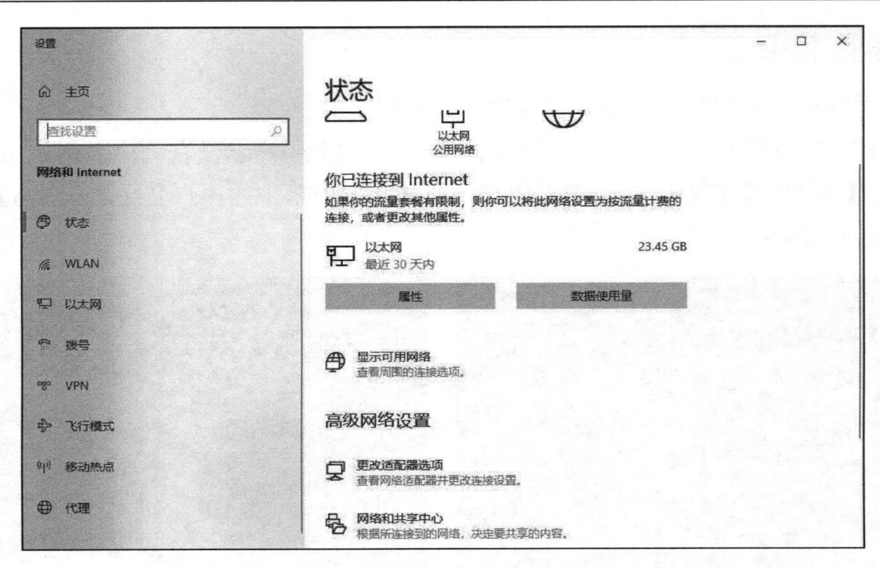

图 1.29　网络设置

（2）单击【更改适配器选项】按钮，打开【网络连接】对话框，如图 1.30 所示。

（3）双击【VMware Network Adapter VMnet 8】图标，在弹出的对话框中单击【详细信息】按钮，打开【网络连接详细信息】对话框，如图 1.31 所示。

图 1.30　网络连接

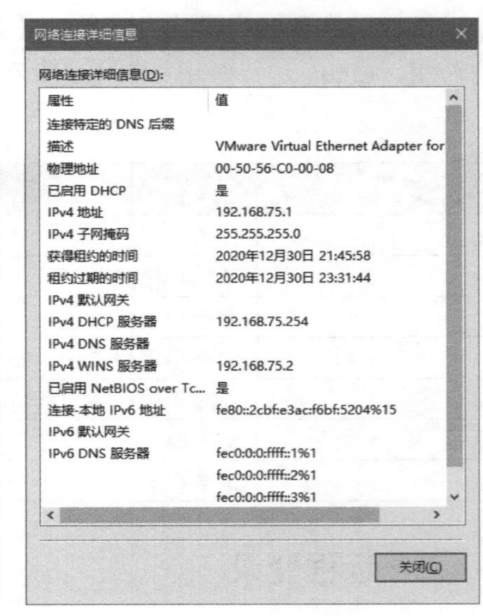

图 1.31　网络连接详细信息

图中 IP 地址 192.168.75.1 表示当前网卡的设置，Linux 中的 IP 地址需要和此 IP 地址在同一网段。

（4）首先通过本地登录 Linux，设置 IP 地址可通过示例 1-1 的命令完成。“ifconfig eth0 192.168.75.128”表示利用系统命令 ifconfig 将系统中网络接口 eth0 的 IP 地址设置为 192.168.75.128，子网掩码为 255.255.255.0。

【示例 1-1】

```
[root@CentOS ~]# ifconfig ens33 192.168.75.128 netmask 255.255.255.0
[root@CentOS ~]# ifconfig ens33
ens33: flags=4163<UP,BROADCAST,RUNNING,MULTICAST>  mtu 1500
        inet 192.168.75.128  netmask 255.255.255.0  broadcast 192.168.75.255
        inet6 fe80::d4b1:4db2:dfa9:35dc  prefixlen 64  scopeid 0x20<link>
        ether 00:0c:29:7f:33:3b  txqueuelen 1000  (Ethernet)
        RX packets 524730  bytes 786710802 (750.2 MiB)
        RX errors 0  dropped 0  overruns 0  frame 0
        TX packets 46327  bytes 2926155 (2.7 MiB)
        TX errors 0  dropped 0 overruns 0  carrier 0  collisions 0
```

（5）查看当前系统服务，确认 sshd 服务是否启动以及启动的端口。

【示例 1-2】

```
#查看 sshd 服务是否启动
[root@CentOS ~]# systemctl status sshd
● sshd.service - OpenSSH server daemon
   Loaded:  loaded  (/usr/lib/systemd/system/sshd.service;  enabled;  vendor
preset>
   Active: active (running) since Wed 2020-12-30 22:51:55 CST; 19min ago
     Docs: man:sshd(8)
           man:sshd_config(5)
 Main PID: 1234 (sshd)
    Tasks: 1 (limit: 49448)
   Memory: 2.4M
   CGroup: /system.slice/sshd.service
           └─1234 /usr/sbin/sshd -D
-oCiphers=aes256-gcm@openssh.com,chacha20-p>

12 月 30 22:51:55 centos8 systemd[1]: Starting OpenSSH server daemon...
12 月 30 22:51:55 centos8 sshd[1234]: Server listening on 0.0.0.0 port 22.
12 月 30 22:51:55 centos8 sshd[1234]: Server listening on :: port 22.
12 月 30 22:51:55 centos8 systemd[1]: Started OpenSSH server daemon.
lines 1-15/15 (END)
#查看 sshd 服务启动的端口，结果表示 sshd 服务启动的端口是 22
[root@CentOS ~]# netstat -plnt|grep sshd
tcp      0    0 0.0.0.0:22          0.0.0.0:*              LISTEN      1234/sshd
tcp6     0    0 :::22               :::*                   LISTEN      1234/sshd
```

（6）进行 SecureCRT 的相关配置。

首先从互联网上查找并下载 SecureCRT 安装包进行安装，安装过程比较简单，这里就不讲解了。启动 SecureCRT 后，单击【连接】|【快速连接】菜单，弹出 Quick Connect 对话框，设置相关参数，如图 1.32 所示。

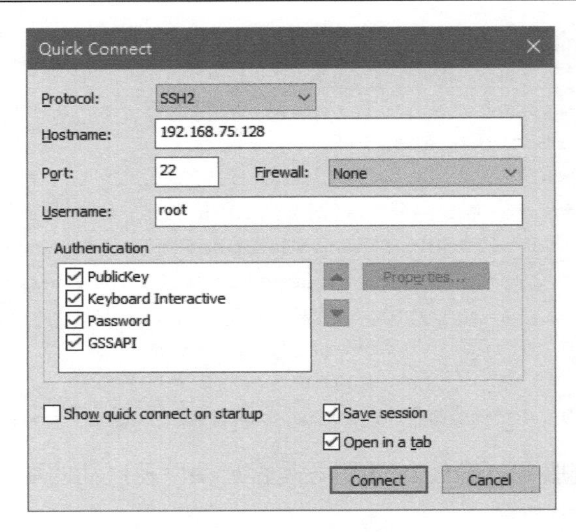

图 1.32　Linux 远程登录设置

主要参数说明：

- Protocol：可以选择 SSH2。
- Hostname：上一步设置的 IP 地址，此处填写“192.168.75.128”。
- Port：22。
- Firewall：None。
- Username：可以输入“root”或其他用户名。

（7）单击 Connect 按钮，会提示是否接受主机密钥（见图 1.33），单击【接受并保存】按钮，弹出【输入安全外壳密码】窗口，输入用户名和密码（见图 1.34），单击【确定】按钮，如果用户名和密码正确，就可以正常进入 Linux 了，如图 1.35 所示。

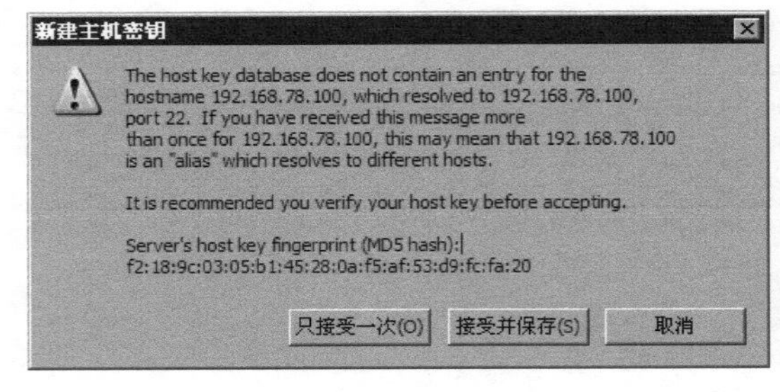

图 1.33　接受密钥

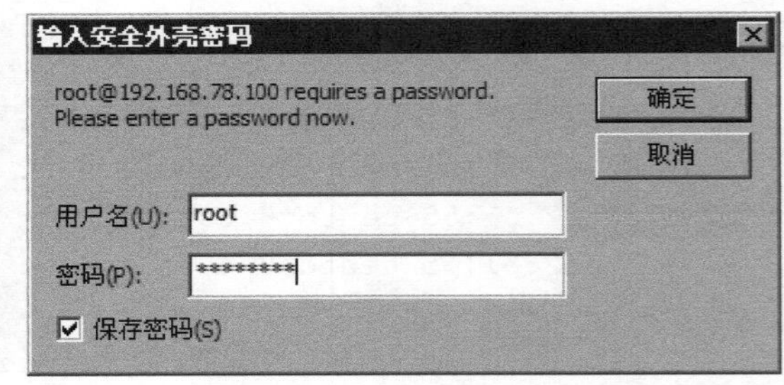

图 1.34　输入用户名和密码

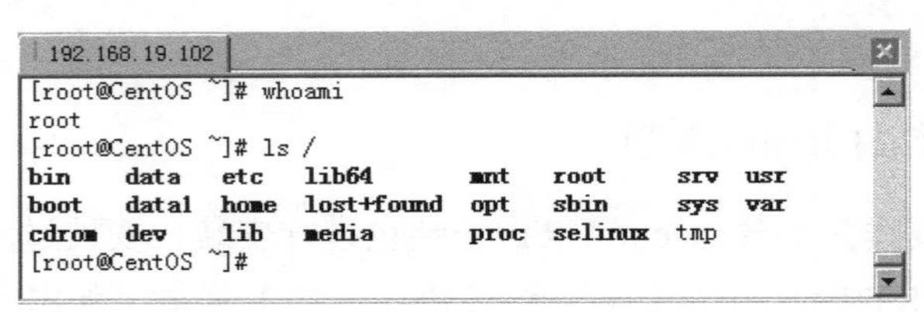

图 1.35　登录后的效果

1.5 Linux 的终端命令行

Linux 提供的图形界面接口可以完成绝大多数的工作，系统管理员一般更习惯使用终端命令行进行系统的参数设置和任务管理。使用终端命令行可以方便、快速地完成各种任务。

使用终端命令行需要掌握一些必要的命令，这些命令的组合不仅可以完成简单的操作，通过 Linux 提供的 Shell 还可以完成一些复杂的任务。用户在终端命令行输入一串字符，Shell 负责理解并执行这些字符串，然后把结果显示在终端上。

提示： 大多数 Shell 都有命令补齐的功能。

在 UNIX 发展历史上，用户都是通过 Shell 来工作的。大部分命令都经过了几十年的发展和改良，功能强大，性能稳定。Linux 继承自 UNIX，自然也是如此。此外，Linux 的图形化界面并不友好，并不是所有的命令都有对应的图形按钮，更别说在图形化界面崩溃的情况下，就更要靠 Shell 输入命令来恢复计算机了。

命令本身是一个函数（Function），是一个小的功能模块。如果想要让计算机完成很复杂的事情，则必须通过 Shell 编程来实现。可以把命令作为函数嵌入 Shell 程序中，从而让不同的命令能够协同工作。

一些终端命令行的演示如示例 1-3 所示，更多命令可参阅第 2 章。

【示例 1-3】

```
[root@CentOS ~]# ifconfig
eth0      Link encap:Ethernet  HWaddr 00:0C:29:F2:BB:39
          inet addr:192.168.19.102  Bcast:192.168.19.255  Mask:255.255.255.0
          inet6 addr: fe80::20c:29ff:fef2:bb39/64 Scope:Link
          UP BROADCAST RUNNING MULTICAST  MTU:1500  Metric:1
          RX packets:1243 errors:0 dropped:0 overruns:0 frame:0
          TX packets:1065 errors:0 dropped:0 overruns:0 carrier:0
          collisions:0 txqueuelen:1000
          RX bytes:107868 (105.3 KiB)  TX bytes:136948 (133.7 KiB)

lo        Link encap:Local Loopback
          inet addr:127.0.0.1  Mask:255.0.0.0
          inet6 addr: ::1/128 Scope:Host
          UP LOOPBACK RUNNING  MTU:16436  Metric:1
          RX packets:4 errors:0 dropped:0 overruns:0 frame:0
          TX packets:4 errors:0 dropped:0 overruns:0 carrier:0
          collisions:0 txqueuelen:0
          RX bytes:240 (240.0 b)  TX bytes:240 (240.0 b)

[root@CentOS ~]# ls /
bin  boot  cdrom  data  data1  dev  etc  home  lib  lib64  lost+found  media
mnt  opt  proc  root  sbin  selinux  srv  sys  tmp  usr  var
[root@CentOS ~]# pwd
/root
```

1.6 Linux 的桌面

Linux 发行版提供了相应的桌面系统以方便用户使用，用户可以利用鼠标来操作系统，而且 GUI 也很友好。常见的 Linux 桌面环境有 KDE 和 GNOME，本节主要简单介绍这两种桌面系统。

1.6.1 KDE 桌面环境

KDE 这一成熟的桌面套件为工作站提供了许多应用软件和完美的图形界面，不少 Linux 开发版本都选用 KDE 作为系统默认或推荐的图形桌面管理器，比如著名的 openSUSE，其在控制台输入 startx 命令，就可以进入 X-Windows 环境。

进入 KDE，首先看到的是它的桌面，桌面是工作的屏幕区域，在其左边有许多图标，单击它们就可以运行相应程序或打开相应文件。底部是一个控制面板，通过它可以快速地访问系统资源。桌面的顶部是任务条，任务条显示正在运行的程序或打开的文件。如果用户不喜欢当前的桌面设置，可以通过 KDE 的控制中心进行更改。在控制面板中，除了 K 菜单和桌面列表两个图标外，用户还可以在面板上任意增添和删除程序图标。KDE 桌面环境如图 1.36 所示。

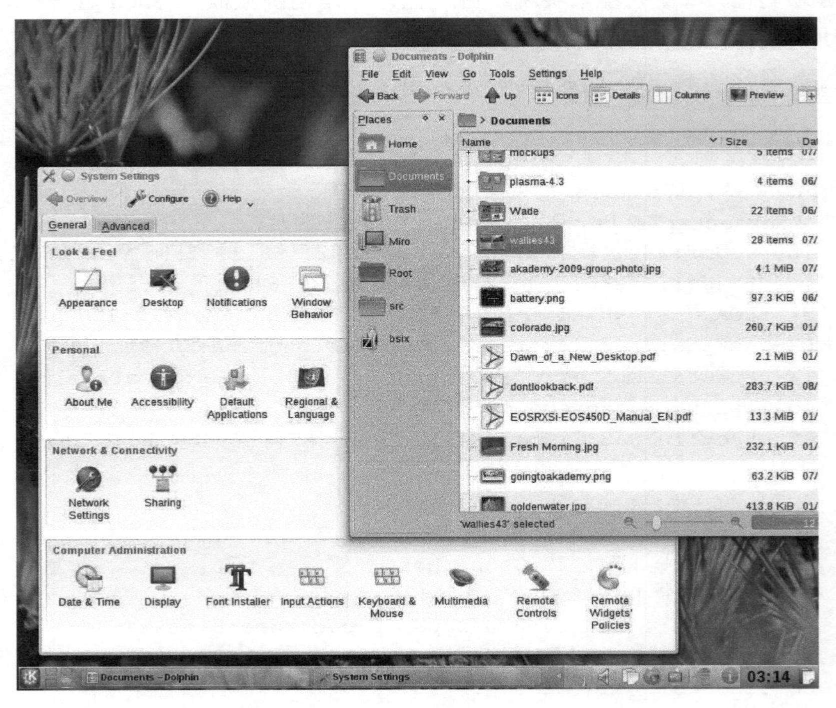

图 1.36　KDE 桌面环境

1.6.2 GNOME 桌面环境

与 KDE 桌面环境类似，GNOME（The GNU Network Object Model Environment）同样可以运行在多种 Linux 发行版之上。GNOME 是完全公开的免费软件，在其官方网站可以免费获取对应的源代码。

KDE 与 GNOME 项目拥有相同的目标，就是为 Linux 开发一套高价值的图形操作环境，两者都采用 GPL 公约发行，不同之处在于 KDE 是基于双重授权的 Qt 开发的，而 GNOME 是采用遵循 GPL 的 GTK 库开发的，后者拥有更广泛的支持。不同的基础决定两者不同的形态，KDE 包含大量的应用软件，项目规模庞大，由于自带软件众多，KDE 比 GNOME 更丰富多彩，操作习惯接近 Windows，更适合初学者快速掌握它的操作技巧。KDE 的不足之处在于其运行速度相对较慢，且部分程序容易崩溃。由于 GNOME 项目专注桌面环境本身，软件较少，运行速度快，并且具有出色的稳定性，因此受到了大公司的青睐，成为多个企业发行版的默认桌面。CentOS Stream 8 的 GNOME 桌面环境如图 1.37 所示，请读者在桌面菜单上用鼠标点一点，探索一下图中的窗口从哪里调出来。

说明：Linux 初学者常选用的 CentOS 系统，默认安装的是 GNOME 桌面。

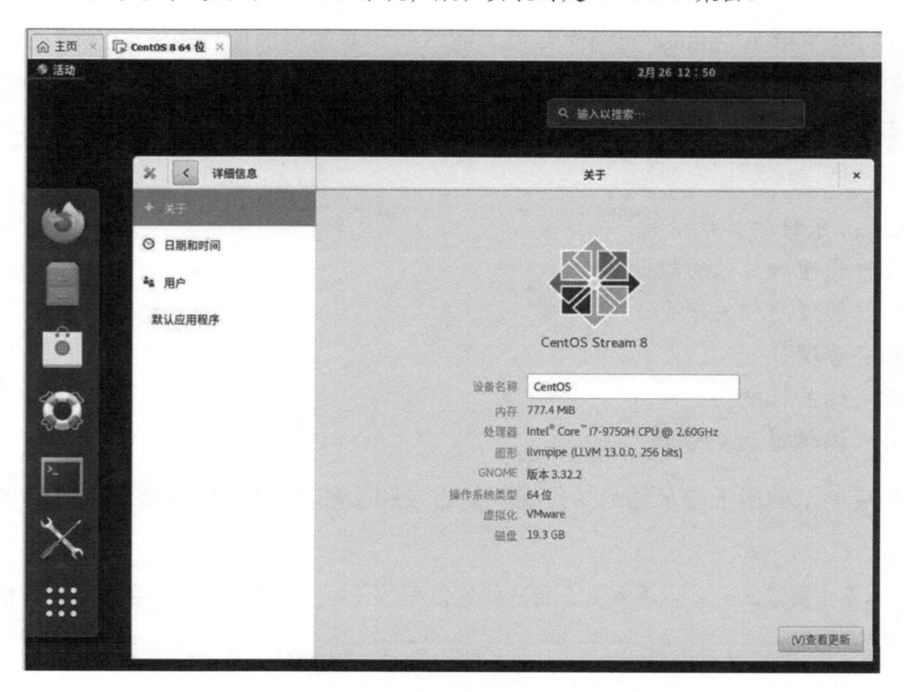

图 1.37　CentOS Stream 8 的桌面环境

1.7 小 结

学习 Linux 首先要学会 Linux 的安装，并掌握 Linux 登录的几种方式。安装 Linux 有多种方法，采用虚拟机安装 Linux 是比较好的选择。本章首先介绍了虚拟机的相关知识，并以 CentOS Stream 8 为例，演示了如何在虚拟机上安装 Linux，然后介绍了 Linux 的其他安装方式、Linux 的登录方式和桌面系统。

第 2 章

新手需要掌握的 Linux 命令

Linux 的操作和 Windows 的操作有很大的不同。要熟练地使用 Linux 系统，首先要了解 Linux 系统的目录结构，并且掌握常用的命令，以便进行文件操作、信息查看和系统参数配置等。本章主要介绍 Linux 的目录结构和常用的操作命令。

本章主要涉及的知识点有：

- Linux 系统的目录结构
- 文件管理和目录管理的命令
- 系统管理的相关命令
- 任务管理
- 常用的关机命令
- 文本编辑器 vi 的使用

本章最后的示例用于演示如何备份重要的目录和文件，读者通过这个示例可以掌握命令的综合运用。

注意：本章主要涉及一些常用命令，相应的其他命令（如网络管理等）会在后续章节中介绍。

2.1 Linux 的目录结构

Linux 与 Windows 最大的不同之处在于目录结构的设计，本节首先介绍 Linux 典型的目录结构，然后介绍一些重要的文件子目录及其功能。

登录 Windows 以后，打开 C 盘，会发现一些常见的文件夹，而登录 Linux 以后，执行 ls –l /会发现在“/”下包含很多的目录，比如 etc、usr、var、bin 等，进入其中一个目录后，还是会看到很多文件和目录。Linux 的目录类似树形结构，如图 2.1 所示。

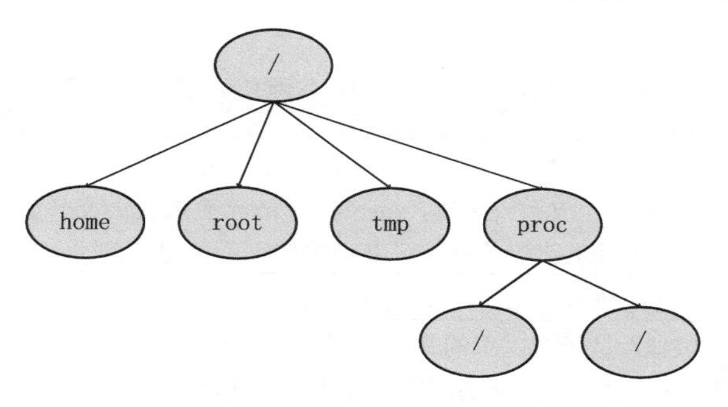

图 2.1　Linux 的目录结构

认识 Linux 的目录结构首先必须认识 Linux 目录结构最顶端的“/”，任何目录、文件和设备等都在“/”之下。Linux 的文件路径与 Windows 不同，Linux 的文件路径类似于“/data/myfile.txt”，没有 Windows 中盘符的概念。初学者开始对 Linux 的目录结构可能不是很习惯，可以把“/”当作 Windows 的盘符（如 C 盘）。表 2.1 对 Linux 中主要的目录进行说明。

表 2.1　Linux 常见目录及其说明

参　数	说　明
/	根目录。文件的最顶端，/etc、/bin、/dev、/lib、/sbin 应该和根目录放置在一个分区，而类似/usr/local 可以单独放置在另一个分区
/bin	存放系统所需要的重要命令，比如文件或目录操作的命令 ls、cp、mkdir 等。另外，/usr/bin 也存放了一些系统命令，这些命令对应的文件都是可执行的，普通用户可以使用大部分的命令
/boot	这是存放 Linux 启动时内核及引导系统程序所需要的核心文件，内核文件和 grub 系统引导管理器都位于此目录
/dev	存放 Linux 系统下的设备文件，如光驱、磁盘等。访问该目录下的某个文件相当于访问某个硬件设备，常用的是挂载光驱
/etc	一般存放系统的配置文件，作为一些软件启动时默认配置文件读取的目录，如/etc/fstab 存放系统分区信息
/home	系统默认的用户主目录。如果添加用户时不指定用户的主目录，默认在/home 下创建与用户名同名的文件夹。代码中可以用 HOME 环境变量表示当前用户的主目录
/lib	64 位系统有/lib64 文件夹，主要存放动态链接库。类似的目录有/usr/lib、/usr/local/lib 等
/lost+found	存放一些当系统意外崩溃或机器意外关机时产生的文件碎片
/mnt	用于存放挂载储存设备的挂载目录，如光驱等
/proc	存放操作系统运行时的运行信息，如进程信息、内核信息、网络信息等。此目录的内容存在于内存中，实际不占用磁盘空间。例如/etc/cpuinfo 存放 CPU 的相关信息
/root	Linux 超级权限用户 root 的主目录
/sbin	存放一些系统管理的命令，一般只能由超级权限用户 root 执行。普通用户一般无权限执行大多数系统管理的命令，例如/sbin/ifconfig。其中有些命令，普通用户使用绝对路径也可以执行，用于查看当前系统的网络配置，类似的目录有/usr/sbin、/usr/local/sbin
/tmp	临时文件目录，任何人都可以访问。系统软件或用户运行程序（如 MySQL）时产生的临时文件存放到这里。此目录中的数据需要定期清除。重要数据不可放置在此目录下，此目录空间不应过小

（续表）

参　数	说　明
/usr：	应用程序存放目录，如命令、帮助文件等。安装 Linux 软件包时默认安装到/usr/local 目录下。比如/usr/share/fonts 存放系统字体，/usr/share/man 存放帮助文件，/usr/include 存放软件的头文件等。/usr/local 目录建议单独分区并设置较大的磁盘空间
/var	这个目录的内容是经常变动的，/var/log 用于存放系统日志，/var/lib 用于存放系统库文件等
/sys	目录与/proc 类似，是一个虚拟的文件系统，主要记录与系统核心相关的信息，如系统当前已经载入的模块信息等。这个目录实际不占硬盘容量

注意：各个发行版是由不同的公司开发的，所以各个发行版之间的目录可能会有所不同。Linux 各发行版本之间目录的差距比较小，不同的地方主要是提供的图形界面及操作习惯等。

2.2 文件管理

文件是 Linux 的基本组成部分，文件管理包括文件的复制、删除、修改等操作。本节主要介绍 Linux 中文件管理相关的命令。

2.2.1 复制文件：cp

cp 命令用来复制文件或目录。当复制多个文件时，目标文件参数必须为已经存在的目录。cp 命令默认不能复制目录，复制目录必须使用-R 选项。cp 命令具备 ln 命令的功能。语法为：cp [选项] [参数]，cp 命令常用的参数如表 2.2 所示。

表 2.2　cp 命令常用参数及其说明

参　数	说　明
-R 或-r	对目录进行复制操作，此选项以递归的操作方式，将指定目录及其子目录中的所有文件复制到指定的目标目录 若给出的源文件是一个目录，此时 cp 命令将递归复制该目录下所有的子目录和文件。此时目标文件必须为一个目录名
-a	保持源文件的原有结构和属性，与“-dpR”选项的功能相同 该选项通常在复制目录时使用。它保留链接、文件属性，并递归地复制目录，其作用等于 dpR 选项的组合
-d	如果复制的源文件是符号链接，仅复制符号链接本身，而且保留符号链接所指向的目标文件或目录 复制时保留链接
-f	强制覆盖已经存在的目标文件，而不提示用户进行确认。为防止覆盖重要文件，通常不使用此选项
-i	在覆盖已存在的目标文件前提示用户进行确认。使用此选项可以防止覆盖掉重要文件
-l	为源文件创建硬链接，与“ln”命令的功能相同。此选项可以节省硬盘空间，要求源文件和目的文件必须在同一分区或文件系统上，不进行复制，只是链接文件

（续表）

参　数	说　明
-p	复制文件时保持源文件的所有者、权限信息以及时间属性
-u	当目标文件不存在或源文件比目标文件新时才进行复制操作，否则不进行复制
-S	在备份文件时，用指定的后缀“SUFFIX”代替文件名的默认后缀
-b	覆盖已存在的目标文件前将目标文件备份
-v	详细显示命令执行的操作
-s	不进行真正的复制操作，仅为源文件创建符号链接（与“ln -s”命令的功能相同）

示例 2-1 将演示 cp 命令的用法，部分显示结果省略。

【示例 2-1】

```
#以下演示 cp 命令的用法
[root@CentOS ~]# cd /usr/local/nginx/conf
nginx.conf
#如需显示执行过程，可以使用以下选项
#当使用 cp 命令复制单个文件时，第 1 个参数表示源文件，第 2 个参数表示目标文件
[root@CentOS conf]# cp -v  nginx.conf nginx.conf.20200412
`nginx.conf' -> `nginx.conf.20200412'
[root@CentOS conf]# ls -l nginx.conf nginx.conf.20200412
-rw-r--r--. 1 root root 2685 Apr 11 03:15 nginx.conf
-rw-r--r--. 1 root root 2685 Apr 12 20:33 nginx.conf.20200412
#复制多个文件
[root@CentOS conf]# cp -v nginx.conf nginx.conf.20200412  backup/
`nginx.conf' -> `backup/nginx.conf'
`nginx.conf.20200412' -> `backup/nginx.conf.20200412'
[root@CentOS conf]# ll nginx.conf nginx.conf.20200412  backup/
-rw-r--r--. 1 goss goss 2685 Apr 12 20:47 nginx.conf
-rw-r--r--. 1 root root 2685 Apr 12 20:59 nginx.conf.20200412
backup/:
total 8
-rw-r--r--. 1 root root 2685 Apr 12 21:01 nginx.conf
-rw-r--r--. 1 root root 2685 Apr 12 21:01 nginx.conf.20200412
#复制文件夹
[root@CentOS nginx]# cp conf conf.bak
cp: omitting directory `conf'
[root@CentOS nginx]# cp -r conf conf.20200412
[root@CentOS nginx]# ls -l
total 40
drwxr-xr-x. 2 root   root 4096 Apr 12 20:33 conf
drwxr-xr-x. 2 root   root 4096 Apr 12 20:33 conf.20200412
[root@CentOS goss]# su - goss
#复制时保留文件的原始属性
[goss@CentOS ~]$ cp  -a  /usr/local/nginx/ .
cp: cannot access '/usr/local/nginx/uwsgi_temp': Permission denied
cp: cannot access '/usr/local/nginx/fastcgi_temp': Permission denied
cp: cannot access '/usr/local/nginx/scgi_temp': Permission denied
```

```
cp: cannot access '/usr/local/nginx/client_body_temp': Permission denied
cp: cannot access '/usr/local/nginx/proxy_temp': Permission denied
[goss@CentOS ~]$ ls -l
drwxr-xr-x. 12 goss goss   4096 Apr 12 20:33 nginx
[goss@CentOS ~]$ ll
total 2784
drwxr-xr-x. 12 goss goss   4096 Apr 12 20:33 nginx
[root@CentOS goss]# cp -a nginx/ nginx.bak
[root@CentOS goss]# ls -l
total 2788
drwxr-xr-x. 12 goss goss   4096 Apr 12 20:33 nginx
drwxr-xr-x. 12 goss goss   4096 Apr 12 20:33 nginx.bak
[root@CentOS goss]# cp -r nginx nginx.root
[root@CentOS goss]# ls -l
total 2792
drwxr-xr-x. 12 goss goss   4096 Apr 12 20:33 nginx
drwxr-xr-x. 12 goss goss   4096 Apr 12 20:33 nginx.bak
drwxr-xr-x. 12 root root   4096 Apr 12 20:35 nginx.root
[root@CentOS conf]# cp -i /usr/local/nginx/conf/nginx.conf .
cp: overwrite './nginx.conf'? n
[root@CentOS conf]# cp -f  /usr/local/nginx/conf/nginx.conf .
[root@CentOS conf]#
#并不复制文件本身，而是创建当前文件的软链接
[root@CentOS conf]# cp -s nginx.conf nginx.conf_s
[root@CentOS conf]# ls -l
lrwxrwxrwx. 1 root root  10 Apr 12 20:49 nginx.conf_s -> nginx.conf
[root@CentOS conf]# md5sum nginx.conf /usr/local/nginx/conf/ng
nginx.conf        nginx.conf.bak     nginx.conf.default  nginx.conf.mv
[root@CentOS conf]# md5sum nginx.conf /usr/local/nginx/conf/nginx.conf
1181c1834012245d785120e3505ed169  nginx.conf
30d53ba50698ba789d093eec830d0253  /usr/local/nginx/conf/nginx.conf
[root@CentOS conf]# cp -b /usr/local/nginx/conf/nginx.conf .
cp: overwrite './nginx.conf'? y
[root@CentOS conf]# md5sum nginx.conf*
30d53ba50698ba789d093eec830d0253  nginx.conf
1181c1834012245d785120e3505ed169  nginx.conf~
```

cp 命令可以复制一个或多个文件，当复制多个文件时，最后一个参数必须为已经存在的目录，否则会提示错误。如果忽略提示信息，则可以使用“-f”选项。

说明：为防止用户在不经意的情况下使用 cp 命令破坏另一个文件，如用户指定的目标文件名已存在，用 cp 命令复制文件后，这个文件就会被覆盖，“i”选项可以在覆盖之前询问用户。

2.2.2 移动文件：mv

用户可以使用 mv 命令来把文件或目录移动至另一个文件或目录，还可以将目录或文件重命名。mv 只接收两个参数，第 1 个为要重命名的文件或目录，第 2 个为新文件名或目录。当

mv 接收两个参数或多个参数时，如果最后一个参数对应的是目录且该目录存在，mv 会将各参数指定的文件或目录移动到此目录中，如果目的文件存在，将会进行覆盖。mv 命令常用的参数说明如表 2.3 所示。

表 2.3　mv 命令常用参数及其说明

参　数	说　明
-i,	如果目标文件已经存在，将会询问用户是否覆盖
-f	在要覆盖某已有的目标文件时，不给任何提示信息
-b	若需覆盖文件，则覆盖前先行备份
-S	与-b 参数一并使用，可指定备份文件所要附加的字尾
--help	显示帮助
--version	显示版本信息

【示例 2-2】

```
[root@CentOS conf]# cp -a nginx.conf.bak  nginx.conf.20200412
[root@CentOS conf]# ls -l
total 72
-rw-r--r--. 1 root root 2685 Apr 12 22:52 nginx.conf.20200412
-rw-r--r--. 1 root root 2685 Apr 12 22:52 nginx.conf.bak
#如果目标文件已经存在，将会询问用户是否覆盖
[root@CentOS conf]# /bin/mv -i nginx.conf.20200412 nginx.conf.bak
/bin/mv: overwrite 'nginx.conf.bak'? y
[root@CentOS conf]# ls -l
total 72
-rw-r--r--. 1 root root 2685 Apr 12 22:52 nginx.conf.bak
[root@CentOS conf]# cp -a nginx.conf.bak nginx.conf.20200412
[root@CentOS conf]# ls -l
total 72
-rw-r--r--. 1 root root 2685 Apr 12 22:52 nginx.conf.20200412
-rw-r--r--. 1 root root 2685 Apr 12 22:52 nginx.conf.bak
#在要覆盖某已有的目标文件时不给任何提示信息
[root@CentOS conf]# /bin/mv -f nginx.conf.20200412 nginx.conf.bak
[root@CentOS conf]# ls -l
total 68
-rw-r--r--. 1 root root 2685 Apr 12 22:52 nginx.conf.bak
```

为避免误覆盖文件，建议在使用 mv 命令移动文件时，使用“-i”选项。示例 2-2 续将演示覆盖文件前进行备份的方法。

【示例 2-2】续

```
[root@CentOS ~/test]# echo "src">test1
[root@CentOS ~/test]# echo "dst" > test2
#查看文件内容
[root@CentOS ~/test]# cat test1
```

```
src
[root@CentOS ~/test]# cat test2
dst
#若需覆盖文件，则覆盖前先行备份
[root@CentOS ~/test]# mv -b test1 test2
mv: overwrite 'test2'? y
[root@CentOS ~/test]# ls -lhtra
total 16K
-rw-r--r--. 1 root root    4 Apr 12 23:45 test2
-rw-r--r--. 1 root root    4 Apr 12 23:45 test2~
#test2 和原来 test1 文件的内容一致
[root@CentOS ~/test]# cat test2
src
#原来的 test2 文件被分成 test2~
[root@CentOS ~/test]# cat test2~
dst
#与-b 参数一并使用，可指定备份文件所要附加的字尾
[root@CentOS conf]# mv -S ".old" -b /usr/local/nginx/conf/nginx.conf .
mv: overwrite './nginx.conf'? y
[root@CentOS conf]# ls -lhtra
total 24K
-rw-r--r--. 1 root root 2.7K Apr 11 03:15 nginx.conf
-rw-r--r--. 1 root root    4 Apr 12 23:49 nginx.conf~
-rw-r--r--. 1 root root 2.7K Apr 12 23:49 nginx.conf.old
```

2.2.3 创建文件或修改文件的时间：touch

Linux 中的 touch 命令可以改变文件或目录的时间，包括存取时间和更改时间，也可以用于创建新文件。touch 命令的常用参数说明如表 2.4 所示。

表 2.4 touch 命令的常用参数及其说明

参　数	说　明
-a	只更改文件的读取时间
-m	只更改文件的修改时间
-c	如指定的文件不存在，不会建立新的文件，效果同--no-create
-d	更改时指定日期时间，而不是当前系统时间，可设定多种格式
-r	把指定文件或目录的日期时间设置成与参考文件或目录的日期时间一致，效果同--file
-t	使用指定的时间，而不是当前系统时间，可设定多种格式，格式与 date 命令相同
--help	在线帮助
--version	显示版本信息

示例 2-3 将演示 touch 命令的使用方法，部分显示结果省略。

【示例 2-3】

```
#查看文件相关信息
```

```
[root@CentOS test]# stat test2
Access: 2020-04-12 23:45:48.545991370 +0800
Modify: 2020-04-12 23:45:16.214994359 +0800
Change: 2020-04-12 23:45:41.791990423 +0800
#如果没有指定 Time 变量值，touch 命令就使用当前时间
[root@CentOS test]# touch test2
## 再次查看文件日期参数，atime、mtime 和 ctime 都改变了，其值都为当前的时间
[root@CentOS test]# stat test2
Access: 2020-04-13 00:14:20.427990736 +0800
Modify: 2020-04-13 00:14:20.427990736 +0800
Change: 2020-04-13 00:14:20.427990736 +0800
#touch 创建新文件
[root@CentOS test]# ls  -l test3
ls: cannot access test3: No such file or directory
#touch 创建新文件，新文件的大小为 0
[root@CentOS test]# touch test3
[root@CentOS test]# stat test3
Access: 2020-04-13 00:14:55.482995805 +0800
Modify: 2020-04-13 00:14:55.482995805 +0800
Change: 2020-04-13 00:14:55.482995805 +0800
#指定参考文件
[root@CentOS test]# stat /bin/cp
Access: 2020-04-12 20:33:20.990998918 +0800
Modify: 2019-06-22 19:46:14.000000000 +0800
Change: 2020-04-11 03:23:17.783999344 +0800
#将文件的 atime 和 mtime 修改为参考文件的 atime 和 mtime，并将 ctime 更新为当前时间
[root@CentOS test]# touch -r /bin/cp test2
[root@CentOS test]# stat test2
Access: 2020-04-12 20:33:20.990998918 +0800
Modify: 2019-06-22 19:46:14.000000000 +0800
Change: 2020-04-13 00:16:40.671992418 +0800
#将文件的 atime 和 mtime 调整为 2 天以前，并将 ctime 设置为当前时间
[root@CentOS ~]# date
Wed Apr 24 18:47:47 CST 2020
[root@CentOS ~]# stat /bin/cp
Access: 2020-04-22 23:46:53.709648854 +0800
Modify: 2020-04-13 00:30:41.939991515 +0800
Change: 2020-04-13 00:30:41.939991515 +0800
[root@CentOS ~]# touch -d "2 days ago" /bin/cp
[root@CentOS ~]# stat /bin/cp
Access: 2020-04-22 18:48:16.749620251 +0800
Modify: 2020-04-22 18:48:16.749620251 +0800
Change: 2020-04-24 18:48:16.746803440 +0800
#touch 后面可以接时间，格式为 [YYMMDDhhmm]，详细解释参考表 2.5。表示将 atime 和 mtime 设置为指定的时间，并且将 ctime 设置为当前时间
[root@CentOS test]# touch -t "01231215" test2
[root@CentOS test]# stat test2
```

```
Access: 2020-01-23 12:15:00.000000000 +0800
Modify: 2020-01-23 12:15:00.000000000 +0800
Change: 2020-04-13 00:28:08.753993511 +0800
```

stat 命令用于查看文件的相关信息，其中包含以下内容：

- Access 表示文件访问时间，当文件被读取时会更新这个时间，但使用 more less tail ls 等命令查看时访问时间不会改变。
- Modify 表示文件修改时间，这个指的是文件内容的修改。
- Change 表示文件属性改变时间，比如通过 chmod 命令更改文件属性时会更新文件时间。

touch 命令以 MMDDhhmm[YY]的格式指定新时间戳的日期和时间，相关变量详细信息如表 2.5 所示。

表 2.5 touch 命令中用于指定时间的相关参数及其说明

参 数	说 明
CC	指定年份的前两位数字
YY	指定年份的后两位数字
MM	指定一年的哪一月，1~12
DD	指定一月的哪一天，1~31
hh	指定一天中的哪一小时，0~23
mm	指定一小时的哪一分钟，0~59

使用 touch 命令创建文件和目录或更改文件和目录的时间时，当前用户要有文件的操作权限，否则命令会执行失败，如示例 2-4 所示。

【示例 2-4】

```
[goss@CentOS ~]$ cd /bin/
[goss@CentOS bin]$ stat cp
  File: 'cp'
  Size: 122736          Blocks: 240        IO Block: 4096   regular file
Device: fd00h/64768d    Inode: 131024      Links: 1
Access: (0755/-rwxr-xr-x)  Uid: (    0/    root)   Gid: (    0/    root)
Access: 2020-04-13 00:30:18.857993225 +0800
Modify: 2020-04-13 00:30:41.939991515 +0800
Change: 2020-04-13 00:30:41.939991515 +0800
[goss@CentOS bin]$ touch cp
touch: cannot touch 'cp': Permission denied
```

通过 touch 命令可以轻松地修改文件的日期与时间，并且可以创建一个空文件。

注意：复制一个文件可以复制所有属性，但不能复制 ctime 属性。ctime 用于记录文件最近改变状态（Status）的时间。

2.2.4　删除文件：rm

用户可以用 rm 命令删除不需要的文件。rm 命令可以删除文件或目录，并且支持通配符，如目录中存在其他文件，则会递归删除。删除软链接只是删除链接，对应的文件或目录不会被删除，软链接类似于 Windows 系统中的快捷方式。例如删除硬链接后，存在其他硬链接的文件内容仍可以访问。

rm 命令的一般形式为：rm [-dfirv][--help][--version][文件或目录...]，各参数如表 2.6 所示。

表 2.6　rm 命令常用参数及其说明

参　数	说　明
-r, -R, --recursive	删除指定目录及目录下的所有文件
-f	强制删除，没有提示确认
-i	删除前提示用户进行确认
-d	直接把欲删除的目录的硬链接数据删成 0，删除该目录
-I	在删除超过 3 个文件或递归删除前要求确认
--help	显示帮助
--version	显示版本信息
--verbose	详细显示进行的步骤

若不加任何参数，则 rm 命令不能删除目录。使用“r”或“R”选项可以删除指定的文件或目录及其下面的内容。

【示例 2-5】

```
#删除文件前提示用户确认
[root@CentOS cmd]# rm -v -i  src_aaaat
rm: remove regular file `src_aaaat'? y
removed 'src_aaaat'
[root@CentOS cmd]# mkdir tmp
[root@CentOS cmd]# cd tmp
[root@CentOS tmp]# touch s
[root@CentOS tmp]# cd ..
#如不加任何参数，rm 不能删除目录
[root@CentOS cmd]# rm -v -i tmp
rm: cannot remove 'tmp': Is a directory
#删除目录需要使用 r 参数，-i 表示删除前提示用户确认
[root@CentOS cmd]# rm -r -i  -v tmp
rm: descend into directory 'tmp'? y
rm: remove regular empty file 'tmp/s'? y
removed 'tmp/s'
rm: remove directory 'tmp'? y
removed directory: 'tmp'
#使用通配符
[root@CentOS cmd]# rm  -v -i src_aaa*
rm: remove regular file 'src_aaaaa'? y
```

```
removed 'src_aaaaa'
rm: remove regular file 'src_aaaab'? y
removed 'src_aaaab'
rm: remove regular file 'src_aaaac'? y
removed 'src_aaaac'
rm: remove regular file 'src_aaaad'? y
removed 'src_aaaad'
#强制删除，没有提示确认
[root@CentOS cmd]# rm -f  -v src_aaaar
removed 'src_aaaar'
#硬链接与软链接区别的演示
[root@CentOS link]# cat test.txt
this is file content
#分别建立文件的软链接与硬链接
[root@CentOS link]# ln -s test.txt  test.txt.soft.link
[root@CentOS link]# ln test.txt test.txt.hard.link
[root@CentOS link]# ls  -l
total 8
-rw-r--r-- 2 root root 21 Mar 31 07:06 test.txt
-rw-r--r-- 2 root root 21 Mar 31 07:06 test.txt.hard.link
lrwxrwxrwx 1 root root  8 Mar 31 07:07 test.txt.soft.link -> test.txt
#查看软链接的文件内容
[root@CentOS link]# cat test.txt.soft.link
this is file content
#查看硬链接的文件内容
[root@CentOS link]# cat test.txt.hard.link
this is file content
#删除源文件
[root@CentOS link]# rm -f test.txt
#软链接指向的文件已经不存在
[root@CentOS link]# cat test.txt.soft.link
cat: test.txt.soft.link: No such file or directory
#硬链接指向的文件内容依然存在
[root@CentOS link]# cat test.txt.hard.link
this is file content
```

使用 rm 命令一定要小心。文件一旦被删除，就不能恢复，为防止误删除文件，可以使用“i”选项来逐个确认要删除的文件并逐个确认是否要删除。使用“f”选项删除文件或目录时不给予任何提示。各个选项可以组合使用，例如使用“rf”选项可以递归删除指定的目录而不给予任何提示。

删除有硬链接指向的文件时，使用硬链接仍然可以访问文件原来的内容，这点与软链接是不同的。

注意：要删除第 1 个字符为‘-’的文件（例如‘-foo’），请使用以下方法之一：

```
rm -- -foo
```

```
rm ./-foo
```

2.2.5 查看文件：cat、tac、more、less、tail

如果要查看文件，使用 cat、less、tac、tail、more 任意一个命令即可。

1. cat

使用 cat 命令查看文件时会显示整个文件的内容，注意 cat 命令只能查看文本内容的文件，若查看二进制文件，则屏幕会显示乱码。另外，cat 命令可以创建文件、合并文件等。cat 命令的语法为 cat [-AbeEnstTuv] [--help] [--version] fileName。cat 命令常用参数如表 2.7 所示。

表 2.7　cat 命令常用参数及其说明

参　数	说　明
-A	等同于-vET 的参数组合
-b	和-n 相似，查看文件时对于空白行不编号
-e	等同于-vE 的参数组合
-E	每行结尾显示$符号
-n	查看文件时对每一行进行编号，从 1 开始
-s	当遇到有连续两行以上的空白行时，就替换为一行空白行
-t	等同于-vT 的参数组合
-T	把 TAB 字符显示为 ^I
--help	显示帮助
--version	显示版本信息
--verbose	详细显示进行的步骤

cat 命令的使用如示例 2-6 所示。

【示例 2-6】

```
#查看系统网络配置文件
[root@CentOS cmd]# cat /etc/sysconfig/network-scripts/ifcfg-eth0
DEVICE=eth0
HWADDR=00:0C:29:7F:08:9D
TYPE=Ethernet
UUID=3268d86a-3245-4afa-94e0-f100a8efae44
ONBOOT=yes
BOOTPROTO=static
BROADCAST=192.168.78.255
IPADDR=192.168.78.100
NETMASK=255.255.255.0
#显示行号，空白行也进行编号
[root@CentOS cmd]# cat -n  a
     1  12
     2  13
     3
```

```
    4  45
    5  45
#对空白行不编号
[root@CentOS cmd]# cat -b  a
    1  12
    2  13
    3  45
    4  45
#file1 文件内容
[root@CentOS cmd]# cat file1
1
2
3
#file2 文件内容
[root@CentOS cmd]# cat file2
4
5
6
#文件内容合并
[root@CentOS cmd]# cat  file1 file2 >file_1_2
[root@CentOS cmd]# cat file_1_2
1
2
3
4
5
6
#创建文件
[root@CentOS cmd]# cat >file_1_2
a
b
c
d
e
#按【Ctrl+D】快捷键结束
[root@CentOS cmd]# cat file_1_2
a
b
c
d
e
#追加内容
[root@CentOS cmd]# cat >>file_1_2
cc
dd
#按【Ctrl+D】快捷键结束
#查看追加的文件内容
```

```
[root@CentOS cmd]# cat file_1_2
a
b
c
d
e
cc
dd
```

使用 cat 可以复制文件，包括文本文件、二进制文件或 ISO 光盘文件等，如示例 2-7 所示。

【示例 2-7】

```
[root@CentOS cmd]# cat /bin/cp >cp.bak
[root@CentOS cmd]# md5sum  /bin/cp cp.bak
3f28e08846b52218c49612f04a6cbfc8  /bin/cp
3f28e08846b52218c49612f04a6cbfc8  cp.bak
[root@CentOS cmd]# ls
aafile_1_2  cp.bak  file1  file2  file3  file4  file_1_2
#复制文件
[root@CentOS cmd]# cat file1>file_bak
[root@CentOS cmd]# cat file1
1
2
3
[root@CentOS cmd]# cat file_bak
1
2
3
#cat 可以清空文件
[root@CentOS cmd]# cat /dev/null
#清空文件
[root@CentOS cmd]# cat /dev/null >file_bak
[root@CentOS cmd]# cat file_bak
#文件大小已经变为 0
[root@CentOS cmd]# ls -l file_bak
-rw-r--r--. 1 root root 0 Apr 22 23:48 file_bak
```

在 Linux Shell 脚本中有类似 cat << EOF 的语句，EOF 为 end of file，表示文本结束符。EOF 没有特殊含义，可以把 EOF 替换成其他东西，如使用 FOE 或 ABCDEF 等，意思是把内容当作标准输入传给程序，用法如示例 2-8 和示例 2-9 所示。

【示例 2-8】

```
<<EOF
（内容）
EOF
```

【示例 2-9】

```
[root@CentOS cmd]# cat <<EOF>1.txt
> 1
> 2
> 3
> EOF
#指定其他文件结束符
[root@CentOS cmd]# cat <<DDDDD>2.txt
> 1
> 2
> 3
> DDDDD
[root@CentOS cmd]# cat 1.txt
1
2
3
[root@CentOS cmd]# cat 2.txt
1
2
3
```

cat 命令可以显示文件的内容，它反过来写就是 tac，tac 从文件末端开始读取，显示的结果和 cat 相反。详细用法不再赘述。

2. more 和 less

使用 cat 命令查看文件时，若一个文件有很多行，则会出现滚屏的问题，这时可以使用 more 或 less 命令来查看。more 和 less 命令可以和其他命令结合使用，也可以单独使用。

more 命令使用 space 空格键向后翻页，按【b】键向前翻页，要查看帮助可以按【h】键，更多的使用方法可以使用 man more 命令来查看帮助文件。more 命令常用参数如表 2.8 所示。

表 2.8 more 命令常用参数及其说明

参 数	说 明
-p	显示下一屏之前先清屏
-c	作用同- p 基本一样。不同的是先显示内容，再清除其他旧的内容
-d	在每屏的底部显示更友好的提示信息
-s	文件中连续的空白行压缩成一个空白行显示
-f	计算行数时，以实际上的行数为准，而非自动换行过后的行数
-u	不显示下引号
-num	一次显示的行数
-t	fileNames 欲显示内容的文件，可为复数个数

more 命令的常用操作如示例 2-10 所示。

【示例 2-10】

```
[root@CentOS ~]# wc -l more.txt
```

```
135 more.txt
#当一屏显示不下时会显示文件的一部分
#用分页的方式显示一个文件的内容
[root@CentOS ~]# more more.txt
#部分显示结果省略
    SPACE      Display next k lines of text.  Defaults to current screen
--More--(45%)
#和其他命令结合使用
[root@CentOS ~]# man more|more
[root@CentOS ~]# cat -n src.txt
    1  0
    2  1
    3
    4
    5  2
    6  3
    7  4
    8  5
[root@CentOS ~]# more -s  src.txt
0
1
2
3
4
5
#从第 6 行开始显示文件内容
[root@CentOS ~]# more +6 src.txt
3
4
5
#more -c -10 example1.c % 执行该命令后，先清屏，然后将以每 10 行一组的方式显示文件
example.c 的内容
[root@CentOS ~]# more -c -10 src.txt
0
1
2
3
4
5
6
7
8
9
--More--(2%)
```

在 more 命令的执行过程中，用户可以使用 more 将自己的一系列命令根据需要动态地显示出来。more 命令在显示完一屏内容之后，将停下来等待用户输入某个命令。表 2.9 列出了

more 命令在执行中常用的一些命令，有关这些命令的完整内容可以在 more 命令执行时按【h】键来查看。这些命令的执行方法是先输入 i（行数）的值，再输入所需要的命令，不然它会以默认值来执行命令。

表 2.9 more 命令用于查看文件相关的参数及其说明

参 数	说 明
i 空格	若指定 i，则显示下面的 i 行；否则显示下一整屏
i 回车	若指定 i，则显示下面的 i 行；否则显示下一行
i d	若指定 i，则显示下面的 i 行；否则往下显示半屏
i Ctrl+D	功能同 id
i z	同"i 空格"类似，只是 i 将成为以下每个满屏的默认行数
i s	跳过下面的 i 行再显示一个整屏，默认值为 1
i f	跳过下面的 i 屏再显示一个整屏，默认值为 1
i b	往回跳过（即向文件首回跳）i 屏，再显示一个满屏，默认值为 1
i Ctrl+B	与"i b"相同
’	回到上次搜索的地方
q 或 Q	退出 more

less 命令的功能几乎和 more 命令一样，也是用来按页显示文件的，不同之处在于 less 命令在显示文件时允许用户既可以向前又可以向后翻阅文件。用 less 命令显示文件时，若需要在文件中往前移动，则按【b】键；若要移动到用文件的百分比表示的某位置，则指定一个 0~100 的数，并按【p】键即可。less 命令的使用与 more 命令类似，在此就不赘述了，用户如有不清楚的地方，可直接查看联机帮助。

3. tail

tail 命令和 less 命令类似。tail 命令可以指定显示文件的最后多少行，并可以滚动显示日志，tail 命令常用参数如表 2.10 所示。

表 2.10 tail 命令常用参数及其说明

参 数	说 明
-b Number	从 Number 变量表示的 512 字节块位置开始读取指定文件
-c Number	从 Number 变量表示的字节位置开始读取指定文件
-f	滚动显示文件信息
-k Number	从 Number 变量表示的 1KB 块位置开始读取指定文件
-m Number	从 Number 变量表示的多字节字符位置开始读取指定文件。使用该标志提供在单字节和双字节字符编码集环境中的一致结果
-n Number	从 Number 变量表示的行位置开始读取指定文件。 -r 标志只有与-n 标志一起时才有效，否则就会将其忽略
--help	显示帮助信息
--version	显示版本信息

从指定点开始将文件写到标准输出。使用 tail 命令的-f 选项可以方便地查阅正在改变的日

志文件，把 filename 中末尾的内容显示在屏幕上且不断刷新，在程序调试时很方便。

2.2.6　查找文件或目录：find

find 命令可以根据给定的路径和表达式查找指定的文件或目录。find 参数选项很多，并且支持正则表达式，功能强大。find 命令和管道结合使用可以实现复杂的功能，是系统管理员和普通用户必须掌握的命令。find 命令常用参数及其说明如表 2.11 所示。

表 2.11　find 命令常用参数及其说明

参　数	说　明
path	find 命令所查找的目录路径。例如用“.”来表示当前目录，用/来表示系统根目录
-print	find 命令将匹配的文件输出到标准输出
-exec	find 命令对匹配的文件执行该参数所给出的 Shell 命令
-ok	和-exec 的作用相同，只不过以一种更为安全的模式来执行该参数所给出的 Shell 命令，在执行每一个命令之前都会给出提示，让用户来确定是否执行

find 命令后面的参数可以和命令选项组合使用。find 命令常用的选项及其说明如表 2.12 所示。

表 2.12　find 命令常用的选项及其说明

参　数	说　明
-name	按照文件名查找文件
-cpio：	对匹配的文件使用 cpio 命令，将这些文件备份到磁带设备中
-perm	按照文件权限来查找文件
-prune	使用这一选项可以使 find 命令不在当前指定的目录中查找，如果同时使用-depth 选项，那么-prune 将被 find 命令忽略
-user	按照文件属主来查找文件
-group	按照文件所属的组来查找文件
-mtime -n +n	按照文件的更改时间来查找文件，-n 表示文件更改时间距现在 n 天以内，+ n 表示文件更改时间距现在 n 天以前
-nogroup	查找无有效所属组的文件，即该文件所属的组在/etc/groups 中不存在
-nouser	查找无有效属主的文件，即该文件的属主在/etc/passwd 中不存在
-newer file1 ! file2	查找更改时间比文件 file1 的更改时间晚但比文件 file2 的更改时间早的文件
-follow	如果 find 命令遇到符号链接文件，就跟踪至链接所指向的文件
-mount	在查找文件时不跨越文件系统 mount 点
-fstype	查找位于某一类型文件系统中的文件
-depth	在查找文件时，首先查找当前目录中的文件，然后在其子目录中查找
-size n	查找文件长度为 n 块的文件，带有 c 时表示文件长度以字节计
-type	查找某一类型的文件
-amin n	查找系统中最后 n 分钟访问的文件
-atime n	查找系统中最后 n*24 小时访问的文件
-cmin n	查找系统中最后 n 分钟文件状态发生改变的文件
-ctime n	查找系统中最后 n*24 小时文件状态发生改变的文件

（续表）

参　数	说　明
-mmin n	查找系统中最后 n 分钟文件数据被修改的文件
-mtime n	查找系统中最后 n*24 小时文件数据被修改的文件
-empty	查找系统中空白的文件，或空白的文件目录，或目录中没有子目录的文件夹
-false	查找系统中总是错误的文件
-gid n	查找系统中文件数字组 ID 为 n 的文件
-daystart	测试系统从今天开始 24 小时以内的文件，用法与-amin 类似
-help	显示命令摘要
-maxdepth levels	在某个层次的目录中按照递减方法查找
-mount	不在文件系统目录中查找，用法与-xdev 类似
-noleaf	禁止在非 UNIX 文件系统、MS-DOS 系统、CD-ROM 文件系统中进行最优化查找
-version	打印版本数字

1. find 命令的基本用法

find 命令如不加任何参数，表示查找当前路径下的所有文件和目录，如示例 2-11 所示。

【示例 2-11】

```
[root@CentOS nginx]# ls -l
total 12
drwxr-xr-x. 2 root root 4096 Apr 24 22:34 conf
drwxr-xr-x. 2 root root 4096 Apr 11 03:15 html
lrwxrwxrwx. 1 root root   10 Apr 24 22:36 logs -> /data/logs
drwxr-xr-x. 2 root root 4096 Apr 11 03:15 sbin
#查找当前目录下的所有文件，此命令等效于 find .或 find . -name "*.*"
[root@CentOS nginx]# find
.
./conf
./conf/nginx.conf
./html
./html/index.html
./html/50x.html
./sbin
./sbin/nginx
./logs
#-print 表示将结果打印到标准输出
[root@CentOS nginx]# find  -print
.
./res
./conf
./conf/nginx.conf
./html
./html/index.html
./html/50x.html
```

```
./sbin
./sbin/
#查找指定路径
[root@CentOS nginx]# find /data/logs
/data/logs
/data/logs/error.log
/data/logs/access.log
/data/logs/nginx.pid
```

若忘记某个文件的位置，则可使用以下命令查找指定文件，若命令执行完毕而没有任何输出，则表示系统中不存在此文件。name 选项（文件名选项）是 find 命令常用的选项，要么单独使用该选项，要么和其他选项一起使用。可以使用某种文件名模式来匹配文件，记住要用引号将文件名模式引起来。无论当前路径是什么，若需在自己的根目录$HOME 中查找文件名符合“*.txt”的文件，则可以使用“~”作为路径参数，波浪号“~”代表当前用户的主目录。

【示例 2-12】

```
#根据指定文件名查找文件
[root@CentOS nginx]# find / -name "nginx.conf"
/usr/local/nginx/conf/nginx.conf
#
```

注意：如果系统硬盘容量很大且文件很多，此命令由于要在整个硬盘上查找文件，将导致系统负载上升，而且花费时间较长。因此使用特定的路径名来限定查找的范围，查找的速度就会快很多。

find 命令支持正则表达式，若需查找指定目录文件名符合“*log”的文件并打印到标准输出，则可使用以下命令：

【示例 2-12】续

```
#查找符合指定字符串的文件
[root@CentOS nginx]# find /data/logs -name "*.log" -type f  -print
/data/logs/error.log
/data/logs/access.log
#查找以数字开头的文件
[root@CentOS nginx]# find  . -name "[0-9]*" -type f
./html/50x.html
#查找 HOME 目录下的所有以“log”为扩展名的文件
[root@CentOS nginx]#find ~ -name "*.log" -print
#查找当前目录及子目录下的所有以“log”为扩展名的文件
[root@CentOS nginx]#  find . -name "*.log" -print
#查找/etc 目录以 my 开头的文件
[root@CentOS nginx]# find /etc -name "my*" -print
#find 可以支持复杂的正则表达式，如下例所示
[root@CentOS nginx]#find . -name "[a-z][a-z][0--9][0--9].txt" -print
```

find 命令可以按照文件时间来查找文件，对应的参数有 mtime、atime 和 ctime 选项。如果系统突然报警“no space left on device”，那么很可能是程序和文件把硬盘空间占满了，利用

mtime 选项查找其中增长过快的文件。用减号“-”来限定更改时间在距今 n 日以内的文件，而用加号“+”来限定更改时间在距今 n 日以前的文件。

【示例 2-12】续

```
#查找系统内最近 24 小时内修改过的文件
[root@CentOS nginx]#  find / -mtime -1|head
/
/usr/local/nginx
/usr/local/nginx/res
/usr/local/nginx/conf
/usr/local/nginx/logs
#查找最近 15 分钟内修改的文件
[root@CentOS nginx]# find  / -mmin -15|head
/sys/fs/ext4/features/lazy_itable_init
/sys/fs/ext4/features/batched_discard
/sys/fs/ext4/dm-0/delayed_allocation_blocks
/sys/fs/ext4/dm-0/session_write_kbytes
```

find 命令使用 type 选项可以查找特定的文件类型，常查找的文件类型如表 2.13 所示。

表 2.13　find 命令用于查找特定文件类型的参数及其说明

参　数	说　明
b	块设备文件
d	目录
c	字符设备文件
p	管道文件
l	符号链接文件
f	普通文件

【示例 2-12】续

```
#查找当前路径中的所有目录
 [root@CentOS nginx]# find . -type d
.
./conf
./html
./sbin
#查找当前路径中的所有文件
[root@CentOS nginx]# find . -type f
./res
./conf/nginx.conf
./html/index.html
./html/50x.html
./sbin/nginx
#查找所有的符号链接文件
[root@CentOS nginx]# find . -type  l
```

```
./logs
[root@CentOS nginx]# ls -l
total 16
drwxr-xr-x. 2 root root 4096 Apr 24 22:34 conf
drwxr-xr-x. 2 root root 4096 Apr 11 03:15 html
lrwxrwxrwx. 1 root root   10 Apr 24 22:36 logs -> /data/logs
-rw-r--r--. 1 root root  202 Apr 24 22:38 res
drwxr-xr-x. 2 root root 4096 Apr 11 03:15 sbin
```

如果只知道某个文件的长度，修改日期等特征，也可以使用 find 命令把这些文件找出来，类似于 Windows 系统中的搜索功能。例如“100c”中的字符 c 表示以字节为单位查找文件，“+100c”表示文件的长度大于 100 字节的文件，k、M、G 的意义类似。详细用法如下：

【示例 2-12】续

```
#在当前目录下查找文件长度大于 1MB（兆字节）的文件
[root@CentOS nginx]# find . -size +1000000c -print
#在/home/apache 目录下查找文件长度恰好为 100 字节的文件
[root@CentOS nginx]# find /home/apache -size 100c -print
#在当前目录下查找文件长度超过 10 块的文件
[root@CentOS nginx]#find . -size +10 -print
#使用查找命令在进入子目录前先行查找完本目录
[root@CentOS nginx]# find / -name CON.FILE -depth -print
```

find 命令可以按文件属主查找文件，若要查找被删除用户的文件，可使用-nouser 选项。这样就能够找到那些属主在/etc/passwd 目录中没有有效账号的文件。在使用-nouser 选项时，不必给出用户名，find 命令依然能够完成相应的工作。针对文件所属的用户组，find 命令可以使用 group 和 nogroup 选项。详细用法如下：

【示例 2-12】续

```
#查找指定属主的文件
[root@CentOS nginx]# find / -user goss -type f|head -3
/home/goss/.bash_logout
/home/goss/curl-7.21.3/curl-style.el
/home/goss/curl-7.21.3/m4/curl-compilers.m4
#查找被删除用户的文件
[root@CentOS nginx]# find /home -nouser -print、
[root@CentOS nginx]# find / -nouser|head -400|tail
/data/soft/vim73/nsis/icons/vim_uninst_16c.ico
/data/soft/vim73/nsis/icons/disabled.bmp
/data/soft/vim73/nsis/icons/enabled.bmp
[root@CentOS nginx]# ls -l  /data/soft/vim73/nsis/icons/vim_uninst_16c.ico
-rwxr-xr-x. 1 1001 1001 1082 Jul 28  2006  /data/soft/vim73/nsis/icons/vim_
uninst_16c.ico
/data/soft/nginx-1.2.8/contrib/unicode2nginx/unicode-to-nginx.pl
#在/apps 目录下查找属于 gem 用户组的文件
```

```
[root@CentOS nginx]# find /apps -group gem -print
#要查找没有有效所属用户组的所有文件，可以使用 nogroup 选项。下面的 find 命令从文件系统的根目录处查找这样的文件
[root@CentOS nginx]#  find / -nogroup-print
```

find 命令可按照文件的权限位查找文件，可以使用八进制的权限位。例如在当前目录下查找文件权限位为 755 的文件，即文件属主可以读、写、执行，其他用户可以读、执行的文件。在八进制数字前面加一个横杠“-”，表示都匹配，如-007 就相当于 777，-006 相当于 666。

【示例 2-12】续

```
[root@CentOS nginx]#ls -l
-rwxrwxr-x 2 sam adm 0 10月 31 01:01 http3.conf
-rw-rw-rw- 1 sam adm 34890 10月 31 00:57 httpd1.conf
-rwxrwxr-x 2 sam adm 0 10月 31 01:01 httpd.conf
drw-rw-rw- 2 gem group 4096 10月 26 19:48 sam
-rw-rw-rw- 1 root root 2792 10月 31 20:19 temp
[root@CentOS nginx]# find . -perm 006
[root@CentOS nginx]# find . -perm -006
./sam
./httpd1.conf
./temp
-perm mode:文件许可正好符合 mode
-perm +mode:文件许可部分符合 mode
-perm -mode: 文件许可完全符合 mode
```

find 命令可以使用混合查找的方法，例如想在/tmp 目录中查找大于 100000000 字节并且在 48 小时内修改过的某个文件，可以使用-and 把两个查找选项链接起来，组合成一种混合的查找方式。

【示例 2-12】续

```
#下面的命令为在/tmp 目录中查找大于 100000000 字节并且在 48 小时内修改过的某个文件
[root@CentOS nginx]# find /tmp -size +10000000c -and -mtime +2
#下面的命令为在/tmp 目录中查找属于 fred 或 george 这两个用户的文件
[root@CentOS nginx]# find / -user fred -or -user George
```

2. xargs

find 命令可以把匹配到的文件传递给 xargs 命令去执行。在使用 find 命令的-exec 选项处理匹配到的文件时，会将所有匹配到的文件一起传递给 exec 去执行。由于有些系统对传递给 exec 的命令长度有限制，这样在 find 命令运行时就会出现溢出错误。错误信息通常是“参数列太长”或“参数列溢出”，这时可以采用 xargs 命令。操作方法如下：

【示例 2-12】续

```
#下面的例子查找系统中的每一个普通文件，然后使用 xargs 命令来测试它们分别属于哪类文件
[root@CentOS nginx]#find . -type f -print | xargs file
./httpd.conf:                    ISO-8859 English text, with CRLF, LF line
```

```
terminators
    ./magic:                              magic text file for file(1) cmd
    ./mime.types:                          ASCII English text
    #找到当前目录下的 log 文件并删除
    [root@CentOS nginx]# find .  -type -f -name "*\.log"  -print | xargs rm
```

注意：在上面的例子中，“\”用来取消 find 命令中的“.”在 Shell 中的特殊含义，把其当作普通的字符“.”。

在 find 命令中配合使用 exec 和 xargs 选项，就可以使用户对所匹配到的文件执行几乎所有的命令。另外，可以使用 exec 或 ok 来执行 Shell 命令。exec 选项后面跟随着所要执行的命令或脚本。

【示例 2-12】续

```
    #用 ls -l 命令列出所匹配到的文件，可以把 ls -l 命令放在 find 命令的-exec 选项中
    [root@CentOS nginx]# find . -type f -exec ls -l { } \;
    -rw-r--r-- 1 goss users 26542 May 30 14:51 ./httpd.conf
    -rw-r--r—1 goss users 12958 Jan  4  2011 ./magic
    -rw-r--r-- 1 goss users 45472 Jan  4  2011 ./mime.types
    #查找 logs 目录中更改时间在 5 日以前的文件并删除这些文件
    [root@CentOS nginx] # find logs -type f -mtime +5 -exec rm {} \;
    #注意：在 Shell 中用任何方式删除文件之前，应当先查看相应的文件，防止文件误删除。可以使用 exec
的安全模式
    [root@CentOS nginx]#  find logs -type f   -ok rm {} \;
    < rm ... logs/a > ? y
    < rm ... logs/b > ? y
    < rm ... logs/c > ? y
    < rm ... logs/d > ? y
```

2.2.7　过滤文本：grep

grep 命令是一种强大的文本搜索工具命令，用于查找文件中符合指定格式的字符串，支持正则表达式。若不指定任何文件名称，或者所给予的文件名为“-”，则 grep 命令从标准输入设备读取数据。grep 家族包括 grep、egrep 和 fgrep。egrep 和 fgrep 命令与 grep 命令略有不同。egrep 是 grep 的扩展，fgrep 其实就是 fixed grep 或 fast grep 的缩写。该命令使用任何正则表达式中的元字符表示其自身的字面意义。其中 egrep 就等同于“grep -E”，fgrep 等同于“grep -F”。Linux 中的 grep 命令功能强大，支持的参数众多，可以方便地用于一些文本处理工作。grep 命令常用参数说明如表 2.14 所示。

表 2.14　grep 命令常用的参数及其说明

参　数	说　明
-a	不要忽略二进制的数据
-A	除了显示符合条件的那一行之外，还要显示该列之后的内容
-b	在显示符合范本样式的那一列之前，标示出该列第 1 个字符的位编号
-B	除了显示符合条件的那一行之外，还要显示该列之前的内容

（续表）

参　数	说　明
-c	计算符合结果的行数
-C	除了显示符合条件的那一行之外，还要显示该列前后的内容
-e	按指定字符串查找
-E	按字符串指定的正则表达式查找
-f	指定范本文件，其内容含有一个或多个范本样式
-F	将范本样式视为固定字符串的列表
-G	将范本样式视为普通的表示法来使用
-h	在显示符合范本样式的那一列之前，不标示该列所属的文件名称
-H	在显示符合范本样式的那一列之前，表示该列所属的文件名称
-i	忽略字母大小写
-l	列出文件内容符合指定的范本样式的文件名称
-L	列出文件内容不符合指定的范本样式的文件名称
-n	在显示符合范本样式的那一列之前，标示出该列的列数编号
-q	不显示任何信息
-r	在指定路径递归查找
-s	不显示错误信息
-v	反向查找
-V	显示版本信息
-w	匹配整个单词
-x	只显示全列符合的列
--help	在线帮助

grep 命令单独使用时至少有两个参数，如少于两个参数，grep 会一直等待，直到该程序被中断。如果遇到了这样的情况，可以按【Ctrl+C】快捷键终止。默认情况下只搜索当前目录，如果递归查找子目录，可使用“r”选项。详细使用方法如示例 2-13 所示。

【示例 2-13】

```
#在指定文件中查找特定字符串
[root@CentOS ~]# grep root /etc/passwd
root:x:0:0:root:/root:/bin/bash
operator:x:11:0:operator:/root:/sbin/nologin
#结合管道一起使用
[root@CentOS ~]#  cat /etc/passwd | grep root
root:x:0:0:root:/root:/bin/bash
operator:x:11:0:operator:/root:/sbin/nologin
#输出符合条件的内容及其所在的行号
[root@CentOS ~]# grep -n root /etc/passwd
1:root:x:0:0:root:/root:/bin/bash
30:operator:x:11:0:operator:/root:/sbin/nologin
#输出在 nginx.conf 中查找到的包含 listen 的行号
[root@CentOS conf]# grep listen  nginx.conf
```

```
        listen      80;
    #联合管道使用,其中/sbin/ifconfig 表示查看当前系统的网络配置信息,然后查找包含“inet addr”
的字符串，第 2 行为查找的结果
    [root@CentOS etc]# cat file1
    [mysqld]
    datadir=/var/lib/mysql
    socket=/var/lib/mysql/mysql.sock
    user=mysql
    [root@CentOS etc]# grep var  file1
    datadir=/var/lib/mysql
    socket=/var/lib/mysql/mysql.sock
    [root@CentOS etc]# grep  -v var file1
    [mysqld]
    user=mysql
    #显示行号
    [root@CentOS etc]# grep -n var file1
    2:datadir=/var/lib/mysql
    3:socket=/var/lib/mysql/mysql.sock
    [root@CentOS nginx]# /sbin/ifconfig|grep "inet addr"
            inet addr:192.168.3.100  Bcast:192.168.3.255  Mask:255.255.255.0
    #综合使用
    $ grep magic /usr/src/linux/Documentation/* | tail
    #查看文件内容
    [root@CentOS etc]# cat test.txt
    default=0
    timeout=5
    splashimage=(hd0,0)/boot/grub/splash.xpm.gz
    hiddenmenu
    title CentOS (2.6.32-358.el6.x86_64)
           root (hd0,0)
           kernel /boot/vmlinuz-2.6.32-358.el6.x86_64 ro root=UUID=d922ef3b-d473-
40a8-a7a2
           initrd /boot/initramfs-2.6.32-358.el6.x86_64.img
    #查找指定字符串，此时区分字母大小写
    [root@CentOS etc]# grep uuid  test.txt
    [root@CentOS etc]# grep  UUID  test.txt
           kernel /boot/vmlinuz-2.6.32-358.el6.x86_64 ro root=UUID=d922ef3b-d473-
40a8-a7a2
    #不区分字母大小写查找指定字符串
    [root@CentOS etc]# grep  -i uuid  test.txt
           kernel /boot/vmlinuz-2.6.32-358.el6.x86_64 ro root=UUID=d922ef3b-d473-
40a8-a7a2
    #列出匹配字符串的文件名
    [root@CentOS etc]# grep -l  UUID  test.txt
    test.txt
    [root@CentOS etc]# grep -L  UUID  test.txt
    #列出不匹配字符串的文件名
```

```
[root@CentOS etc]# grep -L  uuid  test.txt
test.txt
#匹配整个单词
[root@CentOS etc]# grep -w UU test.txt
[root@CentOS etc]# grep -w UUID test.txt
        kernel /boot/vmlinuz-2.6.32-358.el6.x86_64 ro
root=UUID=d922ef3b-d473-40a8-a7a2
#除了显示匹配的行外，还要分别显示该行上下文的N行
[root@CentOS etc]# grep -C1 UUID test.txt
        root (hd0,0)
        kernel /boot/vmlinuz-2.6.32-358.el6.x86_64 ro
root=UUID=d922ef3b-d473-40a8-a7a2
        initrd /boot/initramfs-2.6.32-358.el6.x86_64.img
[root@CentOS etc]# grep  -n  -E "^[a-z]+" test.txt
1:default=0
2:timeout=5
3:splashimage=(hd0,0)/boot/grub/splash.xpm.gz
4:hiddenmenu
5:title CentOS (2.6.32-358.el6.x86_64)
[root@CentOS etc]# grep  -n  -E "^[^a-z]+" test.txt
6:      root (hd0,0)
7:      kernel /boot/vmlinuz-2.6.32-358.el6.x86_64 ro
root=UUID=d922ef3b-d473-40a8-a7a2
8:      initrd /boot/initramfs-2.6.32-358.el6.x86_64.img
#按正则表达式查找指定字符串
[root@CentOS etc]# cat my.cnf
[mysqld]
datadir=/var/lib/mysql
socket=/var/lib/mysql/mysql.sock
user=mysql
#按正则表达式查找
[root@CentOS etc]# grep -E "datadir|socket" my.cnf
datadir=/var/lib/mysql
socket=/var/lib/mysql/mysql.sock
[root@CentOS etc]# grep mysql my.cnf
[mysqld]
datadir=/var/lib/mysql
socket=/var/lib/mysql/mysql.sock
user=mysql
#结合管道一起使用
[root@CentOS etc]# grep mysql my.cnf |grep datadir
datadir=/var/lib/mysql
#递归查找
[root@CentOS etc]# grep -r var .|head -3
./rc5.d/K50netconsole:  touch /var/lock/subsys/netconsole
./rc5.d/K50netconsole:  rm -f /var/lock/subsys/netconsole
./rc5.d/K50netconsole:  [ -e /var/lock/subsys/netconsole ] && restart
```

grep 命令支持丰富的正则表达式，常见的正则元字符含义如表 2.15 所示。

表 2.15　grep 命令常见的正则元字符及其说明

参　数	说　明
^	指定匹配字符串的行首
$	指定匹配字符串的结尾
*	表示 0 个以上的字符
+	表示 1 个以上的字符
\	去掉指定字符的特殊含义
^	指定行的开始
$	指定行的结束
.	匹配一个非换行符的字符
*	匹配零个或多个先前字符
[]	匹配一个指定范围内的字符
[^]	匹配一个不在指定范围内的字符
\(..\)	标记匹配字符
<	指定单词的开始
>	指定单词的结束
x{m}	重复字符 x，m 次
x{m,}	重复字符 x，至少 m 次
x{m,n}	重复字符 x，至少 m 次，不多于 n 次
w	匹配字母和数字字符，也就是[A-Za-z0-9]
b	单词锁定符
+	匹配一个或多个先前的字符
?	匹配零个或多个先前的字符
a|b|c	匹配 a 或 b 或 c
()	分组符号
[:alnum:]	字母数字字符
[:alpha:]	字母
[:digit:]	数字字符
[:graph:]	非空格、控制字符
[:lower:]	小写字母
[:cntrl:]	控制字符
[:print:]	非空字符（包括空格）
[:punct:]	标点符号
[:space:]	所有空白字符（新行、空格、制表符）
[:upper:]	大写字母
[:xdigit:]	十六进制数字或数码（0-9、a-f、A-F）

2.2.8　比较文件差异：diff

diff 命令的功能为逐行比较两个文本文件，列出其不同之处。它对给出的文件进行检查，并显示出两个文件中所有不同的行，以便告知用户为了使两个文件 file1 和 file2 一致，需要修改它们的哪些行，比较之前不要求事先对文件进行排序。如果 diff 命令后跟的是目录，则会对该目录中的同名文件进行比较，但不会比较其中的子目录。diff 命令常用的参数及其说明如表 2.16 所示。

表 2.16 diff 命令常用的参数及其说明

参 数	说 明
-a	默认只会逐行比较文本文件
- b	忽略行尾的空格
-B	不检查空白行
-c	用上下文输出格式，提供 n 行上下文
-C	与执行-c 命令相同
-d	使用不同的演算法，以较小的单位来进行比较
-f	输出的格式类似于 ed 的 script 文件，但按照文件原来的顺序显示不同之处
-H	比较大文件时，可加快速度
-l	若两个文件在某几行有所不同，而这几行同时包含选项中指定的字符或字符串，则不显示这两个文件的差异
-i	不检查字母大小写的不同
-l	将结果交由 pr 程序来分页
-n	将比较结果以 RCS 的格式来显示
-N	在比较目录时，若文件 A 仅出现在某个目录中，则默认会显示
-p	若比较的文件为 C 语言的程序源代码文件，则显示差异所在的函数名称
-P	与-N 类似，但只有当第 2 个目录包含一个第 1 个目录所没有的文件时，才会将这个文件与空白的文件进行比较
-q	仅显示有无差异，不显示详细的信息
-r	比较子目录中的文件
-s	若没有发现任何差异，则仍然显示信息
-S	在比较目录时，从指定的文件开始比较
-t	在输出时，按制表符（Tab）展开
-T	在每行前面加上制表符以便对齐
-u,-U	以合并的方式来显示文件内容的不同
-v	显示版本信息
-w	忽略全部的空格字符
-W	在使用-y 参数时，指定栏宽
-x	不比较选项中所指定的文件或目录
-X	可以将文件或目录类型存成文本文件，然后在<文件>中指定此文本文件
-y	以并列的方式显示文件的异同之处
--help	显示帮助

diff 命令的部分功能使用方法如示例 2-14 所示。

【示例 2-14】

```
[root@CentOS conf]# head nginx.conf|cat -n
     1
     2  #user  nobody;
     3  worker_processes  1;
     4
     5  #error_log  logs/error.log;
     6  #error_log  logs/error.log  notice;
     7  #error_log  logs/error.log  info;
     8
     9  #pid        logs/nginx.pid;
    10
[root@CentOS conf]# head nginx.conf.bak |cat -n
     1
     2  worker_processes  1;
     3
     4  error_log  logs/error.log;
     5  error_log  logs/error.log  notice;
     6  error_log  logs/error.log  info;
     7
     8  pid        logs/nginx.pid;
     9
    10
#比较文件差异
[root@CentOS conf]# diff nginx.conf nginx.conf.bak |cat -n
     1  2d1
     2  < #user  nobody;
     3  5,7c4,6
     4  < #error_log  logs/error.log;
     5  < #error_log  logs/error.log  notice;
     6  < #error_log  logs/error.log  info;
     7  ---
     8  > error_log  logs/error.log;
     9  > error_log  logs/error.log  notice;
    10  > error_log  logs/error.log  info;
    11  9c8
    12  < #pid        logs/nginx.pid;
    13  ---
    14  > pid        logs/nginx.pid;
```

在上述比较结果中，以“<”开头的行属于第 1 个文件，以“>”开头的行属于第 2 个文件。字母 a、d 和 c 分别表示附加、删除和修改操作。

2.2.9　在文件或目录之间创建链接：ln

ln 命令用于链接文件或目录，若同时指定两个以上的文件或目录，且最后的目的地是一个已存在的目录，则会把前面指定的所有文件或目录复制到该目录中；若同时指定多个文件或目录，且最后的目的地并非是一个已存在的目录，则会出现错误信息。ln 命令会保持每一处链接文件的同步性，也就是说，改动其中一处，其他地方的文件都会发生相同的变化。ln 命令常用的参数及其说明如表 2.17 所示。

表 2.17 ln 命令常用的参数及其说明

参 数	说 明
-b	为每个已存在的目标文件创建备份文件
-d	允许系统管理员硬链接自己的目录
-f	强行创建文件或目录的链接，不论文件或目录是否存在
-i	覆盖已存在的文件之前先询问用户
-n	把符号链接的目的目录视为一般文件
-s	创建符号链接而不是硬链接
-S	用-b 参数备份目标文件后，备份文件的末尾会被加上一个备份字符串
-v	显示命令执行过程
-t	在指定目录中创建链接
-T	将链接名当作普通文件（在对目录进行符号链接时要用到此选项）
--version	显示版本信息

ln 的链接分为软链接和硬链接。软链接只会在目的位置生成一个文件的链接文件，实际上不会占用磁盘空间，相当于 Windows 中的快捷方式。硬链接会在目的位置上生成一个和源文件大小相同的文件。无论是软链接还是硬链接，文件都保持同步变化。软链接是可以跨分区的，但是硬链接必须在同一个文件系统，并且不能对目录进行硬链接，而符号链接可以指向任意的位置。详细使用方法如示例 2-15 所示。

【示例 2-15】

```
#创建软链接
[root@CentOS ln]# ln -s  /data/ln/src /data/ln/dst
[root@CentOS ln]# ls -l
total 0
lrwxrwxrwx. 1 root root 12 Jun  3 23:19 dst -> /data/ln/src
-rw-r--r--. 1 root root  0 Jun  3 23:19 src
[root@CentOS ln]# echo "src" >src
#当源文件内容改变时，软链接指向的文件内容也会改变
[root@CentOS ln]# cat src
src
[root@CentOS ln]# cat dst
src
#创建硬链接
[root@CentOS ln]# ln   /data/ln/src /data/ln/dst_hard
#查看文件硬链接信息
[root@CentOS ln]# ls -l
total 8
-rw-r--r--. 2 root root 4 Jun  3 23:27 dst_hard
```

```
-rw-r--r--. 2 root root 4 Jun  3 23:27 src
[root@CentOS ln]# cat dst_hard
src
#删除源文件
[root@CentOS ln]# rm src
[root@CentOS ln]# ls
dst  dst_hard
#软链接指向的文件内容已经不存在
[root@CentOS ln]# cat dst
cat: dst: No such file or directory
#硬链接文件内容依然存在
[root@CentOS ln]# cat dst_hard
src
[root@CentOS ln]# cd ..
[root@CentOS data]# mkdir  ln2
#对某一目录中的所有文件和目录创建链接
[root@CentOS data]# ln -s /data/ln/* /data/ln2
[root@CentOS data]# ls -l ln2
total 0
lrwxrwxrwx. 1 root root 17 Jun  3 23:22 dst_hard -> /data/ln/dst_hard
lrwxrwxrwx. 1 root root 14 Jun  3 23:22 file1 -> /data/ln/file1
lrwxrwxrwx. 1 root root 14 Jun  3 23:22 file2 -> /data/ln/file2
lrwxrwxrwx. 1 root root 14 Jun  3 23:22 file3 -> /data/ln/file3
lrwxrwxrwx. 1 root root 14 Jun  3 23:22 lndir -> /data/ln/lndir
```

硬链接指向的文件进行读写和删除操作的时候，效果和符号链接相同。删除硬链接文件的源文件，硬链接文件仍然存在，可以将硬链接指向的文件认为是不同文件，只是具有相同的内容。

2.2.10　显示文件类型：file

file 命令用来显示文件的类型，对于每个给定的参数，该命令试图将文件分类。文件类型有文本文件、可执行文件、压缩文件或其他格式的文件。file 命令常用的参数及其说明如表 2.18 所示。

表 2.18　file 命令常用的参数及其说明

参　数	说　明
-b	不显示文件名称，只显示文件类型
-c	详细显示程序指令执行的过程，便于调试或分析程序执行的情况
-f	指定名称文件
-L	直接显示符号链接所指向的文件类型
-m	指定魔法数字文件
-i	显示 MIME 类别
-v	显示版本信息
-z	尝试去解读压缩文件的内容

【示例 2-16】

```
#显示文件类型
[root@CentOS conf]# file magic
magic: magic text file for file(1) cmd
#不显示文件名称，只显示文件类型
root@CentOS conf]# file -b magic
magic text file for file(1) cmd
#显示文件 magic 信息
[root@CentOS conf]# file -i magic
magic: text/plain; charset=utf-8
#可执行文件
[root@CentOS conf]# file /bin/cp
/bin/cp: ELF 64-bit LSB executable, AMD x86-64, version 1 (SYSV), for GNU/Linux 2.6.4, dynamically linked (uses shared libs), for GNU/Linux 2.6.4, stripped
[root@CentOS conf]# ln  -s /bin/cp cp
[root@CentOS conf]# file cp
cp: symbolic link to '/bin/cp'
#显示链接指向的实际文件的相关信息
[root@CentOS conf]# file -L cp
cp: ELF 64-bit LSB executable, AMD x86-64, version 1 (SYSV), for GNU/Linux 2.6.4, dynamically linked (uses shared libs), for GNU/Linux 2.6.4, stripped
```

2.2.11 分割文件：split

当处理文件时，有时需要对文件做分割处理，split 命令用于分割文件，可以分割文本文件，按指定的行数分割，每个分割后的文件都包含相同的行数。split 命令也可以分割非文本文件，分割时可以指定每个文件的大小，分割后的文件有相同的大小。分割后的文件可以使用 cat 命令组装在一起。split 命令常用的参数及其说明如表 2.19 所示。

表 2.19 split 命令常用的参数及其说明

参 数	说 明
-a	指定分割文件时前缀的长度，默认为 2
-b	指定每个分割文件的大小，以字节为单位
-C	指定每个文件中单行的最大字节数
-d	使用数字前缀而非字符前缀
-l	指定每个分割文件包含多少行
--verbose	输出执行时的诊断信息
--version	输出版本信息

示例 2-17 演示 split 命令的用法，部分显示结果省略。

【示例 2-17】

```
[root@CentOS cmd]# cat src.txt
0
```

```
1
2
3
4
5
6
7
8
9
[root@CentOS cmd]# split  src.txt
[root@CentOS cmd]# ls
dst.txt  src.txt  xaa  xab  xac
#split 默认按 1000 行分割文件
[root@CentOS cmd]# ls
src.txt  xaa  xab  xac
[root@CentOS cmd]# wc -l *
2004 src.txt
1000 xaa
1000 xab
4 xac
[root@CentOS cmd]# ls -lhtr
total 8.0K
-rw-r--r--. 1 root root 53 Apr 22 18:35 src.txt
-rw-r--r--. 1 root root 53 Apr 22 18:35 xaa
[root@CentOS cmd]# rm xaa
rm: remove regular file `xaa'? y
#按每个文件 3 行分割文件
[root@CentOS cmd]# split  -l 3 src.txt
[root@CentOS cmd]# ls
src.txt  xaa  xab xac
-rw-r--r--. 1 root root  8 Apr 22 18:35 xad
-rw-r--r--. 1 root root  9 Apr 22 18:35 xae
-rw-r--r--. 1 root root  9 Apr 22 18:35 xaf
-rw-r--r--. 1 root root  9 Apr 22 18:35 xag
[root@CentOS cmd]# cat xa*
0
1
2
#中间结果省略
2003
[root@CentOS cmd]# cat xaa
0
1
2
#若文件行数太多，则使用默认的两个字符已经不能满足需求
[root@CentOS cmd]# split  -l 3 src.txt
split: output file suffixes exhausted
```

```
[root@CentOS cmd]# rm -f  xa*
[root@CentOS cmd]# ls
src.txt
#指定分割前缀的长度
[root@CentOS cmd]# split  -a 5 -l 3 src.txt
[root@CentOS cmd]# ls
src.txt  xaaaaa  xaaaab  xaaaac  xaaaad  xaaaae  xaaaaf  xaaaag
[root@CentOS cmd]# cat xaaaaa
0
1
2
[root@CentOS cmd]# rm -f xaaaa*
#使用数字前缀
[root@CentOS cmd]# split  -a 5 -l 3  -d src.txt
[root@CentOS cmd]# ls
src.txt  x00000  x00001  x00002  x00003  x00004  x00005  x00006
[root@CentOS cmd]# cat x00000
0
1
2
#指定每个文件的大小，默认为字节，可以使用 1m 类似的参数
#默认为 B，另外有 b、k、m 等单位
#SIZE 可加入单位：b 代表 512， k 代表 1K， m 代表 1 Meg
[root@CentOS cmd]# split  -a 5 -b 3 src.txt
[root@CentOS cmd]# ls
src.txt  xaa  xab  xac  xad  xae  xaf  xag  xah  xai  xaj  xak  xal  xam  xan
xao  xap  xaq  xar
[root@CentOS cmd]# ls  -l  xaaaaa
-rw-r--r--. 1 root root      3 Apr 22 18:55 xaaaaa
[root@CentOS cmd]# src.txt xaa xaaaaa xaaaab xaaaac xaaaad xaaaae xaaaaf xaaaag
[root@CentOS cmd]# cat xa* >dst.txt
[root@CentOS cmd]# md5sum src.txt  dst.txt
74437cf5bf0caab73a2fedf7ade51e67  src.txt
74437cf5bf0caab73a2fedf7ade51e67  dst.txt
#指定分割前缀
[root@CentOS cmd]# split  -a 5  -b 3000   src.txt    src_
[root@CentOS cmd]# ls
dst.txt    src_aaaac  src_aaaag  src_aaaak  src_aaaao
```

当把一个大的文件分拆为多个小文件后，如何校验文件的完整性呢？一般通过 MD5 工具来校验对比。对应的 Linux 命令为 md5sum。

注意：有关 MD5 的校验机制和原理可参考相关文档，本节不再赘述。

2.2.12 合并文件：join

如果需要将两个文件根据某种规则连接起来，join 命令可以完成这个功能，该命令可以找

出两个文件中指定列内容相同的行，并加以合并，再输出到标准输出设备。join 命令常用的参数及其说明如表 2.20 所示。

表 2.20　join 命令常用的参数及其说明

参　数	说　明
-a<1 或 2>	除了显示原来的输出内容之外，还显示命令文件中没有相同列的行
-e<字符串>	若[文件 1]与[文件 2]中找不到指定的列，则在输出中填入选项中的字符串
-i	比较列内容时，忽略字母大小写的差异
-j	表示连接的字段参数
-o<格式>	按照指定的格式来显示结果
-t<字符>	指定列的分割字符
-v<1 或 2>	与-a 相同，但是只显示文件中没有相同列的行
-1<列>	指定匹配列为第 1 个文件中的某列，如果不指定，则默认为第 1 列
-2<列>	指定匹配列为第 2 个文件中的某列，如果不指定，则默认为第 1 列
--help	显示帮助

join 命令的部分用法如示例 2-18 所示。

【示例 2-18】

```
[root@CentOS conf]# cat -n src
     1  abrt /etc/abrt /sbin/nologin
     2  adm adm /var/adm
     3  avahi-autoipd Avahi IPv4LL
     4  bin bin /bin
     5  daemon daemon /sbin
     6  dbus System message
     7  ftp FTP User
     8  games games /usr/games
     9  gdm /var/lib/gdm /sbin/nologin
    10  gopher gopher /var/gopher
[root@CentOS conf]# cat -n dst
     1  abrt
     2  adm 99999 7
     3  avahi-autoipd
     4  bin 99999 7
     5  daemon 99999 7
     6  dbus
     7  ftp 99999 7
     8  games 99999 7
     9  gdm
    10  gopher 99999 7
[root@CentOS conf]# join src dst |cat -n
     1  abrt /etc/abrt /sbin/nologin
     2  adm adm /var/adm 99999 7
     3  avahi-autoipd Avahi IPv4LL
```

```
     4  bin bin /bin 99999 7
     5  daemon daemon /sbin 99999 7
     6  dbus System message
     7  ftp FTP User 99999 7
     8  games games /usr/games 99999 7
     9  gdm /var/lib/gdm /sbin/nologin
    10  gopher gopher /var/gopher 99999 7
#指定输出特定的列
[root@CentOS conf]# join -o1.1 -o2.2,2.3 src dst
abrt
adm 99999 7
avahi-autoipd
bin 99999 7
daemon 99999 7
dbus
ftp 99999 7
games 99999 7
gdm
gopher 99999 7
```

2.2.13 文件权限：umask

umask 命令用于指定在创建文件时默认的权限掩码。权限掩码是由 3 个八进制的数字所组成的，将现有的存取权限减掉权限掩码后，即可产生创建文件时默认的权限。umask 命令常用的参数及其说明如表 2.21 所示。

表 2.21 umask命令常用的参数及其说明

参　数	说　明
-S	以文字的方式来表示权限掩码

需要注意的是，文件基数为 666，目录为 777，即文件没有设置 x 位，目录可以设置 x 位。chmod 命令在改变文件权限位时设置哪个位，哪个位就有权限，而 umask 命令则是设置哪个位，哪个位就没有权限。当完成一次设定后，只针对当前登录的环境有效，若想永久保存，则要将设置加入对应用户的 profile 文件中：

```
[root@CentOS ~]# umask
0022
```

umask 命令的参数中数字范围为 000~777。umask 命令的计算方法分为目录和文件两种情况。相应的文件和目录默认创建权限的步骤如下：

（1）目录和文件的最大权限模式为 777，即所有用户都具有读、写和执行权限。

（2）得到当前环境 umask 的值，当前系统为 0022。

（3）对于目录来说，根据互补原则目录权限为 755，而文件由于默认没有执行权限，最大权限为 666，减去当前系统的 0022，则默认的文件权限为 644。

【示例 2-19】

```
#首先查看当前系统的 umask 值，当前系统为 0022
[root@CentOS umask]# umask
0022
#分别创建文件和目录
[root@CentOS umask]# touch file
[root@CentOS umask]# mkdir dir
#文件默认权限为 666-022=644，目录默认权限为 777-022=755
[root@CentOS umask]# ls -l
total 4
drwxr-xr-x. 2 root root 4096 Jun  4 01:22 dir
-rw-r--r--. 1 root root    0 Jun  4 01:22 file
```

2.2.14　文本操作：awk 和 sed

awk 和 sed 为 Linux 系统中强大的文本处理工具，其使用方法比较简单，而且处理效率非常高。本节主要介绍 awk 和 sed 命令的使用方法。

1. awk 命令

awk 命令用于 Linux 下的文本处理，数据可以来自文件或标准输入，支持正则表达式等功能。示例 2-20 是一个简单的 awk 命令使用示例。

【示例 2-20】

```
[root@CentOS ~]# awk '{print $0}' /etc/passwd|head
root:x:0:0:root:/root:/bin/bash
bin:x:1:1:bin:/bin:/sbin/nologin
daemon:x:2:2:daemon:/sbin:/sbin/nologin
adm:x:3:4:adm:/var/adm:/sbin/nologin
lp:x:4:7:lp:/var/spool/lpd:/sbin/nologin
sync:x:5:0:sync:/sbin:/bin/sync
```

说明：当指定 awk 时，首先从给定的文件中读取内容，然后针对文件中的每一行执行 print 命令，并将输出发送至标准输出（如屏幕）。在 awk 命令中，“{}”用于将代码分块。由于 awk 命令默认的分隔符为空格等空白字符，因此上述示例的功能为将文件中的每行打印出来。

如需打印文件中的某个字段，可以使用示例 2-21 所示的命令。

【示例 2-21】

```
[root@CentOS ~]# awk -F':' '{print $1}'  /etc/passwd|head
root
bin
daemon
adm
lp
```

说明：“-F”表示指定每行的分隔符，通过分隔符将文件中的每一行分割成多列，每列编号从 1 开始，“$0”有特殊含义，表示每一行的所有内容。

awk 命令可以使用比较运算符，如“==”“”“<”“>”“<=”“>=”“!=”，如示例 2-22 所示。

【示例 2-22】

```
[root@CentOS ~]# cat -n script
     1  {
     2      if ( $1 < "2012-01-01" )
     3      {
     4         print "2011"
     5      }
     6      else if ($1<"2020-01-01" &&$1>="2019-01-01")
     7      {
     8        print  "2019"
     9      }
    10      else
    11      {
    12        print "2020"
    13      }
    14  }
[root@CentOS ~]# cat -n test.txt
     1  2019-08-01
     2  2019-07-07
     3  2020-07-01
     4  2018-07-01
[root@CentOS ~]# awk -f script  test.txt
2019
2019
2020
2018
```

说明：awk 命令除了可以通过命令行传入参数以外，-f 参数表示 awk 命令从文件读取对应命令，每读取文件 test.txt 中的一行，执行脚本中的判断逻辑并产生相应输出。

除了支持条件判断表达式外，awk 命令还支持循环结构，如 for、while 等。其使用方法类似于 C 语言中的循环结构。

【示例 2-23】

```
[root@CentOS ~]# cat -n script2
     1  {
     2      for(i=1;i<=10;i++)
     3      {
     4         if(i%4==0)
     5         {
```

```
    6          continue
    7        }
    8        print i
    9      }
   10  }
[root@CentOS ~]# echo "test"|awk -f script2
1
2
3
5
6
7
9
10
```

说明：上述示例演示了 awk 命令中 for 循环的使用，若变量整除 4 余数为 0，则不打印，否则输出该数字。

如需向 awk 命令中传入参数，可以使用“-v”参数。

【示例 2-24】

```
[root@CentOS ~]# awk -vmyvalue="date is"  '{print myvalue" "$0}' test.txt
date is 2019-08-01
date is 2019-07-07
date is 2020-07-01
```

说明：使用“-v”参数传入的变量引用时不能加引号等字符。

示例 2-25 演示了如何通过 awk 命令统计文件的占用空间。

【示例 2-25】

```
[root@CentOS ~]#  ls -l|awk 'BEGIN{sum=0}{sum+=$5}END{print sum}'
9974
```

说明：BEGIN 指定了在每行处理之前要执行的操作，这里把变量 sum 初始化为 0，然后对每一行进行相加，END 指定了在所有行处理完毕后要执行的操作，这里为打印 sum 变量的值。

示例 2-26 演示了如何通过 awk 命令统计出 Apache 服务返回码的分布。

【示例 2-26】

```
[root@CentOS ~]# head -10000 www.test.com-access_log.2020-08-27|awk '{print $NF}'|sort|uniq -c|sort -nr|head -3
   9144 200
    800 404
     37 400
```

说明：NF 表示当前文件中每行的字段数，由于日志中最后一个字段记录了 Apache 服务的返回码，因此通过“$NF”将最后一列打印出来，sort 为对输出的返回码进行排序，uniq 统计出每个返回码的数量，再次用sort按返回码的数量排序，最后将出现次数最多的前3个错误码及次数打印出来。

2. sed命令

在修改文件时，如果不断地重复某些编辑操作，则可用sed命令来完成。sed是Linux系统中将编辑工作自动化的编辑器，用户无须直接编辑数据，sed还是一种非交互式的编辑器。一般的Linux系统都安装有sed工具。使用sed命令可以完成数据行的删除、更改、添加、插入、合并或交换等操作。与awk类似，sed命令可以通过命令行、管道或文件输入。

sed命令可以把指定的行打印至标准输出或重定向至文件，打印指定的行可以使用“p”命令参数，可以打印指定的某一行或某个范围的行，如示例2-27所示。

【示例2-27】

```
[root@CentOS ~]# head  -3 /etc/passwd|sed  -n  2p
bin:x:1:1:bin:/bin:/bin/bash
[root@CentOS ~]# head  -3 /etc/passwd|sed  -n  2,3p
bin:x:1:1:bin:/bin:/bin/bash
daemon:x:2:2:Daemon:/sbin:/bin/bash
```

说明：“2p”表示只打印第2行，而2,3p表示打印一个范围。

如需替换文件内的字符串，可以使用s命令参数，如示例2-28所示。

【示例2-28】

```
[root@CentOS ~]#  head  -3 /etc/passwd|sed 's/:/ /'
root x:0:0:root:/root:/bin/bash
bin x:1:1:bin:/bin:/bin/bash
daemon x:2:2:Daemon:/sbin:/bin/bash
[root@CentOS ~]#  head  -3 /etc/passwd|sed 's/:/ /g'
root x 0 0 root /root /bin/bash
bin x 1 1 bin /bin /bin/bash
daemon x 2 2 Daemon /sbin /bin/bash
```

说明：s/exp1/exp2/g表示替换，exp1为正则表达式表示的被替换的字符串，exp2为替换后的字符串，g参数为全局替换。若不指定该参数，则在处理每一行时替换第一个符合条件的字符后终止。

sed命令处理后的输出并没有更改源文件，而是将处理后的结果复制一份至标准输出，如需保存更改至原文件，可以使用“i”命令，如示例2-29所示。

【示例2-29】

```
[root@CentOS ~]# head -3 test.txt
root:x:0:0:root:/root:/bin/bash
bin:x:1:1:bin:/bin:/bin/bash
daemon:x:2:2:Daemon:/sbin:/bin/bash
[root@CentOS ~]# sed -i 's/:/ /g' test.txt
[root@CentOS ~]# head -3 test.txt
root x 0 0 root /root /bin/bash
```

```
bin x 1 1 bin /bin /bin/bash
daemon x 2 2 Daemon /sbin /bin/bash
```

说明：i 参数指定了将更改写回源文件，因此再次查看文件内容时为替换后的内容。

除了可以替换字符串以外，sed 命令还可以删除符合指定正则表达式的行。删除指定数据的行可以使用“d”命令参数，如示例 2-30 所示。

【示例 2-30】

```
[root@CentOS ~]# head -3 test.txt |sed "2,3d"
root x 0 0 root /root /bin/bash
```

说明：上述示例的作用是删除第 2 行和第 3 行，注意此操作并没有更改源文件，如需保存更改，需和“i”参数结合使用。

除删除指定的行以外，sed 命令还可以在符合指定正则表达式的数据行后面添加行，添加行可以使用“a”命令参数，如示例 2-31 所示。

【示例 2-31】

```
[root@CentOS ~]# head -3 test.txt|sed '/root/anewline'
root x 0 0 root /root /bin/bash
newline
bin x 1 1 bin /bin /bin/bash
daemon x 2 2 Daemon /sbin /bin/bash
```

说明：root 表达式指定了添加时指定的字符串，a 命令参数表示追加，newline 为追加的字符串。

以上只介绍了 awk 和 sed 命令的基本用法，awk 和 sed 命令为 Linux 下的文本处理工具，如需了解更多功能，可以参考相关帮助文档。

2.3 目录管理

目录是 Linux 的基本组成部分，目录管理包括目录的复制、删除、修改等操作。本节主要介绍 Linux 中目录管理相关的命令。

2.3.1 显示当前工作目录：pwd

pwd 命令用于显示当前工作目录的完整路径，常用的参数及其说明如表 2.22 所示。

表 2.22　pwd 命令常用的参数及其说明

参　数	说　明
-P	显示实际路径而非链接路径
--help	显示帮助信息

pwd 命令的使用比较简单，默认情况下不带任何参数，执行该命令会显示出当前路径。如果当前路径有软链接，则显示链接路径而非实际路径，使用“P”参数可以显示当前路径的实际路径。使用方法如示例 2-32 所示。

【示例 2-32】

```
#查看创建的软链接
[root@CentOS nginx]# ls -l
lrwxrwxrwx. 1 root   root   10 Apr 17 00:06 logs -> /data/logs
[root@CentOS nginx]# cd logs
#默认显示链接路径
[root@CentOS logs]# pwd
/usr/local/nginx/logs
#显示实际路径
[root@CentOS logs]# pwd -P
/data/logs
```

2.3.2 创建目录：mkdir

mkdir 命令用于创建指定的目录。创建目录时当前用户对需要操作的目录有读写权限。如目录已经存在，则会报错并退出。mkdir 命令可以创建多级目录，常用的参数及其说明如表 2.23 所示。

表 2.23　mkdir 命令常用的参数及其说明

参　数	说　明
-m	设置新目录的存取权限，类似于 chmod
-p	该参数后跟一路径名称，可以是绝对路径或相对路径，若目录不存在则会创建
--help	显示帮助信息

注意：创建目录时目的路径不能存在重名的目录或文件。使用-p 参数可以一次创建多个目录，并且创建多级目录。

mkdir 命令的使用方法如示例 2-33 所示，部分操作结果省略。

【示例 2-33】

```
[root@CentOS logs]# cd /data
#如目录已经存在，则提示错误信息并退出
[root@CentOS data]# mkdir soft
mkdir: cannot create directory `soft': File exists
#使用“p”参数可以创建存在或不存在的目录
[root@CentOS data]# mkdir -p soft
#使用相对路径
[root@CentOS data]# mkdir -p soft/nginx
[root@CentOS data]# ls -l soft/
total 9596
```

```
drwxr-xr-x. 2 root root   4096 Apr 17 00:22 nginx
#使用绝对路径
[root@CentOS data]# mkdir -p /soft/nginx
[root@CentOS data]# ls -l /soft/
drwxr-xr-x. 2 root root 4096 Apr 17 00:22 nginx
#指定新创建目录的权限
[root@CentOS data]# mkdir -m775  apache
[root@CentOS data]# ls -l
total 16
drwxrwxr-x. 2 root root 4096 Apr 17 00:22 apache
#一次创建多个目录
[root@CentOS data]# mkdir -p /data/{dira,dirb}
[root@CentOS data]# ll /data/
drwxr-xr-x. 2 root root 4096 Apr 17 00:26 dira
drwxr-xr-x. 2 root root 4096 Apr 17 00:26 dirb
#一次创建多个目录
[root@CentOS data]# mkdir -p /data/dirc /data/dird
[root@CentOS data]# ls -l
drwxr-xr-x. 2 root root 4096 Apr 17 00:27 dirc
drwxr-xr-x. 2 root root 4096 Apr 17 00:27 dird
[goss@CentOS ~]$ ls -l /data
drwxr-xr-x. 2 root root 4096 Apr 12 20:31 test
#虽然没有权限写入，但由于目录存在，并不会提示任何信息
[goss@CentOS ~]$ mkdir -p /data/test
#若无写权限，则不能创建目录
[goss@CentOS ~]$ mkdir -p /data/goss
mkdir: cannot create directory `/data/goss': Permission denied
```

2.3.3　删除目录：rmdir

rmdir 命令用于删除指定的目录，删除的目录必须为空目录或为多级空目录，常用的参数及其说明如表 2.24 所示。

表 2.24　rmdir 命令常用的参数及其说明

参　数	说　明
--ignore-fail-on-non-empty	忽略因为目录非空而产生的错误
-p	递归删除各级目录
--help	显示帮助信息

如使用“p”参数，“rmdir -p a/b/c”命令等价于“rmdir a/b/c　rmdir a/b　rmdir a”。rmdir 命令的使用方法如示例 2-34 所示。

【示例 2-34】

```
[root@CentOS dira]# mkdir -p a/b/c
[root@CentOS dira]# touch  a/b/c/file_c
```

```
[root@CentOS dira]# touch  a/b/file_b
[root@CentOS dira]# touch  a/file_a
#当前目录结构
[root@CentOS dira]# find .
.
./a
./a/file_a
./a/b
./a/b/file_b
./a/b/c
./a/b/c/file_c
#删除 c 目录，删除失败
[root@CentOS dira]# rmdir a/b/c/
rmdir: failed to remove 'a/b/c/': Directory not empty
[root@CentOS dira]# rm -f  a/b/c/file_c
#删除成功
[root@CentOS dira]# rmdir a/b/c/
[root@CentOS dira]# ls -l a/b
total 0
-rw-r--r--. 1 root root 0 Apr 17 01:05 file_b
[root@CentOS dira]# mkdir -p a/b/c
[root@CentOS dira]# ls -l a/b
total 4
drwxr-xr-x. 2 root root 4096 Apr 17 01:06 c
-rw-r--r--. 1 root root    0 Apr 17 01:05 file_b
[root@CentOS dira]# rmdir a/b/c/
[root@CentOS dira]# ls -l a/b
total 0
-rw-r--r--. 1 root root 0 Apr 17 01:05 file_b
[root@CentOS dira]# mkdir -p a/b/c
#递归删除目录
[root@CentOS dira]# rmdir -p a/b/c
rmdir: failed to remove directory 'a/b': Directory not empty
[root@CentOS dira]# find .
.
./a
./a/file_a
./a/b
./a/b/file_b
```

注意：当使用“p”参数时，若目录中存在空子目录，则空目录会被删除，而上一级目录不能删除。

2.3.4 改变工作目录：cd

cd 命令用于把工作目录切换为指定的目录，参数可以为相对路径或绝对路径，若该命令后面不跟任何参数，则切换到用户的主目录。cd 为最常用的命令，与 DOS 下的 cd 命令类似。使用方法如示例 2-35 所示。

【示例 2-35】

```
[root@CentOS ~]# cd /
[root@CentOS /]# pwd
/
[root@CentOS /]# ls
bin  boot  cdrom  data  dev  etc  home  lib  lib64  lost+found  media  misc
mnt  net  opt  proc  root  sbin  selinux  soft  srv  sys  tmp  usr  var
[root@CentOS /]# cd
[root@CentOS ~]# pwd
/root
[root@CentOS /]# cd ~
[root@CentOS ~]# pwd
/root
[root@CentOS ~]# cd /usr/local/
[root@CentOS local]# pwd
/usr/local
[root@CentOS local]# cd ..
[root@CentOS usr]# pwd
/usr
#“-”表示回到上次的目录
[root@CentOS usr]# cd -
/usr/local
[root@CentOS local]# pwd
/usr/local
```

2.3.5　查看工作目录文件：ls

ls 命令是 Linux 下最常用的命令。ls 命令就是英文 list 的缩写。默认情况下，ls 命令用来列出当前目录的清单，如果 ls 指定其他目录，那么就会显示指定目录中的文件及子目录清单。通过 ls 命令不仅可以查看 Linux 目录包含的文件，还可以查看文件权限（包括目录、文件权限）、目录信息等。ls 命令常用的参数及其说明如表 2.25 所示。

表 2.25　ls 命令常用的参数及其说明

参　数	说　明
-a	列出目录下的所有文件，包括以.开头的隐含文件
-b	把文件名中不可输出的字符用反斜杠加字符编号（就像在 C 语言中一样）的形式列出
-c	输出文件的 i 节点的修改时间，并以此排序
-d	将目录像文件一样显示，而不是显示其下的文件
-e	输出时间的全部信息，而不是输出简略时间信息
-f –U	不对输出的文件排序
-i	输出文件的 i 节点的索引信息
-k	以 k 字节的形式表示文件的大小
-l	列出文件的详细信息

（续表）

参　数	说　明
-m	横向输出文件名，并以“,”作为分隔符
-n	用数字的 UID、GID 代替名称
-o	显示文件除组信息外的详细信息
-r	对目录反向排序
-s	在每个文件名后输出该文件的大小
-t	以时间排序
-u	以文件上次被访问的时间排序
-v	根据版本进行排序
-x	按列输出，横向排序
-A	显示除“.”和“..”外的所有文件
-B	不输出以“~”结尾的备份文件
-C	按列输出，纵向排序
-G	输出文件的组的信息
-L	列出链接文件名而不是链接到的文件
-N	不限制文件长度
-Q	把输出的文件名用双引号引起来
-R	列出所有子目录下的文件
-S	以文件大小排序
-X	以文件的扩展名（文件扩展名中最后一个.后的字符）排序
-1	一行只输出一个文件
-color=no	不显示彩色文件名
--help	在标准输出上显示帮助信息
--version	在标准输出上输出版本信息并退出

用 ls -l 命令查看某一个目录会得到一个包含 9 个字段的列表。第 1 行显示的信息是总用量，这个数值是该目录下所有文件占用空间的大小。接下来每一列第 1 个字符表示文件类型，常用的参数及其说明如表 2.26 所示。

表 2.26　ls 命令显示文件类型的常用参数及其说明

参　数	说　明
-	表示该文件是一个普通文件
d	表示该文件是一个目录
l	表示该文件是一个链接文件
b	表示块设备文件
c	表示该文件是一个字符设备文件
p	表示该文件为命令管道文件
s	表示该文件为 Socket 文件

【示例 2-36】

```
#输出文件的详细信息
```

```
[root@CentOS nginx]# ls -l
total 1272
drwxr-xr-x. 2 root root   4096 Apr 25 19:37 conf
drwxr-xr-x. 2 root root   4096 Apr 11 03:15 html
lrwxrwxrwx. 1 root root     10 Apr 24 22:36 logs -> /data/logs
-rw-r--r--. 1 root root 1288918 Apr 25 22:54 res
drwxr-xr-x. 2 root root   4096 Apr 11 03:15 sbin
#输出的文件以 KB 为单位
[root@CentOS nginx]# ls -lk
total 1272
drwxr-xr-x. 2 root root    4 Apr 25 23:05 conf
drwxr-xr-x. 2 root root    4 Apr 25 23:05 html
lrwxrwxrwx. 1 root root    1 Apr 24 22:36 logs -> /data/logs
-rw-r--r--. 1 root root 1259 Apr 25 23:05 res
drwxr-xr-x. 2 root root    4 Apr 25 23:05 sbin
#将文件大小转变为可阅读的方式，如 1GB、23MB、456KB 等
[root@CentOS nginx]# ls -lh
total 1.3M
drwxr-xr-x. 2 root root 4.0K Apr 25 19:37 conf
drwxr-xr-x. 2 root root 4.0K Apr 11 03:15 html
lrwxrwxrwx. 1 root root   10 Apr 24 22:36 logs -> /data/logs
-rw-r--r--. 1 root root 1.3M Apr 25 22:54 res
drwxr-xr-x. 2 root root 4.0K Apr 11 03:15 sbin
#对目录反向排序
[root@CentOS nginx]# ls -lhr
total 1.3M
drwxr-xr-x. 2 root root 4.0K Apr 11 03:15 sbin
-rw-r--r--. 1 root root 1.3M Apr 25 22:54 res
lrwxrwxrwx. 1 root root   10 Apr 24 22:36 logs -> /data/logs
drwxr-xr-x. 2 root root 4.0K Apr 11 03:15 html
drwxr-xr-x. 2 root root 4.0K Apr 25 19:37 conf
#显示所有文件
[root@CentOS nginx]# ls -a
.  ..  conf  html  logs  res  sbin
#显示时间的完整格式
[root@CentOS nginx]# ls --full-time
total 1272
drwxr-xr-x. 2 root root    4096 2020-04-25 19:37:10.386725133 +0800 conf
drwxr-xr-x. 2 root root    4096 2020-04-11 03:15:28.000999450 +0800 html
lrwxrwxrwx. 1 root root      10 2020-04-24 22:36:18.544792396 +0800 logs ->
/data/logs
-rw-r--r--. 1 root root 1288918 2020-04-25 22:54:09.680715680 +0800 res
drwxr-xr-x. 2 root root    4096 2020-04-11 03:15:27.815999453 +0800 sbin
#列出 inode
[root@CentOS nginx]# ls -il
total 1272
398843 drwxr-xr-x. 2 root root   4096 Apr 25 23:05 conf
```

```
398860 drwxr-xr-x. 2 root root    4096 Apr 25 23:05 html
392716 lrwxrwxrwx. 1 root root      10 Apr 24 22:36 logs -> /data/logs
392737 -rw-r--r--. 1 root root 1288918 Apr 25 23:05 res
398841 drwxr-xr-x. 2 root root    4096 Apr 25 23:05 sbin
#递归显示目录内的子目录和文件
[root@CentOS nginx]# ls -R
.:
conf  html  logs  res  sbin
./conf:
dst  nginx.conf  nginx.conf.bak  src
./html:
50x.html  index.html
./sbin:
nginx
#列出当前路径中的目录
[root@CentOS nginx]# ls -Fl|grep "^d"
drwxr-xr-x. 2 root root    4096 Apr 25 23:05 conf/
drwxr-xr-x. 2 root root    4096 Apr 25 23:05 html/
drwxr-xr-x. 2 root root    4096 Apr 25 23:05 sbin/
#按文件大小排序文件
[root@CentOS bin]# ls -Sl
total 7828
-rwxr-xr-x. 1 root root 938768 Feb 22 05:09 bash
-rwxr-xr-x. 1 root root 770248 Apr  5  2012 vi
-rwxr-xr-x. 1 root root 395472 Feb 22 10:22 tar
-rwxr-xr-x. 1 root root 391224 Aug 22  2010 mailx
-rwxr-xr-x. 1 root root 387328 Feb 22 12:19 tcsh
-rwxr-xr-x. 1 root root 382456 Aug  7  2012 gawk
#反向排序
[root@CentOS bin]# ls -Slr
total 7828
lrwxrwxrwx. 1 root root      2 Apr 11 00:40 view -> vi
lrwxrwxrwx. 1 root root      2 Apr 11 00:40 rview -> vi
#部分结果省略
-rwxr-xr-x. 1 root root   2555 Nov 12  2010 unicode_star
```

- 第 1 列后的 9 个字母表示该文件或目录的权限位。r 表示读，w 表示写，x 表示执行。
- 第 2 列表示文件的硬链接数。
- 第 3 列表示文件的属主（即拥有者）。
- 第 4 列表示文件的属主所在的组 。
- 第 5 列表示文件的大小，如果是目录，则表示该目录的大小。注意是目录本身的大小，而非目录及其下面的文件的总大小。
- 第 6 列表示文件或目录的最近修改时间。

2.3.6　查看目录树：tree

使用 tree 命令以树状图递归的形式显示各级目录，可以方便地看到目录结构。tree 命令常用的参数及其说明如表 2.27 所示。

表 2.27　tree 命令常用的参数及其说明

参　数	说　明
-a	显示所有文件和目录
-C	为文件和目录清单加上色彩，以便于区分各种类型
-d	显示目录名称而非内容
-D	列出文件或目录的更改时间
-f	在每个文件或目录之前显示完整的相对路径名称
-F	在执行文件、目录、Socket、符号链接、管道名称前分别加上 "*" "/" "=" "@" "|"
-g	列出文件或目录的所属群组名称，若没有对应的名称，则显示群组识别码
-i	不以阶梯状列出文件或目录名称
-I	不显示符合范本样式的文件或目录名称
-l	若遇到性质为符号链接的目录，则直接列出该链接所指向的原始目录
-n	不为文件和目录清单加上色彩
-s	列出文件或目录的大小
-u	列出文件或目录的属主名称，若没有对应的名称，则显示用户识别码
-x	将范围局限在现行的文件系统中，若指定目录下的某些子目录，将其存放于另一个文件系统中，则将该子目录排除在寻找范围外

tree 命令的部分用法如示例 2-37 所示。

【示例 2-37】

```
[root@CentOS man]#  tree
.
|-- man1
|   |-- dbmmanage.1
|   |-- htdbm.1
|   |-- htdigest.1
|   `-- htpasswd.1
`-- man8
    |-- ab.8
    |-- apachectl.8
    |-- apxs.8
    |-- htcacheclean.8
    |-- httpd.8
    |-- logresolve.8
    |-- rotatelogs.8
    `-- suexec.8

2 directories, 12 files
```

```
[root@CentOS man]#  tree -d
.
|-- man1
`-- man8

2 directories
#在每个文件或目录之前显示完整的相对路径名称
[root@CentOS man]#  tree -f
.
|-- ./man1
|   |-- ./man1/dbmmanage.1
|   |-- ./man1/htdbm.1
|   |-- ./man1/htdigest.1
|   `-- ./man1/htpasswd.1
`-- ./man8
    |-- ./man8/ab.8
    |-- ./man8/apachectl.8
    |-- ./man8/apxs.8
    |-- ./man8/htcacheclean.8
    |-- ./man8/httpd.8
    |-- ./man8/logresolve.8
    |-- ./man8/rotatelogs.8
    `-- ./man8/suexec.8

2 directories, 12 files
```

2.3.7 打包或解包文件：tar

tar 命令用于将文件打包或解包，扩展名一般为“.tar”，指定特定参数可以调用 gzip 或 bzip2 制作压缩包或解开压缩包，扩展名为“tar.gz”或“.tar.bz2”。tar 命令常用的参数及其说明如表 2.28 所示。

表 2.28 tar 命令常用的参数及其说明

参 数	说 明
-c	创建新的压缩包
-d	比较存档与当前文件的不同之处
--delete	从压缩包中删除
-r	附加到压缩包末尾
-t	列出压缩包中文件的目录
-u	仅将较新的文件附加到压缩包中
-x	解压压缩包
-C	解压到指定的目录
-f	使用的压缩包名字，f 参数之后不能再加参数
-i	忽略存档中的 0 字节块

（续表）

参　数	说　明
-v	处理过程中输出相关信息
-z	调用 gzip 来压缩归档文件，与-x 联用时调用 gzip 完成解压缩
-Z	调用 compress 来压缩归档文件，与-x 联用时调用 compress 完成解压缩
-j	调用 bzip2 压缩或解压
-p	使用源文件的原来属性
-P	可以使用绝对路径来压缩
--exclude	排除不加入压缩包的文件

tar 命令相关的包一般使用.tar 作为文件名标识。如果加 z 参数，则以.tar.gz 或.tgz 来代表 gzip 压缩过的 tar 文件。tar 命令的应用如示例 2-38 所示。

【示例 2-38】

```
#仅打包，不压缩
[root@CentOS ~]# tar -cvf /tmp/etc.tar /etc
#打包并使用 gzip 压缩
[root@CentOS ~]# tar -zcvf /tmp/etc.tar.gz /etc
#打包并使用 bzip2 压缩
[root@CentOS ~]# tar -jcvf /tmp/etc.tar.bz2 /etc
#查看压缩包文件列表
[root@CentOS ~]# tar -ztvf /tmp/etc.tar.gz
[root@CentOS ~]# cd /data
#解压压缩包至当前路径
[root@CentOS data]# tar -zxvf /tmp/etc.tar.gz
#只解压指定文件
[root@CentOS data]# tar -zxvf /tmp/etc.tar.gz etc/passwd
#创建压缩包时保留文件属性
[root@CentOS data]# tar -zxvpf /tmp/etc.tar.gz /etc
#排除某些文件
root@CentOS data]# tar --exclude /home/*log -zcvf test.tar.gz /data/soft
```

2.3.8　压缩或解压缩文件和目录：zip/unzip

zip 是 Linux 系统下广泛使用的压缩程序，文件压缩后扩展名为“.zip”。zip 常用的参数及其说明如表 2.29 所示。

表 2.29　zip 命令常用的参数及其说明

参　数	说　明
-a	将文件转成 ASCII 模式
-F	尝试修复损坏的压缩文件
-h	显示帮助界面
-m	将文件压缩之后，删除源文件
-n	不压缩具有特定字尾字符串的文件

（续表）

参　数	说　明
-o	将压缩文件内的所有文件的最新变动时间设为压缩时的时间
-q	安静模式，在压缩的时候不显示命令的执行过程
-r	将指定目录下的所有子目录以及文件一起处理
-S	包含系统文件和隐含文件（S 是大写）
-t	把压缩文件的最后修改日期设为指定的日期，日期格式为 mmddyyyy-x
-v	查看压缩文件目录，但不解压
-t	测试文件有无损坏，但不解压
-d	把压缩文件解压到指定目录下
-z	只显示压缩文件的注解
-n	不覆盖已经存在的文件
-o	覆盖已存在的文件且不要求用户确认
-j	不重建文档的目录结构，把所有文件解压到同一目录下

zip 命令的基本用法是：zip [参数] [打包后的文件名] [打包的目录路径]。路径可以是相对路径，也可以使绝对路径。zip 命令的使用如示例 2-39 所示。

【示例 2-39】

```
[root@CentOS file_backup]# zip file.conf.zip file.conf
  adding: file.conf (deflated 49%)
[root@CentOS file_backup]# file file.conf.zip
file.conf.zip: Zip archive data, at least v2.0 to extract
#解压文件
#将整个文件夹压缩成一个文件
[root@CentOS file_backup]# zip  -r file_backup.zip .
  adding: file_backup.sh (deflated 59%)
  adding: config.conf (deflated 15%)
  adding: data/ (stored 0%)
  adding: data/s (stored 0%)
  adding: file.conf (deflated 49%)
```

zip 命令用来将文件压缩成为常用的 zip 格式。unzip 命令则用来解压缩 zip 文件，如示例 2-40 所示。

【示例 2-40】

```
[root@CentOS file_backup]# unzip  file.conf.zip
Archive:  file.conf.zip
replace file.conf? [y]es, [n]o, [A]ll, [N]one, [r]ename: A
  inflating: file.conf
#解压时不询问用户而直接覆盖
[root@CentOS file_backup]# unzip  -o  file.conf.zip
Archive:  file.conf.zip
  inflating: file.conf
```

```
#将文件解压到指定的文件夹
[root@CentOS file_backup]# unzip file_backup.zip  -d /data/bak
Archive:  file_backup.zip
  inflating: /data/bak/file_backup.sh
  inflating: /data/bak/config.conf
   creating: /data/bak/data/
 extracting: /data/bak/data/s
  inflating: /data/bak/file.conf
[root@CentOS file_backup]# unzip file_backup.zip  -d /data/bak
Archive:  file_backup.zip
replace /data/bak/file_backup.sh? [y]es, [n]o, [A]ll, [N]one, [r]ename: A
  inflating: /data/bak/file_backup.sh
  inflating: /data/bak/config.conf
 extracting: /data/bak/data/s
  inflating: /data/bak/file.conf
[root@CentOS file_backup]# unzip -o  file_backup.zip  -d /data/bak
Archive:  file_backup.zip
  inflating: /data/bak/file_backup.sh
  inflating: /data/bak/config.conf
 extracting: /data/bak/data/s
  inflating: /data/bak/file.conf
#查看压缩包内容但不解压
[root@CentOS file_backup]# unzip -v file_backup.zip
Archive:  file_backup.zip
 Length   Method    Size  Cmpr    Date    Time   CRC-32   Name
--------  ------  ------- ---- ---------- ----- --------  ----
    2837  Defl:N     1160  59% 06-24-2019 18:06 460ea65c  file_backup.sh
     250  Defl:N      212  15% 08-09-2019 16:01 4844a020  config.conf
       0  Stored        0   0% 05-30-2020 17:04 00000000  data/
       0  Stored        0   0% 05-30-2020 17:04 00000000  data/s
     318  Defl:N      161  49% 11-17-2019 14:57 d4644a64  file.conf
--------          -------  ---                            -------
3405              1533  55%                            5 files
#查看压缩后的文件内容
[root@CentOS file_backup]# zcat file.conf.gz
/var/spool/cron
/usr/local/apache2
/etc/hosts
```

2.3.9 压缩或解压缩文件和目录：gzip/gunzip

和 zip 命令类似，gzip 用于文件的压缩，gzip 压缩后的文件扩展名为“.gz”，gzip 默认压缩后会删除源文件。gunzip 用于解压经 gzip 压缩过的文件。gzip 常用的参数及其说明如表 2.30 所示，gunzip 常用的参数及其说明如表 2.31 所示。

表 2.30　gzip 命令常用的参数及其说明

参　数	说　明
-d	对压缩的文件进行解压
-r	递归式压缩指定目录以及子目录下的所有文件
-t	检查压缩文档的完整性
-v	对于每个压缩和解压缩的文档，显示相应的文件名和压缩比
-l	显示压缩文件的压缩信息
-num	用指定的数字 num 配置压缩比

表 2.31　gunzip 命令常用的参数及其说明

参　数	说　明
-a	使用 ASCII 文字模式
-c	把解压后的文件输出到标准输出设备
-f	强行解开压缩文件，不理会文件名称或硬链接是否存在以及该文件是否为符号链接
-h	在线帮助
-l	列出压缩文件的相关信息
-L	显示版本与版权信息
-n	解压缩时，若压缩文件内含有原来的文件名及时间戳，则将其忽略不予处理
-N	解压缩时，若压缩文件内含有原来的文件名及时间戳，则将其回存到解开的文件中
-q	不显示警告信息
-r	递归处理，将指定目录下的所有文件及子目录一并处理
-S	更改压缩字尾字符串
-t	测试压缩文件是否正确无误
v	显示命令执行过程
-V	显示版本信息

gunzip 和 unzip 使用方法如示例 2-41 所示。

【示例 2-41】

```
#压缩文件，压缩后源文件被删除
[root@CentOS file_backup]# gzip file_backup.sh
[root@CentOS file_backup]# ls -l
total 16
-rw-r--r-- 1 root root  250 Aug  9  2019 config.conf
drwxr-xr-x 2 root root 4096 May 30 17:04 data
-rw-r--r-- 1 root root  318 Nov 17  2019 file.conf
-rw-r--r-- 1 root root 1193 Jun 24  2019 file_backup.sh.gz
#gzip 压缩过的文件的特征
[root@CentOS file_backup]# file  file_backup.sh.gz
file_backup.sh.gz: gzip compressed data, was "file_backup.sh", from Unix, last
modified: Fri Jun 24 18:06:46 2019
#若想保留原来的的文件，则可以使用以下命令
[root@CentOS file_backup]# gzip file_backup.sh
```

```
[root@CentOS file_backup]# md5sum file_backup.sh.gz
d5c404631d3ae890ce7d0d14bb423675  file_backup.sh.gz
[root@CentOS file_backup]# gunzip file_backup.sh.gz
#既压缩了原文件，原文件也得到保留
[root@CentOS file_backup]# gzip -c file_backup.sh  >file_backup.sh.gz
#校验压缩结果，和直接使用 gzip 一致
[root@CentOS file_backup]# md5sum file_backup.sh.gz
d5c404631d3ae890ce7d0d14bb423675  file_backup.sh.gz
[root@CentOS file_backup]# gunzip -c file_backup.sh.gz  >file_backup2.sh
[root@CentOS file_backup]# md5sum file_backup2.sh  file_backup.sh
7d00e2db87e6589be7116c9864aa48d5  file_backup2.sh
7d00e2db87e6589be7116c9864aa48d5  file_backup.sh
```

zgrep 命令的功能是在压缩文件中寻找正则表达式匹配的内容，用法和 grep 命令一样，只不过查找的文件对象是压缩文件。如果用户想查看在某个压缩文件中是否有某一句话，便可用 zgrep 命令。

2.3.10　压缩或解压缩文件和目录：bzip2/bunzip2

bzip2 是 Linux 下的一款压缩软件，能够高效地完成文件数据的压缩。支持现在大多数压缩格式，包括 tar、gzip 等。若没有加上任何参数，则 bzip2 压缩完文件后会产生.bz2 的压缩文件，并删除原始的文件。bzip2 的压缩效率比传统的 gzip 或 zip 的压缩效率更高，但是它的压缩速度较慢。bzip2 只是一个数据压缩工具，而不是归档工具，在这一点上与 gzip 类似。bzip2 常用的参数及其说明如表 2.32 所示。

bunzip2 是 bzip2 的一个符号链接，但 bunzip2 和 bzip2 的功能却正好相反。bzip2 是用来压缩文件的，而 bunzip2 是用来解压文件的，相当于 bzip2 –d，类似的有 zip 和 unzip、gzip 和 gunzip、compress 和 uncompress。

表 2.32　bzip2 命令常用的参数及其说明

参　数	说　明
-c	将压缩与解压缩的结果送到标准输出
-d	执行解压缩
-f	bzip2 在压缩或解压缩时，若输出文件与现有文件同名，则默认不会覆盖现有文件
-h	显示帮助
-k	bzip2 在压缩或解压缩后，会删除原文件
-s	降低程序执行时内存的使用量
-t	测试.bz2 压缩文件的完整性
-v	压缩或解压缩文件时，显示详细的信息
-z	强制执行压缩
-V	显示版本信息
-压缩等级	压缩时的区块大小

gzip、bzip2 一次只能压缩一个文件，如果要同时压缩多个文件，则需将其打个 tar 包，然

后压缩成具有 tar.gz、tar.bz2 文件名后缀的文件，Linux 系统中 bzip2 也可以与 tar 一起使用。bzip2 可以压缩文件，也可以解压文件，解压也可以使用另一个名字 bunzip2。bzip2 的命令行标志大部分与 gzip 相同，从 tar 文件解压 bzip2 压缩文件的方法如示例 2-42 所示。

【示例 2-42】

```
[root@CentOS test]# ls -lhtr
-rw-r--r-- 1 root root 95M May 30 16:03 file_test
#压缩指定文件，压缩后源文件会被删除
[root@CentOS test]# bzip2 file_test
[root@CentOS test]# ls -lhtr
-rw-r--r-- 1 root root 20M May 30 16:03 file_test.bz2
#多个文件压缩并打包
[root@CentOS test]#  tar jcvf test.tar.bz2 file1 file2 1.txt
file1
file2
1.txt
#要查看 bzip 压缩过的文件的内容，可以使用 bzcat 命令
[root@CentOS test]# cat file1
1
2
3
[root@CentOS test]# bzip2 file1
[root@CentOS test]# bzcat  file1.bz2
1
2
3
#指定压缩级别
[root@CentOS test]# bzip2 -9  -c file1 >file1.bz2
#单独以 bz2 为扩展名的文件可以直接用 bunzip2 解压文件
[root@CentOS test]# bzip2 -d file1.bz2
#如果是 tar.bz2 结尾，则需要使用 tar 命令
[root@CentOS test]# tar jxvf test.tar.bz2
file1
file2
1.txt
#综合运用
bzcat ''archivefile''.tar.bz2 | tar -xvf -
#要生成 bzip2 压缩的 tar 文件可以使用如下命令
tar -cvf - ''filenames'' | bzip2 > ''archivefile''.tar.bz2
#GNU tar 支持 -j 标志，因而可以不经过管道直接生成 tar.bz2 文件
tar -cvjf ''archivefile''.tar.bz2 ''file-list''
#要解压 GNU tar 文件，可以使用如下命令
 tar -xvjf ''archivefile''.tar.bz2
```

2.4 系统管理

如何查看系统帮助？历史命令如何查看？日常使用中有一些命令可以提高 Linux 系统的使用效率，本节主要介绍系统管理相关的命令。

2.4.1 查看命令帮助：man

使用 man 命令可以调阅系统的帮助信息，非常方便和实用。在输入命令有困难时，可以立刻查阅相关帮助信息，如示例 2-43 所示。

【示例 2-43】

```
man man
Reformatting man(1), please wait...
man(1)                                          Manual pager utils
man(1)



NAME
       man - an interface to the on-line reference manuals

SYNOPSIS
       man  [-c|-w|-tZHT device] [-adhu7V] [-i|-I] [-m system[,...]] [-L locale]
[-p string] [-M path] [-P pager] [-r
       prompt] [-S list] [-e extension] [[section] page ...] ...
       man -l [-7] [-tZHT device] [-p string] [-P pager] [-r prompt] file ...
       man -k [apropos options] regexp ...
       man -f [whatis options] page ...

DESCRIPTION
       man is the system's manual pager. Each page argument given to man is normally
the name of a  program,  utility
       or  function.  The manual page associated with each of these arguments is
then found and displayed. A section,
       if provided, will direct man to look only in that section of the manual.
The default action is to  search  in
       all  of  the  available sections, following a pre-defined order and to show
only the first page found, even if
       page exists in several sections.
```

2.4.2 导出环境变量：export

一个变量的设置一般只在当前环境有效，export 命令可以用于传递一个或多个变量的值到任何后续脚本。export 命令可新增、修改或删除环境变量，供后续执行的程序使用。export 命令的效力仅限于该次登录操作，export 命令常用的参数及其说明如表 2.33 所示。

表 2.33 export 命令常用的参数及其说明

参 数	说 明
-f	代表[变量名称]中是函数名称
-n	删除指定的变量。变量实际上并未删除，只是不会输出到后续命令的执行环境中
-p	列出所有的 Shell 赋予程序的环境变量

【示例 2-44】

```
[root@CentOS ~]# cat hello.sh
#!/bin/sh
 echo "Hello world"
#直接执行发现命令不存在
[root@CentOS ~]# hello.sh
-bash: hello.sh: command not found
[root@CentOS ~]# pwd
/root
#设置环境变量
[root@CentOS ~]# export PATH=/root:$PATH:.
[root@CentOS ~]# echo $PATH
/root:/usr/local/sbin:/usr/local/bin:/sbin:/bin:/usr/sbin:/usr/bin:/root/bi
n:.
#脚本可直接执行
[root@CentOS ~]# hello.sh
Hello world
```

2.4.3 查看历史记录：history

当使用终端命令行输入并执行命令时，Linux 会自动把命令记录到历史列表中，一般保存在用户 HOME 目录下的.bash_history 文件中。默认保存 1000 条，这个值可以更改。如果不需要查看历史命令中的所有项目，history 可以只查看最近 n 条命令。history 命令不仅可以查询历史命令，而且有相关的功能用于执行历史命令。History 命令常用的参数及其说明如表 2.34 所示。

表 2.34 history 命令常用参数说明

参 数	说 明
n	表示要列出最近的 n 条命令
-c	将当前 Shell 中的所有 history 内容全部消除
-a	将当前新增的 history 命令新增入 histfiles 中，若没有加 histfiles，则默认写入~/.bash_history
-r	将 histfiles 的内容读到当前这个 Shell 的 history 记忆中
-w	将当前的 history 记忆内容写入 histfiles

系统安装完毕后，执行 history 并不会记录历史命令的时间，通过特定的设置可以记录命令的执行时间，如示例 2-45 所示。使用上下方向键可以方便地看到过去执行过的命令，按【Ctrl+R】快捷键对执行过的命令进行搜索，这对于想要重复执行某个命令非常方便。当找到所需的命令后，通常再按【Enter】键就可以执行该命令。如果想对找到的命令进行调整后再执行，则可以按左或右方向键。使用"！"可以方便地执行历史命令，如示例 2-46 所示。

【示例 2-45】

```
[root@CentOS ~]# history
    1  2020-05-30 12:56:19 ls /
    2  2020-05-30 12:56:21 uptime
    3  2020-05-30 12:56:22 history
[root@CentOS ~]# export HISTTIMEFORMAT='%F %T '
[root@CentOS ~]# history
    1  2020-05-30 12:56:19 ls /
    2  2020-05-30 12:56:21 uptime
    3  2020-05-30 12:56:22 history
    4  2020-05-30 12:56:25 export HISTTIMEFORMAT='%F %T '
    5  2020-05-30 12:56:27 history
```

【示例 2-46】

```
#从历史命令中执行一个特定的命令， !2 表示执行 history 显示的第 2 条命令
[root@CentOS ~]# !2
uptime
 12:59:36 up  9:27,  2 users,  load average: 0.00, 0.00, 0.00
#按指定关键字执行特定的命令，!up 执行最近一条以 up 开头的命令
[root@CentOS ~]# !up
uptime
 12:59:41 up  9:27,  2 users,  load average: 0.00, 0.00, 0.00
```

history 对历史命令的存取数量有一定限制，查看及设置的方法如示例 2-47 所示。

【示例 2-47】

```
[root@CentOS ~]# set |grep HIS
HISTCONTROL=ignoredups
HISTFILE=/root/.bash_history
HISTFILESIZE=1000
HISTSIZE=1000
HISTTIMEFORMAT='%F %T '
[root@CentOS ~]# echo "HISTSIZE=1000
> HISTFILESIZE=1000
> ">>/etc/profile
[root@CentOS ~]# logout
#重新登录后查看环境变量
[root@CentOS ~]# set |grep HIS
HISTCONTROL=ignoredups
```

```
HISTFILE=/root/.bash_history
HISTFILESIZE=10000
HISTSIZE=10000
[root@CentOS ~]#
```

若想清除已有的历史命令，则可以执行 history –c 命令。

【示例 2-48】

```
[root@CentOS ~]# history |wc -l
350
#清除历史命令
[root@CentOS ~]# history  -c
[root@CentOS ~]# history
    1  history
```

2.4.4 显示或修改系统时间与日期：date

date 命令的功能是显示或设置系统的日期和时间。date 命令具有丰富的参数，如表 2.35 所示。

表 2.35　date 命令常用的参数及其说明

参　数	说　明
-d datestr	--date datestr 显示 datestr 中所设置的时间（非系统时间）
-s datestr,	--set datestr 设置 datestr 描述的日期，将系统时间设为 datestr 中所设置的时间
-u	--universal 显示或设置通用时间域
-u	显示当前的格林尼治时间
-r	显示文件的最后修改时间
%%	字符%
%a	星期的缩写（Sun…Sat）
%A	星期的完整名称（Sunday…Saturday）
%b	月份的缩写（Jan…Dec）
%B	月份的完整名称（January…December）
%c	日期时间（Sat Nov 04 12:02:33 EST 1989）
%C	世纪（年份除以 100 后取整） [00-99]
%d	一个月的第几天（01…31）
%D	日期（mm/dd/yy）
%e	一个月的第几天（1…31）
%F	日期，同%Y-%m-%d
%g	年份（yy）
%G	年份（yyyy）
%h	同%b
%H	小时（00…23）
%I	小时（01…12）
%j	一年的第几天（001…366）

（续表）

参　数	说　明
%k	小时（ 0...23）
%l	小时（ 1...12）
%m	月份（01...12）
%M	分钟（00...59）
%n	换行
%N	纳秒（000000000...999999999）
%p	am 或 pm
%P	AM 或 PM
%r	12 小时制时间（hh:mm:ss [AP]M）
%R	24 小时制时间（hh:mm）
%s	从 00:00:00 1970-01-01 UTC 开始的秒数
%S	秒（00···60）
%t	制表符
%T	24 小时制时间（hh:mm:ss）
%u	一周的第几天（1...7），1 表示星期一
%U	一年的第几周，周日为每周的第 1 天（00...53）
%V	一年的第几周，周一为每周的第 1 天　（01...53）
%w	一周的第几天（0...6），0 代表周日
%W	一年的第几周，周一为每周的第 1 天（00...53）
%x	日期（mm/dd/yy）
%X	时间（%H:%M:%S）
%y	年份（00...99）
%Y	年份（1970...）
%z	RFC-2822 风格数字格式时区（-0500）
%Z	时区（e.g., EDT），若无法确定时区则为空
MM	月份（必要）
DD	日期（必要）
hh	小时（必要）
mm	分钟（必要）
CC	年份的前两位数（选择性）
YY	年份的后两位数（选择性）
ss	秒（选择性）

注意：只有超级用户才能用 date 命令设置时间，一般用户只能用 date 命令显示时间。另外，一些环境变量会影响 date 命令的执行效果。

date 命令的用法如示例 2-49 所示。

【示例 2-49】

```
#设置环境变量，以便影响显示效果
```

```
[root@CentOS ~]#export LC_ALL=C
#显示系统当前的时间
#CST 表示中国标准时间，UTC 表示世界标准时间，中国标准时间与世界标准时间的时差为+8，也就是
UTC+8。另外，GMT 表示格林尼治标准时间
[root@CentOS ~]# date
Wed May  1 12:31:35 CST 2020
#按指定格式显示系统时间
[root@CentOS ~]# date +%Y-%m-%d" "%H:%M:%S
2020-05-01 12:31:36
#设置系统日期，只有 root 用户才能查看
[root@CentOS ~]# date -s 20200530
Thu May 30 00:00:00 CST 2020
#设置系统时间
[root@CentOS ~]# date -s 12:31:34
Thu May 30 12:31:34 CST 2020
#显示系统时间已经设置成功
[root@CentOS ~]# date +%Y-%m-%d" "%H:%M:%S
2020-05-30 12:31:35
#显示 10 天之前的日期
[root@CentOS ~]# date +%Y-%m-%d" "%H:%M:%S -d "10 days ago"
2020-05-20 12:34:35
#除了 days 参数外，还支持 weeks、years、minutes、seconds 等，不再赘述，另外支持正负参数
[root@CentOS ~]# date +%Y-%m-%d" "%H:%M:%S -d "-10 days ago"
2020-06-09 12:39:34
[root@CentOS ~]# date  -r hello.sh
Sun Mar 31 03:03:51 CST 2020
```

当以 root 身份更改了系统时间之后，还需要通过 clock -w 命令将系统时间写入 CMOS 中，这样下次重新开机时系统时间才会使用最新的值。date 命令参数丰富，其他参数的用法可上机实践。

2.4.5 清除屏幕：clear

clear 命令用于清空终端屏幕，类似于 DOS 下的 cls 命令，使用比较简单，若要清除当前屏幕的内容，则直接输入 clear 命令即可，快捷键为【Ctrl+L】。

如果终端有乱码，clear 命令不能用于恢复，则可以执行 reset 命令使屏幕恢复正常。

2.4.6 查看系统负载：uptime

Linux 系统中的 uptime 命令主要用于获取主机运行时间和查询 Linux 系统负载等信息。uptime 命令可以显示系统已经运行了多长时间，信息显示依次为：现在时间，系统已经运行了多长时间，当前有多少登录用户，系统在过去的 1 分钟、5 分钟和 15 分钟内的平均负载。uptime 命令用法十分简单，直接输入 uptime 即可。

【示例 2-50】

```
[root@CentOS ~]# uptime
 06:30:09 up  8:15,  3 users,  load average: 0.00, 0.00, 0.00
```

06:30:09 表示系统当前时间，up 8:15 表示主机已运行时间，时间越大，说明机器越稳定。3 users 表示用户连接数，是总连接数，而不是用户数。load average 表示系统平均负载，统计最近 1、5、15 分钟的系统平均负载。系统平均负载是指在特定时间间隔内运行队列中的平均进程数。对于单核 CPU，负载小于 3 表示当前系统性能良好，3~10 表示需要关注，系统负载可能过大，需要进行相应的优化，大于 10 表示系统性能有严重问题。另外，15 分钟系统负载需重点关注并作为当前系统运行情况的负载依据。

2.4.7　显示系统内存状态：free

free 命令会显示内存的使用情况，包括物理内存、用于交换分区文件的虚拟内存、共享内存区段以及系统核心使用的缓冲区等。free 命令常用的参数及其说明如表 2.36 所示。

表 2.36　free 命令常用的参数及其说明

参　数	说　明
-b	以 Byte 为单位显示内存使用的情况
-k	以 KB 为单位显示内存使用的情况
-m	以 MB 为单位显示内存使用的情况
-o	不显示缓冲区调节列
-s<间隔秒数>	持续观察内存使用状况
-t	显示内存总和
-V	显示版本信息

free 命令使用方法如示例 2-51 所示。

【示例 2-51】

```
#以 MB 为单位查看系统内存资源占用的情况
[root@CentOS ~]# free -m
             total       used       free     shared    buffers     cached
Mem:         16040      13128       2911          0        329       6265
-/+ buffers/cache:       6534       9506
Swap:         1961        100       1860
```

Mem：表示物理内存统计的数量，此示例中有 988MB。-/+ buffers/cached：表示物理内存的缓存统计的数量。Swap 表示硬盘上交换分区的使用情况。若剩余空间较小，则需要留意当前系统内存使用的情况及负载。

第 1 行数据 16040 表示物理内存总量，13128 表示总计分配给缓存（包含 buffers 与 cache）使用的数量，但其中可能部分缓存并未实际使用，2911 表示未被分配的内存。shared 为 0，表示共享内存，329 表示系统分配但未被使用的 buffers 数量，6265 表示系统分配但未被使用的 cache 数量。

以上示例显示系统总内存为 16040MB，如需计算应用程序占用的内存量，可以使用以下公式计算：total–free–buffers–cached=16040–2911–329–6265=6535，内存使用百分比为 6535/16040=40%，表示系统内存资源能满足应用程序的需求。若应用程序占用内存量超过 80%，则应该及时进行应用程序算法的优化。

2.4.8 转换或复制文件：dd

dd 命令可以用指定大小的块复制一个文件，并在复制的同时进行指定的转换。参数使用时可以和 b/c/k 组合使用。

注意：在 dd 命令中指定块大小的数字的末尾若以下列字符结尾，则乘以相应的数字：b=512；c=1；k=1024；w=2。

dd 命令常用的参数及其说明如表 2.37 所示。

表 2.37 dd 命令常用的参数及其说明

参数	说明
if=文件名	输入文件名，默认为标准输入，即指定源文件，< if=input file >
of=文件名	输出文件名，默认为标准输出，即指定目的文件，< of=output file >
ibs=bytes	一次读入 bytes 字节，即指定一个块大小为 bytes 字节
obs=bytes	一次输出 bytes 字节，即指定一个块大小为 bytes 字节
bs=bytes	同时设置读入/输出的块大小为 bytes 字节
cbs=bytes	一次转换 bytes 字节，即指定转换缓冲区的大小
skip=blocks	从输入文件开头跳过 blocks 个块后再开始复制
seek=blocks	从输出文件开头跳过 blocks 个块后再开始复制。注意：通常只有当输出文件是磁盘或磁带时才有效，即备份到磁盘或磁带时才有效
count=blocks	仅复制 blocks 个块，块大小等于 ibs 指定的字节数
conv=conversion	用指定的参数转换文件 ascii：转换 ebcdic 为 ascii ebcdic：转换 ascii 为 ebcdic ibm：转换 ascii 为 alternate ebcdic block：把每一行的长度转换为 cbs，不足部分用空格填充 unblock：使每一行的长度都为 cbs，不足部分用空格填充 lcase：把大写字母转换为小写字母 case：把小写字母转换为大写字母 swab：交换输入的每对字节 noerror：出错时不停止 notrunc：不截短输出文件 sync：将每个输入块填充到 ibs 字节，不足部分用空（NULL）字符补齐

/dev/null，可以向它输出任何数据，而写入的数据都会丢失。/dev/zero 是一个输入设备，可用来初始化文件，该设备无穷尽地提供 0。dd 命令的使用方法如示例 2-52 所示。

【示例 2-52】

```
#创建一个大小为 100MB 的文件
[root@CentOS ~]# dd if=/dev/zero of=/file bs=1M count=100
100+0 records in
100+0 records out
104857600 bytes (105 MB) copied, 4.0767 s, 25.7 MB/s
#查看文件大小
[root@CentOS ~]# ls -lh /file
-rw-r--r-- 1 root root 100M Apr 23 05:37 /file
#将本地的/dev/hdb 整盘备份到/dev/hdd
[root@CentOS ~]# dd if=/dev/hdb of=/dev/hdd
#将/dev/hdb 全盘数据备份到指定路径的 image 文件
[root@CentOS ~]# dd if=/dev/hdb of=/root/image
#将备份文件恢复到指定盘
[root@CentOS ~]# dd if=/root/image of=/dev/hdb
#备份/dev/hdb 全盘数据，并利用 gzip 工具进行压缩，保存到指定路径
[root@CentOS ~]# dd if=/dev/hdb | gzip > /root/image.gz
#将压缩的备份文件恢复到指定盘
[root@CentOS ~]# gzip -dc /root/image.gz | dd of=/dev/hdb
#.增加 swap 分区文件的大小
#第 1 步：创建一个大小为 256MB 的文件
[root@CentOS ~]# dd if=/dev/zero of=/swapfile bs=1024 count=262144
#第 2 步：把这个文件变成 swap 文件
[root@CentOS ~]# mkswap /swapfile
#第 3 步：启用这个 swap 文件
[root@CentOS ~]# swapon /swapfile
#第 4 步：编辑/etc/fstab 文件，使在每次开机时自动加载 swap 文件
/swapfile    swap    swap    default   0 0
#销毁磁盘数据
[root@CentOS ~]# dd if=/dev/urandom of=/dev/hda1
#注意：利用随机的数据填充硬盘，在某些必要的场合可以用来销毁数据
#测试硬盘的读写性能
[root@CentOS ~]# dd if=/dev/zero bs=1024 count=1000000 of=/root/1Gb.file
[root@CentOS ~]# dd if=/root/1Gb.file bs=64k | dd of=/dev/null
#通过以上两个命令输出命令的执行时间，可以计算出硬盘的读、写速度
#确定硬盘的最佳块大小
[root@CentOS ~]# dd if=/dev/zero bs=1024 count=1000000 of=/root/1Gb.file
[root@CentOS ~]# dd if=/dev/zero bs=2048 count=500000 of=/root/1Gb.file
[root@CentOS ~]# dd if=/dev/zero bs=4096 count=250000 of=/root/1Gb.file
[root@CentOS ~]# dd if=/dev/zero bs=8192 count=125000 of=/root/1Gb.file
#通过比较以上命令输出中所显示的命令执行时间，即可确定系统最佳的块大小
```

2.5 任务管理

Windows 系统提供了任务调度功能（任务管理），就是安排自动运行的任务。Linux 提供了对应的命令完成类似的任务管理。

2.5.1 单次任务：at

at 命令可以用于设置在指定的时间执行指定的任务，只能执行一次，使用前确认系统开启了 atd 进程。如果指定的时间已经过去，则会放在第 2 天执行。

【示例 2-53】

```
#使用实例
#明天 17 点钟，把时间输出到指定文件内
[root@localhost ~]# at 17:20 tomorrow
at> date >/root/2020.log
at> <EOT>
```

不过，并不是所有用户都可以使用 at 命令来调度任务。利用/etc/at.allow 与/etc/at.deny 这两个文件来限制 at 的使用。系统首先查找/etc/at.allow 这个文件，列在这个文件中用户才能使用 at 命令，否则不能使用 at 命令。如果/etc/at.allow 不存在，就寻找/etc/at.deny 这个文件，列在 at.deny 文件中的用户不能使用 at 命令，而没有列在 at.deny 文件中的用户可以使用 at 命令。

2.5.2 周期任务：cron

crond 命令在 Linux 中用来周期性地执行某种任务或等待处理某些事件，如进程监控、日志处理等，与 Windows 下的任务管理和调度类似。在安装操作系统时默认会安装此服务工具，并且会自动启动 crond 进程。crond 进程每分钟会定期检查是否有要执行的任务，如果有要执行的任务，则自动执行该任务。crond 的最小调度单位为分钟。

Linux 下的任务调度分为两类：系统任务调度和用户任务调度。

（1）系统任务调度：系统周期性地执行某些工作，比如把缓存数据写到硬盘、日志清理等。在/etc 目录下有一个 crontab 文件，它就是系统任务调度的配置文件。

/etc/crontab 文件包括示例 2-54 中的几行。

【示例 2-54】

```
1 [root@CentOS test]# cat /etc/crontab
2 SHELL=/bin/bash
3 PATH=/sbin:/bin:/usr/sbin:/usr/bin
4 MAILTO=root
5 HOME=/
6 # For details see man 4 crontabs
```

```
    7 # Example of job definition:
    8 # .---------------- minute (0 - 59)
    9 # |  .------------- hour (0 - 23)
    10 # |  |  .---------- day of month (1 - 31)
    11 # |  |  |  .------- month (1 - 12) OR jan,feb,mar,apr ...
    12 # |  |  |  |  .---- day of week(0-6)(Sunday=0or7)OR sun,mon,tue,wed,thu,fri,
sat
    13 # |  |  |  |  |
    14 # *  *  *  *  * user-name command to be executed
```

前 4 行用来配置 crond 任务运行的环境变量，第 1 行的 SHELL 变量指定了系统要使用哪个 Shell，这里是 bash，第 2 行 PATH 变量指定了系统执行命令的路径，第 3 行 MAILTO 变量指定了 crond 的任务执行信息将通过电子邮件发送给 root 用户，如果 MAILTO 变量的值为空，则表示不发送任务执行信息给用户，第 4 行的 HOME 变量指定了在执行命令或脚本时使用的主目录。第 6~9 行表示的含义将在下一小节详细讲述。

（2）用户任务调度：用户定期要执行的工作，比如用户数据备份、定时邮件提醒等。用户可以使用 crontab 工具来定制自己的任务执行计划。所有用户定义的 crontab 文件都被保存在 /var/spool/cron 目录中，其文件名与用户名一致。

在用户所创建的 crontab 文件中，每一行都代表一项任务，每行的每个字段代表一项设置，它的格式共分为 6 个字段，前 5 段是时间设置段，第 6 段是要执行的命令段，格式为：minute hour day month week command，该命令的常用参数及其说明参考表 2.38。

表 2.38 crontab 任务设置时对应的参数及其说明

参 数	说 明
minute	表示分钟，可以是 0~59 的任何整数
hour	表示小时，可以是 0~23 的任何整数
day	表示日期，可以是 1~31 的任何整数
month	表示月份，可以是 1~12 的任何整数
week	表示星期几，可以是 0~7 的任何整数，这里的 0 或 7 代表星期日
command	要执行的命令，可以是系统命令，也可以是自己编写的脚本文件

其中，crond 是 Linux 用来设置定期执行程序的命令。当安装完操作系统之后，默认便会启动此任务调度命令。crond 命令每分钟会检查是否有要执行的工作，crontab 命令常用的参数及其说明如表 2.39 所示。

表 2.39 crontab 命令常用的参数及其说明

参 数	说 明
-e	执行文字编辑器来编辑任务列表，默认的文字编辑器是 vi
-r	删除当前的任务列表
-l	列出当前的任务列表

crontab 命令的一些使用方法如示例 2-55 所示。

【示例 2-55】

```
#每月每天每小时的第 0 分钟执行一次 /bin/ls
0 7 * * * /bin/ls
#在 12 个月内，每天的早上 6 点到 12 点，每隔 20 分钟执行一次 /usr/bin/backup
0 6-12/3 * 12 * /usr/bin/backup
#每两个小时重启一次 apache
0 */2 * * * /sbin/service httpd restart
```

2.6 关机命令

在 Linux 中，常用的关机/重启命令有 shutdown、halt、reboot 及 init，它们都可以达到重启系统的目的，但每个命令的内部工作过程不同。通过本节的介绍，希望读者可以更加灵活地运用各种关机命令。

2.6.1 使用 shutdown 命令关机或重启

shutdown 命令可以安全地将系统关机。有些用户会使用直接断掉电源的方式来关闭 Linux，这是十分危险的。因为 Linux 与 Windows 不同，其后台运行着许多进程，所以强制关机可能会导致进程的数据丢失，使系统处于不稳定的状态，在有的系统中甚至会损坏硬件设备。在系统切断电源前使用 shutdown 命令，系统管理员会通知所有登录的用户系统将要关闭，并且 login 命令会被冻结，即新的用户不能再登录。直接关机或延迟一定的时间才关机都是可能的，还可能重启。这是由所有进程都会收到系统所送达的信号决定的。这让像 vi 之类的程序有时间保存当前正在编辑的文件。

执行 shutdown 命令就是发送信号给 init 程序，要求它改变 runlevel。runlevel 0 用来停机，runlevel 6 用来重新激活系统，而 runlevel 1 则用来让系统进入管理工作可以进行的状态。这是预设的，假定 shutdown 没有-h 参数，也没有-r 参数。要想了解在停机或重新开机过程中执行了哪些操作，可以在文件/etc/inittab 中看到这些 runlevels 相关的资料。

shutdown 命令常用的参数及其说明如表 2.40 所示。

表 2.40　shutdown 命令常用的参数及其说明

参　数	说　明
-t	在改变到其他 runlevel 之前，告诉 init 多久以后关机
-r	重启计算机
-k	并不真正关机，只是发送警告信号给每位登录者
-h	关机后关闭电源
-n	不用 init，而是自己来关机

（续表）

参　数	说　明
-c	取消当前正在执行的关机程序
-f	在重启计算机时忽略 fsck
-F	在重启计算机时强迫 fsck
-time	设置关机前的时间

2.6.2　简单的关机命令 halt

halt 命令就是调用 shutdown -h。halt 命令执行时，会杀死应用进程，执行 sync 系统调用，文件系统写操作完成后就会停止内核，与 root 命令的不同之处在于 halt 命令用来关机，而 reboot 命令用来重启系统。

2.6.3　使用 reboot 命令重启系统

reboot 命令用于重启系统，在终端命令行以 root 用户执行该命令即可进行系统的重启。reboot 命令常用的参数及其说明如表 2.41 所示。

表 2.41　reboot 命令常用的参数及其说明

参　数	说　明
-n	在重启之前不执行磁盘刷新
-w	做一次重启模拟，并不会真的重新启动
-d	不把记录写到 /var/log/wtmp 文件中（-n 这个参数包含-d）
-f	强制重启系统
-i	在重启系统之前，先把停止所有网络相关设备的运行

2.6.4　使用 poweroff 终止系统运行

poweroff 命令就是 halt 或 reboot 命令的软链接。而执行 halt 命令就是调用 shutdown –h，如示例 2-56 所示。

【示例 2-56】

```
[root@CentOS test]# which poweroff
/sbin/poweroff
[root@CentOS test]# ls -l /sbin/poweroff
lrwxrwxrwx. 1 root root 6 Mar 30 22:23 /sbin/poweroff -> reboot
[root@CentOS test]# ls -lhtr /sbin/halt
lrwxrwxrwx. 1 root root 6 Mar 30 22:23 /sbin/halt -> reboot
```

2.6.5　使用 init 命令改变系统运行级别

init 是所有进程的祖先，其进程号始终为 1，所以发送 TERM 信号给 init 会终止所有的用户进程、守护进程等。shutdown 就是使用的这种机制。init 定义了 7 个运行级别，不同的运行级定义如表 2.42 所示。

表 2.42 init 命令使用的级别参数及其说明

命 令	含 义
0	停机
1	单用户模式
2	多用户
3	完全多用户模式
4	没有用到
5	X11（X Window）
6	重新启动

这些级别可以在/etc/inittab 文件中指定。这个文件是 init 程序寻找的主要文件，最先运行的服务是放在/etc/rc.d 目录下的文件。在大多数的 Linux 发行版本中，启动脚本都位于/etc/rc.d/init.d 中。这些脚本被用 ln 命令链接到/etc/rc.d/rcN.d 目录，这里的 N 就是运行级 0~6。因此使用 init 命令可以关机或重新启动。

2.7 综合示例——用脚本备份重要文件和目录

本节用综合示例来演示如何运用 Linux 的常用命令，示例的功能主要是备份系统的重要目录和文件。综合示例程序的结构及其说明如表 2.43 所示。

表 2.43 综合示例程序的结构及其说明

参 数	说 明
config.conf	主要设置当前临时文件的存放路径、远程备份的地址主程序等
file.conf	主要设置要备份的文件或目录
file_backup.sh	为主程序，执行此脚本会将指定的目录和文件备份到本地，打包成压缩文件并通过 rsync 传到远端服务器。本机备份保留 7 天

综合示例的具体源码及注释如示例 2-57 所示。

【示例 2-57】

```
#文件部署路径
[root@CentOS file_backup]# pwd
/data/file_backup
#目录文件结构
[root@CentOS file_backup]# ls
config.conf  data  file.conf  file_backup.sh
#config.conf 文件内容
```

```
[root@CentOS file_backup]# cat config.conf
     1	#远程部署 rsync 的 ip 地址
     2	REMOTE_IP=192.168.1.91
     3	#在远程机器上启动 rsync 的用户
     4	REMOTE_USER=root
     5	#远程备份路径
     6	BACKUP_MODULE_NAME=ENV/$CUR_DATE
     7	
     8	#本地文件备份路径
     9	LOCAL_BACKUP_DIR=/data/file_backup/data
    10	#备份的数据文件压缩包以 data 开头
    11	BACKUP_FILENAME_PREFIX=data
    12	#指定哪些文件不备份
    13	EXCLUDE="*bak*|*.log"
    14	#文件打包日期
    15	CUR_DATE=`/bin/date +%Y%m%d -d "0 days ago"`
#file.conf 配置要备份的目录和文件，如果是目录，则会递归备份该目录下的所有文件
[root@CentOS file_backup]# cat file.conf
#配置文件支持注释，以“#”开头的配置当作注释不备份
     1	#/var/tmp
     2	#备份 MySQL 配置文件
     3	/etc/my.cnf
     4	#支持通配符
     5	/data/file_backup/*sh
     6	/data/file_backup/*conf
     7	#备份系统用户的 contab，由于发行版不同，因此路径可能有所区别
     8	/var/spool/cron
     9	#备份 apache2
    10	/usr/local/apache2
    11	#备份系统中安装的 tomcat
    12	/usr/local/tomcat6.0
    13	/data/dbdata*/mysql
    14	/etc/*/my.cnf
    15	#备份系统 host 设置
    16	/etc/hosts
#主程序
[root@CentOS file_backup]# cat file_backup.sh
     1	#!/bin/sh
     2	
     3	#加载参数配置
     4	source config.conf
     5	#当前日期
     6	CURDATE=`date '+%Y-%m-%d'`
     7	CURDATE2=`date  +%Y%m%d -d ${CURDATE}`
     8	#昨天日期
     9	YESTERDAY=`date  +%Y-%m-%d -d "1 days ago"`
    10	YESTERDAY2=`date  +%Y%m%d -d ${YESTERDAY}`
```

```
    11
    12    echo "`date` begin to backup $CURDATE..."
    13
    14    #得到要备份的文件列表
    15    FILE=`cat file.conf |grep ^[^'#']`
    16    FILE_ID=""
    17    for FILE_DIR in ${FILE}
    18    do
    19            FILE_ID=$FILE_ID" "$FILE_DIR
    20    done
    21
    22    #若备份目录不存在则创建
    23    if [ ! -d  "$LOCAL_BACKUP_DIR" ]; then
    24            mkdir -p  $LOCAL_BACKUP_DIR
    25    fi
    26
    27    #获取当前系统 IP
    28    LOCAL_IP=`/sbin/ifconfig |grep -a1 eth0 |grep inet |awk '{print $2}'
|awk -F ":" '{print $2}' |head -1`
    29
    30    #组装备份打包后的文件名
    31    NAME=$BACKUP_FILENAME_PREFIX"_"$LOCAL_IP"_"$CURDATE".tar.gz"
    32
    33    #将要备份的目录和文件打包
    34    if [  ! -z "$FILE_ID" ]; then
    35    find  $FILE_ID -name '*' -type  f  -print|grep -v  -E "$EXCLUDE" | tar
-cvzf  $LOCAL_BACKUP_DIR/$NAME  --files-from -
    36    fi
    37
    38    #得到 7 天前的日期
    39    DAY_7_AGO=`date +%Y-%m-%d -d "7 days ago"`
    40    #要删除的文件名
    41
   DELETE_FILE_LIST=$BACKUP_FILENAME_PREFIX"_"$LOCAL_IP"_"$DAY_7_AGO".tar.gz"
    42    DELETE_FILE_LIST2="system_"$LOCAL_IP"_"$DAY_7_AGO".tar.gz"
    43    echo "delete $DELETE_FILE_LIST $DELETE_FILE_LIST2 ..."
    44    cd $LOCAL_BACKUP_DIR
    45    #删除 7 天前的备份文件
    46    rm  -f  $DELETE_FILE_LIST
    47    rm  -f  $DELETE_FILE_LIST2
    48
    49    #将压缩包上传到远程服务器
    50    /usr/bin/rsync -vzrtopg --port=873
$LOCAL_BACKUP_DIR/*$CURDATE*.tar.gz
$REMOTE_USER@$REMOTE_IP::$BACKUP_MODULE_NAME/
    51    echo "`date` end backup $CURDATE..."
```

本脚本的功能为读取指定目录的文件，然后将文件打包，使用 rsync 备份到远程主机。上述示例中一些命令参数的解释可参阅相关章节。

2.8 小 结

Linux 操作和 Windows 有很大的不同，本章介绍了 Linux 系统的目录结构和常用的命令，介绍了系统管理常用的命令，包括任务调度和管理。通过任务调度和管理，读者可以设置一些自己的定时任务。通过本章的命令可以进行文件信息查看和系统参数配置等操作。学会这些知识点基本就可以熟练操作 Linux 了。

第3章

vi编辑器

vi 是 Linux 系统中常用的文本编辑器，熟练地掌握 vi 的使用可以提高学习和工作效率。vi 的工作模式主要有命令模式和编辑模式两种，两者之间可以方便地来回切换。多次按【ESC】键可以进入命令模式，在此模式下输入相关的文本编辑命令则可进入编辑模式，按【ESC】键又可返回命令模式。

3.1 进入与退出 vi

要使用 vi，可在系统提示符下输入“vi filename”命令，随即 vi 载入所要编辑的文件。当用户打开一个文件后即处于命令模式。

要退出 vi，可以在命令模式下输入 q 命令，如果对文件做过修改，则会出现“No write since last change（use ! to override）”的提示信息，此时可以用“q!”命令强制退出（不保存退出），或用“wq”命令保存文件后退出。

3.2 移动光标

在命令模式和输入模式下，移动光标的基本命令是 h、j、k、l。这与按下键盘上的方向键效果相同。由于许多编辑工作需要光标来定位，因此 vi 提供了许多移动光标的方式，表 3.1 列举了部分移动光标的命令（在命令模式下才能使用）。

表 3.1　vi 中常用的命令及其说明

命　令	含　义
0	把光标移动到所在行的最前面，相当于在一般编辑器中按【Home】键
$	把光标移动到所在行的最后面，相当于在一般编辑器中按【End】键

（续表）

命 令	含 义
Ctrl+d	向下翻半页
Ctrl+f	向下翻一页，相当于在一般编辑器中按【PageDown】键
Ctrl+u	向上翻半页
Ctrl+b	向上翻一页，相当于在一般编辑器中按【PageUp】键
H	移动到窗口的第一行
M	移动到窗口的中间行
L	移动到窗口的最后行
w	移动到下一个单词的第一个字母
b	移动到上一个单词的第一个字母
e	移动到下一个单词的最后一个字母
^	把光标移动到所在行的第一个非空白字符
/string	往右移动到有 string 字符串的地方
?string	往左移动到有 string 字符串的地方

在文件内容比较多的时候，移动光标或翻页的速度会比较慢，此时用户可以使用【Ctrl+f】和【Ctrl+b】快捷键向后或向前翻页。

3.3 输入文本

当需要输入文本时，必须切换到输入模式（插入模式），可用下面几个命令进入输入模式：

（1）增加（append）

“a”从光标所在位置后面开始输入内容，光标后的内容随着增加的内容向后移动。

“A”从光标所在行最后面的位置开始输入内容。

（2）插入（insert）

“i”从光标所在位置前面开始插入内容，光标后的内容随新增内容向后移动。

“I”从光标所在行的第 1 个非空白字符前面开始插入内容。

（3）开始（open）

“o”在光标所在行下新增一行并进入输入模式。

“O”在光标所在行上方新增一行并进入输入模式。

用户可以配合键盘上的功能键（如方向键）更方便地完成内容的插入。

3.4 复制与粘贴

vi 的编辑命令由命令与范围构成。例如“yw”由复制命令 y 与范围 w 构成，表示复制一个单词。复制和粘贴命令的参数及其说明如表 3.2 所示。

表 3.2 vi 中复制与粘贴的命令及其说明

命令	含义
e	光标所在位置到该单词的最后一个字母
w	光标所在位置到下一个单词的第一个字母
b	光标所在位置到上一个单词的第一个字母
$	光标所在位置到该行的最后一个字母
0	光标所在位置到该行的第一个字母
）	光标所在位置到下一个句子的第一个字母
（	光标所在位置到该句子的第一个字母
}	光标所在位置到该段落的最后一个字母
{	光标所在位置到该段落的第一个字母

例如想复制一个单词，可以在 vi 命令模式下用“ywp”来复制。

3.5 删除与修改

在 vi 中，一般认为输入与编辑有所不同。编辑是在命令模式下进行的，先利用命令把光标定位到要进行编辑的地方，再使用相应的命令进行编辑；而输入是在插入模式下进行的。在命令模式下，常用的删除与编辑命令及其说明如表 3.3 所示。

表 3.3 vi 中删除与修改的命令及其说明

命令	含义
x	删除光标所在的字符
dd	删除光标所在的行
r	修改光标所在的字符，r 后是要修正的字符
R	进入替换状态，输入的文本会覆盖原先的文本，直到按【ESC】键回到命令模式下为止
s	删除光标所在的字符，并进入输入模式
S	删除光标所在的行，并进入输入模式
cc	修改整行文字
u	撤销上一次操作
.	重复上一次操作

3.6 查找与替换

在 vi 中，查找与替换命令的参数及其说明如表 3.4 所示。

表 3.4 vi 查找与替换命令的参数及其说明

命 令	含 义
:/string	查找 string，并将光标定位到包含 string 字符串的行
:?string	将光标移动到最近的一个包含 string 字符串的行
:n	把光标定位到文件的第 n 行
:s/srting1/string2/	用 string2 替换掉光标所在行首次出现的 string1
:s/string1/string2/g	用 string2 替换掉光标所在行中所有的 string1
:m,n s/string1/string2/g	用 string2 替换掉第 m 行到第 n 行中所有的 string1
: .,m s/string1/string2/g	用 string2 替换掉光标所在的行到第 m 行中所有的 string1
:n,$ s/string1/string2/g	用 string2 替换掉第 n 行到文件结束所有的 string1
:%s/string1/string2/g	用 string2 替换掉全文的 string1。此命令又叫全文查找替换命令

3.7 执行 Shell 命令

在文件编辑的过程中，如果需要执行 Shell 命令，可以在命令模式下输入“!command”用以执行命令，如示例 3-1 所示。

【示例 3-1】

```
[root@CentOS test]# vi 1.txt
this is file content
#部分结果省略
#执行 Shell 命令
:!ls
1.txt  file1  file12  file_12  file2  test.tar.gz
Press ENTER or type command to continue
#保存退出
:x
```

3.8 保存文件

文件操作命令多以“:”开头，相关命令及其说明如表 3.5 所示。

表 3.5 vi 保存文件的命令及其说明

命 令	含 义
:q	结束编辑，不保存退出
:q!	放弃所做的更改，强制退出
:w	保存更改
:x	保存更改并退出
:wq	保存更改并退出

3.9 综合示例——增删改文件

在 Linux 的日常维护中，vi 是一个使用非常频繁的工具。下面以一个具体的例子来说明其使用方法。

【示例 3-2】

如果用户想要创建一个名为 test.txt 的文件，可以使用以下命令：

```
[root@centos8 ~]# vi test.txt
```

当按下回车键之后，vi 命令会打开一个全屏的窗口，如图 3.1 所示。

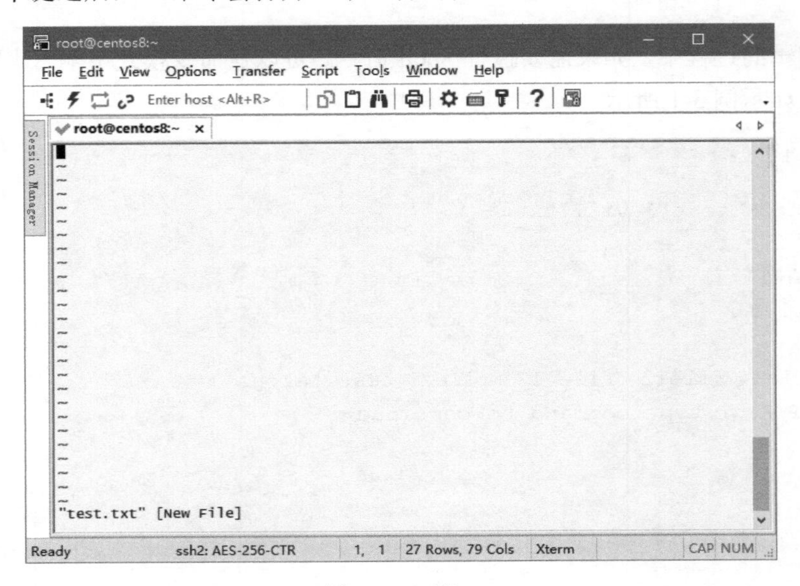

图 3.1 vi 窗口

刚进入 vi 界面时，还处于命令模式，无法输入文本。按下【i】键，进入插入模式，然后输入一行文本，如图 3.2 所示。

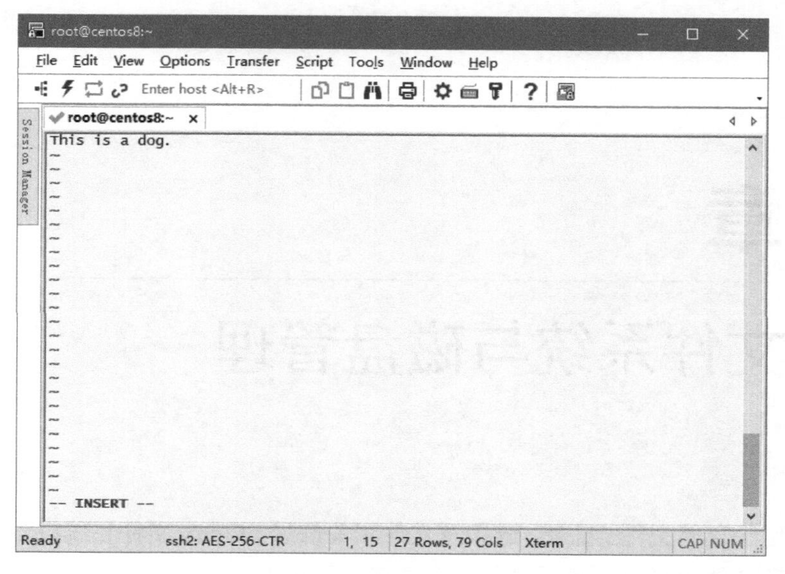

图 3.2 输入文本

在输入的过程中，如果用户发现输入错误，可以通过【Backspace】键进行删除。如果发现漏输了部分文字，可以通过箭头键（即方向键）将光标移动到该位置，插入所需要的文本。

输入完成之后，按下【ESC】键，返回命令模式。然后输入以下命令，保存文件并退出 vi 编辑器：

```
:wq
```

通过上面的操作，用户就使用 vi 创建了一个名为 test.txt 的文本文件。

3.10 小 结

vi 编辑器是每个 Linux 系统管理员都必须熟练掌握的工具，在 Linux 中，绝大部分配置文件的修改都是通过 vi 来完成的。尽管 vi 看起来非常简陋，但是其功能实际上非常强大。

第 4 章

Linux 文件系统与磁盘管理

文件系统用于存储文件、目录、链接及文件相关信息，Linux 文件系统以“/”为最顶层（即根目录），所有文件和目录，包括设备信息都在此目录下。

本章首先介绍 Linux 文件系统的相关知识点，如文件的权限及属性、与文件有关的一些命令，然后介绍磁盘管理的相关知识，如磁盘管理的命令、交换空间管理等。

本章主要涉及的知识点有：

- Linux 文件系统及分区
- Linux 文件属性及权限管理
- 如何设置文件属性和权限
- 磁盘管理命令
- Linux 交换空间管理
- Linux 磁盘冗余阵列

本章最后的综合示例演示如何通过监控及时发现磁盘空间的问题。

4.1 文件系统概述

与 Windows 通过盘符管理各个分区不同，Linux 把所有文件和设备都当作文件来管理，这些文件都在根目录下，同时 Linux 中的文件名区分字母大小写。本节主要介绍文件的属性和权限管理。

4.1.1 Linux 分区简介

在 Windows 系统中经常会碰到 C 盘盘符（C：）标识，而 Linux 系统没有盘符的概念，可以认为 Linux 下所有文件和目录都保存在一个分区内。Linux 系统中每一个硬件设备（如硬盘、内存等）都映射到系统的一个文件。IDE 接口设备在 Linux 系统中映射的文件以“hd”为前缀，SCSI 设备映射的文件以“sd”为前缀。具体的文件命名规则是以英文字母排序的，如系统中第 1 个 IDE 设备为 hda，第 2 个为 hdb。

了解了硬件设备在 Linux 中的表示形式后，再来了解一下分区信息。通过示例 4-1 查看系统中的分区信息。

【示例 4-1】

```
[root@CentOS ~]# df -h
Filesystem            Size    Used    Avail        Use%    Mounted on
/dev/sda1             9.9G  4.2G  5.3G    45% /
/dev/sda2             10G     1G  9G  10% /data
/dev/sdc1            1004M   18M  936M    2%  /data1
/dev/sda1            1004M   18M  936M    2%  /data2
```

在对硬盘进行分区时，第 1 个分区为号码 1（如 sda1），第 2 个分区为 sda2，以此类推。分区分为主分区和逻辑分区，每一块硬盘设备最多只能由 4 个主分区构成，任何一个扩展分区都要占用一个主分区号码，主分区和扩展分区数量最多为 4 个。在进行系统分区时，主分区一般设置为激活状态，用于在系统启动时引导系统。分区时每个分区的大小可以由用户自由指定。Linux 分区格式与 Windows 不同，Windows 常见的格式有 FAT32、FAT16、NTFS，而 Linux 常见的分区格式有 swap、ext3、ext4 等。具体如何分区可参考本章后面的章节。

4.1.2　文件的类型

Linux 系统是一种典型的多用户系统，不同的用户处在不同的地位，拥有不同的权限。为了保护系统的安全性，对于同一资源来说，不同的用户具有不同的权限，Linux 系统对不同的用户访问同一文件（包括目录文件）的权限做了不同的规定。示例 4-2 用于认识 Linux 系统中的文件类型。

【示例 4-2】

```
#查看系统文件类型
#普通文件
[root@CentOS ~]# ls -l  /etc/resolv.conf
-rw-r--r--. 1 root root 0 Mar 30 22:20 /etc/resolv.conf
#目录文件
[root@CentOS ~]# ls -l /
dr-xr-xr-x.  2 root root      4096 Mar 30 22:26 bin
#普通文件
[root@CentOS ~]# ls  -l /etc/shadow
---------- 1 root root 2922 Mar 31 06:06 /etc/shadow
#块设备文件
[root@CentOS ~]# ls -l  /dev/sdb
brwrw---- 1 root disk 8, 16 Apr 22 22:14 /dev/sdb
#链接文件
[root@CentOS ~]# ls -l  /dev/systty
```

```
lrwxrwxrwx 1 root root 4 Apr 22 22:14 /dev/systty -> tty0
#字符设备文件
[root@CentOS ~]# ls -l  /dev/tty0
#socket 文件
[root@CentOS ~]# ls -l /dev/log
srw-rw-rw- 1 root root 0 Apr 22 22:14 /dev/log
#管道文件
```

在示例 4-2 的输出代码中：

- 第 1 列表示文件的类型，文件类型如表 4.1 所示。
- 第 2 列表示文件权限，如文件权限是“rw-r--r--”，表示文件所有者可读、可写，文件所归属的用户组可读，其他用户可读。
- 第 3 列为硬链接个数。
- 第 4 列表示文件所有者，就是文件属于哪个用户。
- 第 5 列表示文件所属的组。
- 第 6 列表示文件大小，通过不同的参数可以显示为可读的格式，如 k/M/G 等。
- 第 7 列表示文件修改时间。
- 第 8 列表示文件名或目录名。

表 4.1　Linux 文件类型

参　数	说　明
-	表示普通文件，是 Linux 系统中最常见的文件，普通文件第 1 位标识是“-”，比如常见的脚本等文本文件和常用软件的配置文件，经常执行的命令所对应的是可执行的二进制文件，这类文件也属于此分类
d	表示目录文件，第 1 位标识为“d”，和 Windows 中文件夹的概念类似
l	表示符号链接文件，第 1 位标识为“l”，软链接相当于 Windows 中的快捷方式，而硬链接则可以认为是具有相同内容的不同文件，不同之处在于更改其中一个，另一个文件的内容会做同样的改变
d/c	表示设备文件，第 1 位标识是“d”或“c”。第 1 位标识为“d”表示块设备文件。块设备文件的访问以块为单位，比如 512 字节或 1024 字节等，类似于 Windows 中簇的概念。块设备可随机读取，如硬盘、光盘。而字符设备文件的访问以字节为单位，不可以随机读取，如常用的键盘
s	表示套接字文件，第 1 位标识为“s”，程序间可通过套接字进行网络数据通信
p	表示管道文件，第 1 位标识为“p”，管道是 Linux 系统中一种进程通信的机制。生产者把数据写到管道中，消费者可以通过进程读取数据

4.1.3　文件的属性与权限

为了系统的安全性，Linux 对于文件赋予了 3 种属性：可读、可写和可执行。在 Linux 系统中，每个文件都有唯一的属主，同时 Linux 系统中的用户可以属于同一个组，通过权限位的控制定义了每个文件的属主，同组用户和其他用户对该文件具有不同的读、写和可执行权限。

（1）读权限：对应标志位为“r”，表示具有读取文件或目录的权限，对应的用户可以查看文件内容。

（2）写权限：对应标志位为“w”，用户可以变更此文件，比如删除、移动等。写权限依赖于该文件父目录的权限设置。示例 4-3 说明了即使文件其他用户权限标志位为可写，其他用户仍然不能对此文件执行写操作。

【示例 4-3】

```
[test2@CentOS test1]$ ls -l /data/|grep test
drwxr-xr-x   2 root   root        4096 May 30 16:18 test
-rwxr-xr-x   1 root   root   190926848 Apr 18 11:42 test.file
-rwxr-xr-x   1 root   root       10240 Apr 18 17:00 test.tar
drwxr-xr-x   3 test1  users       4096 May 30 19:05 test1
drwxr-xr-x   3 test2  users       4096 May 30 18:55 test2
drwxr-xr-x   4 root   root        4096 Apr 18 17:01 testdir
[test2@CentOS test1]$ ls -l
total 0
-rw-rw-rw- 1 test1 test1 0 May 30 19:05 s
#虽然文件具有写权限，但用户仍然不能将它删除
[test2@CentOS test1]$ rm -f s
rm: cannot remove `s': Permission denied
```

（3）执行权限：对应标志位为“x”，一些可执行文件（比如 C 程序）必须有可执行权限才可以运行。对于目录而言，可执行权限表示其他用户可以进入此目录，若目录没有可执行权限，则其他用户不能进入此目录。

说明：文件拥有可执行权限才可以运行，比如二进制文件和脚本文件。目录文件要有可执行权限才可以进入。

在 Linux 系统中，文件权限标志位由 3 部分组成，如“-rwxrw-r--”第 1 位表示普通文件，“rwx”表示文件属主具有可读、可写、可执行的权限，“rw-”表示与属主属于同一组的用户具有读写权限，“r--”表示其他用户对该文件只有读权限。“-rwxrwxrwx”为文件最大权限，对应编码为 777，表示任何用户都可以读、写和执行此文件。

4.1.4　改变文件所有权：chown 和 chgrp

一个文件属于特定的所有者，如果更改文件的属主或属组，则可以使用 chown 和 chgrp 命令。chown 命令可以将文件变更为新的属主或属组，只有 root 用户或拥有该文件的用户才可以更改文件的所有者。如果拥有文件但不是 root 用户，只可以将组更改为当前用户所在的组。chown 命令常用的参数及其说明如表 4.2 所示。

表 4.2 chown 常用的参数及其说明

参数	说明
-f	除使用方法信息之外禁止显示所有其他错误消息
-h	更改遇到的符号链接的所有权，而不是符号链接指向的文件或目录的所有权。若未指定，则更改链接指向目录或文件的所有权
-H	如果指定了-R 选项，并且在命令行上指定引用类型目录的文件的符号链接，chown 变量会更改由符号引用的目录的用户标识（和组标识，如果已指定）和所有在该目录下的文件层次结构中的所有文件
-L	如果指定了-R 选项，并且在命令行上指定引用类型目录的文件的符号或在遍历文件层次结构期间遇到了，chown 命令会更改由符号链接引用的目录的用户标识和在该目录之下的文件层次结构中的所有文件
-R	递归地更改指定文件夹的所有权，但不更改链接指向的目录

chown 命令经常使用的参数为“R”参数，表示递归地更改目录文件的属主或属组。更改时可以使用用户名或用户名对应的 UID，更改属组类似。操作方法如示例 4-4 所示。

【示例 4-4】

```
[root@CentOS ~]# useradd  test
[root@CentOS ~]# mkdir /data/test
[root@CentOS ~]# ls -l  /data|grep test
drwxr-xr-x. 2 root root  4096 Jun  4 20:39 test
[root@CentOS ~]# chown -R test.users /data/test
[root@CentOS ~]# ls -l  /data|grep test
drwxr-xr-x. 2 test users  4096 Jun  4 20:39 test
[root@CentOS ~]# su - test
[test@CentOS ~]$ cd /data/test
[test@CentOS test]$ touch file
[test@CentOS test]$ ls -l
total 0
-rw-rw-r--. 1 test test 0 Jun  4 20:39 file
[test@CentOS test]$ chown root.root file
chown: changing ownership of 'file': Operation not permitted
[root@CentOS ~]# useradd test2
[root@CentOS ~]# grep test2 /etc/passwd
test2:x:502:502::/home/test2:/bin/bash
[root@CentOS ~]# mkdir /data/test2
#按用户 ID 更改目录所有者
[root@CentOS ~]# chown -R 502.users /data/test2
[root@CentOS ~]# ls -l /data/|grep test2
drwxr-xr-x. 2 test2 users  4096 Jun  4 20:44 test2
#更改文件所有者
[root@CentOS test]# chown test2.users file
[root@CentOS test]# ls -l file
-rw-rw-r--. 1 test2 users 0 Jun  4 20:39 file
```

在 Linux 系统中，chgrp 命令用于改变指定文件或目录所属的用户组。使用方法与 chown 命令类似，此处不再赘述。chgrp 命令的操作方法如示例 4-5 所示。

【示例 4-5】

```
#更改文件所属的用户组
[root@CentOS test]# ls -l file
-rw-rw-r--. 1 test test 0 Jun  4 20:39 file
[root@CentOS test]# groupadd testgroup
[root@CentOS test]# chgrp  testgroup file
[root@CentOS test]# ls -l file
-rw-rw-r--. 1 test testgroup 0 Jun  4 20:39 file
```

4.1.5 改变文件权限：chmod

chmod 命令用来改变文件或目录权限，可以将指定文件的属主改为指定的用户或组，用户可以是用户名或用户 ID，组可以是组名或组 ID，文件是以空格分开的要改变权限的文件列表，支持通配符。只有文件的属主（即所有者）或 root 用户可以执行此命令，普通用户不能将自己的文件改变成其他的属主。更改文件权限时，u 表示文件的属主，g 表示文件所属的组，o 表示其他用户，a 表示所有的用户。通过此命令可以详细控制文件的权限位。chmod 命令除了可以使用符号更改文件权限外，还可以利用数字来更改文件权限。“r”对应数字 4，“w”对应数字 2，“x”对应数字 1，若可读写，则为 4+2=6。chmod 命令常用的参数及其说明如表 4.3 所示，操作方法如示例 4-6 所示。

表 4.3 chmod 命令常用的参数及其说明

参 数	说 明
-c	显示更改的部分信息
-f	忽略错误信息
-h	修复符号链接
-R	处理指定目录及其子目录下的所有文件
-v	显示详细的处理信息
-reference	把指定的目录/文件作为引用，把操作的文件/目录设成引用文件/目录相同的属主和属组
--from	只有当前用户和属组与指定的用户和属组相同时才进行改变
--help	显示帮助信息
-version	显示版本信息

【示例 4-6】

```
#新建文件 test.sh
[test2@CentOS ~]$ cat test.sh
#!/bin/sh
echo "Hello World"
#文件属主没有可执行权限
[test2@CentOS ~]$ ./test.sh
```

```
-bash: ./test.sh: Permission denied
[test2@CentOS ~]$ ls -l test.sh
-rw-rw-r-- 1 test2 test2 29 May 30 19:39 test.sh
#给文件属主加上可执行权限
[test2@CentOS ~]$ chmod u+x test.sh
[test2@CentOS ~]$ ./test.sh
#设置文件其他用户不可以读
[test2@CentOS ~]$ chmod o-r test.sh
[test2@CentOS ~]$ logout
[root@CentOS test1]# su - test1
[test1@CentOS ~]$ cd /data/test2
[test1@CentOS test2]$ cat test.sh
cat: test.sh: Permission denied
#采用数字设置文件权限
[test2@CentOS ~]$ chmod 775 test.sh
[test2@CentOS ~]$ ls -l test.sh
-rwxrwxr-x 1 test2 test2 29 May 30 19:39 test.sh
#将文件 file1.txt 设为所有人皆可读取
[test2@CentOS ~]$chmod ugo+r file1.txt
#将文件 file1.txt 设为所有人皆可读取
[test2@CentOS ~]$chmod a+r file1.txt
#将设置 file1.txt 与 file2.txt 的文件属主，与其所属同一组的用户可写入，但组以外的用户则
不可写入
[test2@CentOS ~]$chmod ug+w,o-w file1.txt file2.txt
#将 ex1.py 设置为只有该文件属主可以执行
[test2@CentOS ~]$chmod u+x ex1.py
#将当前目录下的所有文件与子目录皆设为任何人可读取
[test2@CentOS ~]$chmod -R a+r *
#收回所有用户对 file1 的执行权限
[test2@CentOS ~]$chmod a-x file1
```

4.2 磁盘管理命令

Linux 提供了丰富的磁盘管理命令，如查看硬盘使用率、进行硬盘分区、挂载分区等，本节主要介绍此方面的知识。

4.2.1 查看磁盘空间使用情况：df

df 命令用于查看硬盘空间的使用情况，还可以查看硬盘分区的类型、inode 节点的使用情况等。df 命令常用的参数及其说明如表 4.4 所示，常见用法如示例 4-7 所示。

表 4.4　df 命令常用的参数及其说明

参　数	说　明
-a	显示所有文件系统的磁盘使用情况，包括 0 块（block）的文件系统，如/proc 文件系统
-k	以 k 字节为单位显示
-i	显示 i 节点的信息，而不是磁盘块
-t	显示各指定类型的文件系统的磁盘空间使用情况
-x	列出不是某一指定类型文件系统的磁盘空间使用情况（与 t 选项相反）
-T	显示文件系统类型

【示例 4-7】

```
#查看当前系统所有分区的使用情况。h 表示以可读的方式显示当前磁盘的空间，另外类似的参数有 k、m 等
[root@CentOS test]# df -ah
Filesystem            Size    Used    Avail   Use%    Mounted on
proc              0       0       0       -       /proc
sysfs                 0       0       0       -       /sys
tmpfs             495M    72K     495M    1%      /dev/shm
/dev/sdb1         485M    33M     427M    8%      /boot
/dev/sdc1         1004M   18M     936M    2%      /data3
/dev/sda1         1004M   18M     936M    2%      /data
#查看每个分区 inode 节点的使用情况
[root@CentOS test]# df -i
Filesystem           Inodes   IUsed   IFree IUse% Mounted on
tmpfs               126568       3  126565    1% /dev/shm
/dev/sdb1           128016      38  127978    1% /boot
/dev/sdc1            65280      11   65269    1% /data3
/dev/sda1            65280      14   65266    1% /data
#显示分区类型
[root@CentOS test]# df -T
Filesystem    Type  1K-blocks      Used Available Use% Mounted on
tmpfs             506272     72    506200   1% /dev/shm
/dev/sdb1     ext4    495844     33744    436500   8% /boot
/dev/sdc1     ext3   1027768     17688    957872   2% /data3
/dev/sda1     ext3   1027768     17696    957864   2% /data
#显示指定文件类型的磁盘的使用情况
[root@CentOS test]# df -t ext3
Filesystem           1K-blocks      Used Available Use% Mounted on
/dev/sdc1              1027768     17688    957872   2% /data3
/dev/sda1              1027768     17696    957864   2% /data
```

4.2.2　查看文件或目录所占用的空间：du

du 命令可以查看磁盘或某个目录占用的磁盘空间，常见的应用场景为硬盘满时需要找到占用空间最多的目录或文件。du 命令常用的参数及其说明如表 4.5 所示。

表 4.5　du 命令常用的参数及其说明

参　数	说　明
a	显示全部目录和其子目录下的每个文件所占的磁盘空间
b	大小用字节来表示（默认值为 k 字节）
c	最后加上总计（默认值）
h	打印出可识别的格式，如 1KB、234MB、5GB
--max-depth=N	只打印层级小于等于指定数值的目录的大小
s	只显示各文件大小的总和
x	只计算同属一个文件系统的文件
L	计算所有文件的大小

du 命令的一些使用方法如示例 4-8 所示，更多用法可参考“man du”。

【示例 4-8】

```
#统计当前目录的大小，默认不统计软链接指向的目录
[root@CentOS data]# du -sh  .
276M    .
#按层级统计目录的大小，在定位占用磁盘大的目录时比较有用
[root@CentOS data]# du --max-depth=1 -h
4.0K    ./logs
194M    ./vmware-tools-distrib
32K     ./file_backup
8.0K    ./link
16K     ./lost+found
20M     ./zip
20K     ./bak
276M    .
```

4.2.3　查看和调整文件系统参数：tune2fs

tune2fs 命令用于查看和调整文件系统参数，类似于 Windows 下的异常关机启动时的自检，在 Linux 下此命令可设置自检次数和周期。tune2fs 命令常用的参数及其说明如表 4.6 所示。

表 4.6　tune2fs 命令常用的参数及其说明

参　数	说　明
-l	查看详细信息
-c	设置自检次数，每挂载一次 mount count 就会加 1，超过次数就会强制自检
-e	设置当错误发生时内核的处理方式
-i	设置自检天数，d 表示天，m 表示月，w 表示周
-m	设置预留空间
-j	用于文件系统格式转换
-L	修改文件系统的标签
-r	调整系统保留空间

使用方法如示例 4-9 所示。

【示例 4-9】

```
#查看分区信息
[root@CentOS data]# tune2fs  -l  /dev/sda1
tune2fs 1.41.12 (17-May-2010)
Filesystem volume name:   <none>
Last mounted on:          <not available>
#部分结果省略
Journal backup:           inode blocks
#设置半年后自检
[root@CentOS data]#tune2fs -i 1m /dev/hda1
#设置当磁盘发生错误时重新挂载为只读模式
[root@CentOS data]# tune2fs -e remount-ro /dev/hda1
#设置磁盘永久不自检
[root@CentOS data]# tune2fs -c -1 -i 0 /dev/hda1
```

4.2.4 格式化文件系统：mkfs

当完成硬盘分区后要进行硬盘的格式化，mkfs 系列对应的命令用于将硬盘格式化为指定格式的文件系统。mkfs 命令本身并不执行创建文件系统的工作，而是去调用相关的程序来执行。例如，若在-t 参数中指定 ext2，则 mkfs 命令会调用 mke2fs 命令来创建文件系统。使用 mkfs 命令时，若省略指定“块数”参数，则 mkfs 命令会自动设置适当的块数。此命令不仅可以格式化 Linux 格式的文件系统，还可以格式化 DOS 或 Windows 下的文件系统。mkfs.ext3 命令常用的参数及其说明如表 4.7 所示。

表 4.7 mkfs 命令常用的参数及其说明

参 数	说 明
-V	详细显示模式
-t :	给定文件系统的类型，Linux 的默认值为 ext3
-c	操作之前检查分区是否有坏道
-l	记录坏道的数据
block	指定 block 的大小
-L:	创建卷标

在 Linux 系统中，mkfs 命令支持的文件格式取决于当前系统中有没有对应的命令，比如要把分区格式化为 ext3 文件系统，系统中要存在对应的 mkfs.ext3 命令，其他类似。

【示例 4-10】

```
#查看当前系统 mkfs 命令支持的文件系统格式
[root@CentOS data]# ls  /sbin/mkfs.* -l
-rwxr-xr-x. 1 root root 22168 Feb 22 13:02 /sbin/mkfs.cramfs
-rwxr-xr-x. 5 root root 60432 Feb 22 07:50 /sbin/mkfs.ext2
```

```
-rwxr-xr-x. 5 root root 60432 Feb 22 07:50 /sbin/mkfs.ext3
-rwxr-xr-x. 5 root root 60432 Feb 22 07:50 /sbin/mkfs.ext4
-rwxr-xr-x. 5 root root 60432 Feb 22 07:50 /sbin/mkfs.ext4dev
lrwxrwxrwx. 1 root root     7 Mar 31 00:31 /sbin/mkfs.msdos -> mkdosfs
lrwxrwxrwx. 1 root root     7 Mar 31 00:31 /sbin/mkfs.vfat -> mkdosfs
#将分区格式化为ext3文件系统
[root@CentOS data]# mkfs -t ext3 /dev/sda1
mke2fs 1.41.12 (17-May-2010)
Filesystem label=
OS type: Linux
Block size=4096 (log=2)
Fragment size=4096 (log=2)
Stride=0 blocks, Stripe width=0 blocks
122640 inodes, 489974 blocks
24498 blocks (5.00%) reserved for the super user
First data block=0
Maximum filesystem blocks=503316480
15 block groups
32768 blocks per group, 32768 fragments per group
8176 inodes per group
Superblock backups stored on blocks:
       32768, 98304, 163840, 229376, 294912
Writing inode tables: done
Creating journal (8192 blocks):
done
Writing superblocks and filesystem accounting information: done
This filesystem will be automatically checked every 20 mounts or
180 days, whichever comes first.  Use tune2fs -c or -i to override.
```

4.2.5 挂载/卸载文件系统：mount/umount

mount命令用于挂载分区，对应的卸载分区命令为umount。这两个命令一般由root用户执行。除了可以挂载硬盘分区外，光盘、内存都可以使用该命令挂载到用户指定的目录。mount命令常用的参数及其说明如表4.8所示。

表4.8 mount命令常用的参数及其说明

参 数	说 明
-V	显示程序版本
-h	显示帮助信息
-v	显示详细信息
-a	加载文件/etc/fstab中设置的所有设备
-F	需与-a参数同时使用。所有在/etc/fstab中设置的设备会被同时加载，可加快执行速度
-f	不实际加载设备。可与-v等参数同时使用，以查看mount命令的执行过程
-n	不将加载信息记录在/etc/mtab文件中
-L	加载指定卷标的文件系统

（续表）

参　数	说　明
-r	挂载为只读模式
-w	挂载为读写模式
-t	指定文件系统的类型，通常不指定。mount 命令会自动选择正确的类型。常见的文件类型有 ext2、msdos、nfs、iso9660、ntfs 等
-o	指定加载文件系统时的选项，如 noatime 每次存取时不更新 inode 的存取时间
-o loop=	-h 显示在线帮助信息

在 Linux 操作系统中，mount 是一个使用非常频繁的命令。mount 命令可以挂载多种存储介质，如硬盘、光盘、NFS 等，U 盘也可以挂载到指定的目录。mount 命令的使用方法如示例 4-11 所示。

【示例 4-11】

```
#把指定分区挂载到指定目录
[root@CentOS /]# mount /dev/sda1 /data
#将分区挂载为只读模式
[root@CentOS /]#mount  -o ro /dev/sda1 /data2
#挂载光驱，使用 ISO 文件时可避免将文件解压，可以挂载后直接访问
[root@CentOS test]# mount   -t iso9660  /dev/cdrom  /cdrom
mount: block device /dev/sr0 is write-protected, mounting read-only
[root@CentOS test]# ls /cdrom/
CentOS_BuildTag Packages  isolinux images    repodata
#挂载 NFS
[root@CentOS test]# mount -t nfs 192.168.1.91:/data/nfsshare  /data/nfsshare
#挂载/etc/fstab 中的所有分区
[root@CentOS test]# mount -a
#挂载 Windows 下分区格式的分区，fat32 分区格式可指定参数 vfat
[root@CentOS test]#  mount -t ntfs /dev/sdc1 /mnt/usbhd1
```

注意：挂载点必须是一个目录，如果该目录有内容，则挂载成功后该目录原有的文件将会看不到，卸载后又可以重新使用。

如果要挂载的分区经常使用，需要自动挂载，可以将分区挂载信息加入/etc/fstab。该文件说明如下：

```
/dev/sda3/data ext3 noatime,acl,user_xattr 0 2
```

- 第 1 列表示要挂载的文件系统的设备名称，可以是硬盘分区、光盘、U 盘或 ISO 文件，也可以是 NFS。
- 第 2 列表示挂载点，挂载点实际上就是一个目录，可以为空，也可以不为空。
- 第 3 列为挂载的文件类型，Linux 支持大部分分区格式，Windows 下的分区系统也支持，如常见的 ext3、ext2、iso9660、NTFS 等。
- 第 4 列为设置选项，各个选项用逗号隔开，如设置为 defaults 表示对应的设置为 rw、

suid、dev、exec、auto、nouser 和 async。

- 第 5 列为文件备份设置。此处为 1 的话，表示要将整个<fie system>中的内容备份；为 0 的话，表示不备份。在这里一般设置为 0。
- 最后 1 列为是否运行 fsck 命令检查文件系统。0 表示不运行，1 表示每次都运行，2 表示非正常关机或达到最大加载次数或达到一定天数才运行。

4.2.6 基本磁盘管理：fdisk

fdisk 命令为 Linux 系统下的分区管理工具，类似于 Windows 下的 PQMagic 等工具。分过区、安装过操作系统的读者都知道硬盘分区是必要的和重要的。fdisk 命令的帮助如示例 4-12 所示。

【示例 4-12】

```
/dev/sda1          1004M   18M  936M   2% /data
/dev/sr0            4.1G  4.1G     0 100% /cdrom
[root@CentOS test]# fdisk  /dev/sdc
WARNING: DOS-compatible mode is deprecated. It's strongly recommended to
        switch off the mode (command 'c') and change display units to
        sectors (command 'u').
Command (m for help): h
h: unknown command
Command action
   a   toggle a bootable flag
   b   edit bsd disklabel
   c   toggle the dos compatibility flag
   d   delete a partition
   l   list known partition types
   m   print this menu
   n   add a new partition
   o   create a new empty DOS partition table
   p   print the partition table
   q   quit without saving changes
   s   create a new empty Sun disklabel
   t   change a partition's system id
   u   change display/entry units
   v   verify the partition table
   w   write table to disk and exit
   x   extra functionality (experts only)
```

以上参数中常用的参数及其说明如表 4.9 所示。

表 4.9 fdisk 命令常用的参数及其说明

参 数	说 明
d	删除存在的硬盘分区
n	添加分区
p	查看分区信息
w	保存变更信息

详细分区过程如示例 4-13 所示。

【示例 4-13】

```
[root@CentOS ~]# fdisk  -l
Disk /dev/sda: 10.7 GB, 10737418240 bytes
#部分结果省略
Disk /dev/sdb: 21.5 GB, 21474836480 bytes
#部分结果省略
#创建分区并格式化硬盘
[root@CentOS ~]# fdisk  /dev/sda
#部分结果省略
#查看帮助
Command (m for help): h
h: unknown command
Command action
   a   toggle a bootable flag
   b   edit bsd disklabel
   c   toggle the dos compatibility flag
   d   delete a partition
   l   list known partition types
   m   print this menu
   n   add a new partition
   o   create a new empty DOS partition table
   p   print the partition table
   q   quit without saving changes
   s   create a new empty Sun disklabel
   t   change a partition's system id
   u   change display/entry units
   v   verify the partition table
   w   write table to disk and exit
   x   extra functionality (experts only)
#创建新分区
Command (m for help): n
Command action
   e   extended
   p   primary partition (1-4)
p
#1 表示创建主分区
Partition number (1-4): 1
#参数选择默认
First cylinder (1-1305, default 1):
Using default value 1
Last cylinder, +cylinders or +size{K,M,G} (1-1305, default 1305):
Using default value 1305
#保存更改
Command (m for help): w
```

```
The partition table has been altered!

Calling ioctl() to re-read partition table.
Syncing disks.
#查看分区情况
[root@CentOS ~]# fdisk  -l
#
Disk /dev/sda: 10.7 GB, 10737418240 bytes
   Device Boot      Start         End      Blocks   Id  System
/dev/sda1               1        1305    10482381   83  Linux
Disk /dev/sdb: 21.5 GB, 21474836480 bytes
   Device Boot      Start         End      Blocks   Id  System
/dev/sdb1   *           1         523     4194304   83  Linux
Partition 1 does not end on cylinder boundary.
/dev/sdb2             523         905     3072000   83  Linux
Partition 2 does not end on cylinder boundary.
/dev/sdb3             905        1036     1048576   82  Linux swap / Solaris
/dev/sdb4            1036        2611    12655616    5  Extended
/dev/sdb5            1036        2611    12654592   83  Linux
#将新建的分区进行格式化
[root@CentOS ~]# mkfs.ext3 /dev/sda1
mke2fs 1.41.12 (17-May-2010)
Filesystem label=
OS type: Linux
Block size=4096 (log=2)
Fragment size=4096 (log=2)
Stride=0 blocks, Stripe width=0 blocks
655360 inodes, 2620595 blocks
131029 blocks (5.00%) reserved for the super user
First data block=0
Maximum filesystem blocks=2684354560
80 block groups
32768 blocks per group, 32768 fragments per group
8192 inodes per group
Superblock backups stored on blocks:
        32768, 98304, 163840, 229376, 294912, 819200, 884736, 1605632

Writing inode tables: done
Creating journal (32768 blocks):
done
Writing superblocks and filesystem accounting information: done

This filesystem will be automatically checked every 33 mounts or
180 days, whichever comes first.  Use tune2fs -c or -i to override.

#编辑系统分区表，加入新增的分区
```

```
[root@CentOS ~]# vi /etc/fstab
/dev/sda1 /data1  ext3    defaults     0  2
#退出保存
#创建挂载目录
[root@CentOS ~]# mkdir /data1
[root@CentOS ~]# mount -a
#查看分区已经正常挂载
[root@CentOS ~]# df -h
Filesystem              Size  Used Avail Use% Mounted on
/dev/sdb1               4.0G 1008M  2.8G  27% /
tmpfs                  495M     0  495M   0% /dev/shm
/dev/sdb5                12G  415M   11G   4% /data
/dev/sdb2               2.9G   69M  2.7G   3% /usr/local
/dev/sda1               9.9G  151M  9.2G   2% /data1
#文件测试
[root@CentOS ~]# cd /data1
[root@CentOS data1]# touch test.txt
```

4.3 交换空间管理

Linux 中的交换空间在系统物理内存被用尽时使用。如果系统需要更多的内存资源，而物理内存已经用尽，内存中不活跃的页就会被交换到交换空间中。交换空间位于硬盘上，存取速度不如物理内存。

技巧：交换空间的总大小一般设置为计算机物理内存的两倍。

Linux 系统支持虚拟内存系统，主要用于存储应用程序及其使用的数据信息，虚拟内存大小主要取决于应用程序和操作系统。如果交换空间太小，则可能无法运行所有的应用程序，导致页面频繁地在内存和磁盘之间交换，使得系统性能下降。如果交换空间太大，则可能会浪费磁盘空间。因此，系统交换分区的大小需要合理设置。在 Linux 2.6 内核上，可以通过设置 /etc/sysctl.conf 中的 vm.swappiness 值来调整系统的 swappiness。

如果虚拟内存大于物理内存，操作系统可以在空闲时将所有当前进程换出到磁盘上，并且能够提高系统的性能。如果希望将应用程序的活动保留在内存中，并且不需要大量地交换，则可以设置较小的虚拟内存。桌面环境配置比较大的虚拟内存有利于运行大量的应用程序。

4.4 磁盘冗余阵列 RAID

RAID（Redundant Array of Inexpensive Disks，磁盘阵列）的基本目的是把多个小型廉价的硬盘合并成一组大容量的硬盘，用于解决数据冗余性并降低硬件成本，使用时如同单个硬盘。

RAID 技术有两种：硬件 RAID 和软件 RAID。基于硬件的系统从主机之外独立地管理 RAID 子系统，并且它在主机内把每一组 RAID 阵列只显示为一个磁盘。软件 RAID 在系统中实现各种 RAID 级别，因此不需要 RAID 控制器。

RAID 分为各种级别，比较常见的有 RAID 0、RAID 1、RAID 5、RAID 10 和 RAID 01。这些 RAID 类型的定义如下：

- RAID 0 数据被随机分片写入每个磁盘，这种模式下存储能力等同于每个硬盘的存储能力之和，但并没有冗余性，任何一块硬盘的损坏都将导致数据丢失。
- RAID 1，又称作镜像，会在每个成员磁盘上写入相同的数据，这种模式比较简单，可以提供高度的数据可用性，它目前仍然很流行。但对应的存储容量下降了，如两块相同硬盘组成 RAID 1，则容量只有一块硬盘的容量。
- RAID 5 是最普遍的 RAID 类型。RAID 5 更适合小数据块和随机读写的数据。

RAID 5 是一种存储性能、数据安全和存储成本兼顾的存储解决方案。磁盘空间利用率比 RAID 1 高，存储成本相对较低。RAID 5 不单独指定奇偶校验盘，而是在所有磁盘上交叉地存取数据及奇偶校验信息。组建 RAID 5 至少需要 3 块硬盘。如 N 块硬盘组成 RAID 5，则硬盘容量为 N-1，如果其中一块硬盘损坏，则数据可以根据其他硬盘存储的校验信息来恢复。

4.5 综合示例——监控硬盘空间

实际应用中需要定时检测磁盘空间，在超过指定阈值后告警，然后可以提前删除不必要的文件，避免因为文件占满了硬盘而发生问题。示例 4-14 演示了如何在单机情况下监控硬盘空间。如果管理的服务器很多，需要批量部署检测程序，在磁盘即将满时及时发出警告信息。

【示例 4-14】

```
[root@CentOS logs]#cat  -n diskMon.sh
    1  #!/bin/sh
    2  #用于记录执行日志
    3  function LOG()
    4  {
    5    echo "["$(/bin/date +%Y-%m-%d" "%H:%M:%S -d "0 days ago")"]" $1
    6  }
    7  #发送警告包含详细信息，此处为演示
    8  function  sendmsg()
    9  {
   10          echo    sendmsg
   11  }
   12  #主处理逻辑
   13  function  process()
   14  {
```

```
    15  /bin/df -h |sed -e '1d'| while read  Filesystem Size  Used Avail Use
Mounted
    16  do
    17
    18          LOG "$Filesystem Use $Use"
    19          Use=`echo $Use|awk -F '%' '{print $1}'`
    20          if [ $Use -gt 80 ]
    21          then
    22              sendmsg mobilenumber "alarm content"
    23          fi
    24  done
    25  }
    26
    27  function main()
    28  {
    29          process
    30  }
    31
    32  LOG "process start"
    33  main
    34  LOG "process end"
```

4.6 小　结

文件系统用于存储文件、目录、链接及文件相关信息等，Linux 文件系统以“/”为最顶层的根目录，所有的文件和目录都在“/”目录下。本章主要介绍了 Linux 文件系统的相关知识点，如文件的权限及属性。本章最后的示例演示了如何通过监控及时发现磁盘空间使用的问题。

第5章

日志系统管理

日志文件系统已经成为Linux中必不可少的组成部分。日常机器的运行状态是否正常、遭受攻击时如何查找被攻击的痕迹、软件启动失败时如何查找原因等，Linux日志系统都提供了解决方案。本章主要介绍Linux日志系统的相关知识。

本章主要涉及的知识点有：

- Linux日志系统
- syslogd的配置
- Linux常见的日志文件
- 查看Linux日志文件的命令
- Linux的日志轮转

通过本章最后的示例演示如何通过系统日志定位系统问题。

注意：本章介绍的日志系统与日志文件系统的概念有所区别，如需了解Linux日志文件系统，可参阅相关资料。

5.1 Linux常见日志文件及命令

在日常的使用过程中，日志系统可以记录当前系统中发生的各种事件，比如登录日志记录每次登录的来源和时间、系统每次启动和关闭的情况、系统错误等。用户可以根据各种类型的日志排查系统问题，如遇到网络攻击，可以从日志中追踪蛛丝马迹。

日志的主要用途有：

- 系统审计：查看每天登录系统的都是哪些用户，做了什么，以便于系统审计。
- 监测追踪：系统受到攻击时如何查找攻击者的蛛丝马迹。
- 分析统计：分析Apache Web服务器请求量如何、错误码分布如何、性能如何，是否需要扩容，有多少用户访问了该Web服务。

为了保证 Linux 系统正常运行，准确解决各种各样的问题，系统管理员需要了解如何读取对应类型的日志文件。Linux 系统日志文件一般存放在/var/log 下，且必须有 root 权限才能查看。对应的日志类型主要有 3 种：

（1）系统连接日志。这类日志主要记录系统的登录记录和用户名，然后把记录写入/var/log/wtmp 和/var/run/utmp 中，login 等程序更新 wtmp 和 utmp 文件，可以使系统管理员及时掌握系统的登录记录。

（2）进程统计。由系统内核执行，当一个进程终止时，为每个进程往进程统计文件中写一个记录。进程统计的目的是为系统中的基本服务提供命令使用统计。

（3）错误日志。各种系统守护进程、用户程序和内核，通过 syslog 向文件/var/log/messages 报告值得注意的事件。另外，还有许多 Linux 程序创建日志，像 HTTP 和 FTP 等应用有专门的日志配置。

常用的日志文件及其功能如表 5.1 所示。

表 5.1 Linux 常用日志文件及其功能

日 志	功 能
access-log	记录 Web 服务的访问日志，错误信息位于 error-log
acct/pacct	记录用户命令
btmp	记录失败的事件
lastlog	记录最近几次成功登录的事件和最后一次登录失败的事件
messages	服务器的系统日志
sudolog	记录使用 sudo 发出的命令
sulog	记录 su 命令的使用
syslog	从 syslog 中记录信息（通常链接到 messages 文件）
utmp	记录当前登录的每个用户
wtmp	一个用户每次登录进入和退出时间的永久记录
secure	记录系统登录行为，比如 sshd 登录记录

对于文本类型的日志，每一行表示一条消息，一般由 4 个字段的固定格式组成。

【示例 5-1】

```
[root@CentOS ~]# tail /var/log/messages
Aug  4 04:57:53 CentOS sz[5758]: [root] a.txt/ZMODEM: 2877 Bytes, 10182 BPS
```

（1）记录时间：表示消息发出的日期和时间。

（2）主机名：表示生成消息的服务器的名称。

（3）生成消息的子系统的名字：来自内核标识为“kernel”，来自进程则标识为进程名。在方括号中的是进程的 PID。

（4）消息：剩下的部分就是消息的内容。

/var/log/messages 为服务器的系统日志，该日志并不是专门记录特定服务相关的日志，一般的后台守护进程（如 crond）会把执行日志输出到此文件，查看此文件可以使用文本编辑器或文本查看命令，如 cat、head 或 tail 等命令。

/var/log/secure 记录了系统的登录行为，通过此日志可以分析异常的登录请求，查看此日志可以使用文本查看相关的命令。

/var/log/utmp、/var/log/wtmp、/var/log/lastlog 这 3 个日志文件记录了关于系统登录和退出的事件。utmp 记录当前登录用户的信息。用户登录和退出的记录保存在 wtmp 文件中，各个用户最后一次登录的日志可以使用 lastlog 来查看。所有的记录都包含时间戳。随着系统的使用，这些文件有些可能会变得很大，可以使用日志轮转功能将文件以一天或一周为单位进行截取。方法是使用开发者自己的脚本或使用系统提供的日志轮转功能。查看方法如示例 5-2 所示。

【示例 5-2】

```
[root@CentOS log]# lastlog
用户名           端口     来自               最后登录时间
root            pts/0    192.168.19.1       日 8月  4 01:06:03 +0800 2020
userA           pts/2    192.168.19.102     四 7月 11 09:07:54 +0800 2020
userB           pts/1    192.168.19.102     日 3月 31 01:43:38 +0800 2020
```

用户每次登录时，login 程序在文件 lastlog 中查找用户的 UID。若找到则把用户上次登录、退出时间和主机名写到标准输出中，然后在 lastlog 中记录新的登录时间。在新的 lastlog 记录写入后，utmp 文件打开并插入用户的 utmp 记录。该记录一直用到用户登录退出时删除。

wtmp 和 utmp 为二进制文件，不能用文本查看命令直接查看，可以通过 who、w、users、last 和 ac 命令来查看这两个文件包含的信息。

who 命令查询 utmp 文件并报告当前登录的每个用户。who 命令的输出包含用户名、终端类型、登录日期及登录的来源主机，如示例 5-3 所示。

【示例 5-3】

```
[root@CentOS ~]# who
root     tty1         2020-07-11 05:22
root     pts/0        2020-07-11 09:06 (192.168.19.1)
root     pts/1        2020-07-11 09:07 (192.168.19.1)
userA    pts/2        2020-07-11 09:07 (192.168.19.102)
[root@CentOS log]# who  /var/log/wtmp
#部分结果省略
root     pts/0        2020-03-30 22:59 (192.168.19.1)
root     pts/2        2020-03-30 23:30 (192.168.19.1)
userB    pts/1        2020-03-31 00:35 (192.168.19.102)
root     pts/2        2020-03-31 00:37 (192.168.19.1)
userA    pts/3        2020-03-31 00:40 (192.168.19.102)
```

who 命令后面如果跟 wtm 文件名，则可以查看所有的登录记录信息。

w 命令查询 utmp 文件并显示当前系统中每个用户和用户所运行的进程信息，如示例 5-4 所示。

【示例 5-4】

```
[root@CentOS log]# w
 05:09:17 up  4:25,  3 users,  load average: 0.00, 0.00, 0.00
USER     TTY      FROM              LOGIN@   IDLE   JCPU   PCPU WHAT
root     tty1     -                 01:05    4:03m  0.08s  0.08s -bash
root     pts/0    192.168.19.1      04:59    0.00s  0.70s  0.44s ssh
root@192.168.19.102
root     pts/1    192.168.19.102    05:04    0.00s  0.12s  0.01s w
```

显示的信息依次为登录名、tty 名称、远程主机、登录时间、空闲时间、JCPU、PCPU、其当前进程的命令行。

users 命令用单独的一行打印出当前登录的所有用户，每个显示的用户名对应一个登录会话。若一个用户有不止一个登录会话，则用户名显示与会话相同的次数，如示例 5-5 所示。

【示例 5-5】

```
[root@CentOS ~]# users
root root root user01
```

last 命令往回搜索 wtmp，显示出从文件第一次创建以来所有用户的登录记录。注意，此命令不同于 lastlog 命令，如示例 5-6 所示。

【示例 5-6】

```
[root@CentOS ~]# last
root     pts/0        192.168.19.1     Sun Aug  4 05:17   still logged in
user01   pts/3        192.168.19.102   Sun Aug  4 05:16   still logged in
reboot   system boot  2.6.32-358.el6.x Sat Aug  3 15:31 - 00:42  (09:11)
root     pts/1        192.168.19.1     Sat Aug  3 14:46 - crash  (00:44)
reboot   system boot  2.6.32-358.el6.x Sat Mar 30 22:36 - 22:37  (00:00)
wtmp begins Sat Mar 30 22:36:52 2020
```

若要查看系统的启动信息，可以通过 dmsg 命令。当 Linux 启动时，内核的信息被存入内核 ring 缓存中，dmesg 命令可以显示缓存中的内容。通过此文件可以查看系统中的异常情况，比如硬盘损坏或其他故障，如用“dmesg | grep -i error”命令来查看系统的其他服务。另外，Apache 或 MySQL 都有自己特定的日志文件，其日志可以用专业的软件（Awstats）来分析。

5.2 Linux 日志系统 syslogd

syslogd 负责记录系统运行过程中内核产生的各种信息，并分别存放到不同的日志文件中，以便系统管理员用于故障排除、异常跟踪等。本节主要介绍 syslogd 方面的知识。

5.2.1 syslogd 日志系统简介

Linux 是一个多用户多任务的系统，系统每时每刻都在发生变化，需要完备的日志系统记录系统运行的状态。如果系统管理员需要了解每个用户的登录情况，则需要查看登录日志。开发人员需要了解系统中安装的 Web 服务或数据库服务的运行状态，则需要查看 Web 应用的日志或数据库的日志。在各种不同情况下，日志系统都是必不可缺少的，正如大厦管理员需要了解访问人员的信息一样，Linux 提供了完善的日志系统以便完成日常的审计或业务统计需求。

Linux 内核由很多子系统组成，包含网络、文件访问、内存管理等，子系统需要给用户传送一些消息，这些消息内容包括消息的来源及重要性等，所有这些子系统都要把消息传送到一个可以维护的公共消息区，于是产生了 syslog。

syslog 是一个综合的日志记录系统，主要功能是为了方便管理日志和分类存放系统日志。syslog 使程序开发者从繁杂的日志文件代码中解脱出来，使管理员能更好地控制日志的记录过程。在 syslog 出现之前，每个程序都使用自己的日志记录策略，管理员对保存什么信息或信息存放在哪里没有控制权，每种应用（如 Web 服务、MySQL）都有自己的日志。

5.2.2 syslogd 配置文件及语法

syslogd 是 Linux 启动后系统默认的日志守护进程，默认配置文件为/etc/syslog.conf，该配置文件定义了系统中需要监听的事件和对应的日志文件的保存位置。首先看示例 5-7。

【示例 5-7】

```
cron.*                                         /var/log/cron
*.info;mail.none;authpriv.none;cron.none       /var/log/messages
local7.*                                       /var/log/boot.log
mail.*                                         -/var/log/maillog
```

这一行由两部分组成。第 1 部分是一个或多个“设备”，设备后面跟一些空格字符，然后是一个“操作”。

1. 设备

设备本身分为两个字段，之间用一个小数点“.”分隔。前一字段表示一项服务，后一字段表示一个优先级。通过设备将不同类型的消息发送到不同的地方。在同一个 syslog 配置行上允许出现一个以上的设备，但必须用分号“;”把它们分隔开。表 5.2 列出了绝大多数 Linux 操作系统都可以识别设备的日志及其功能。

表 5.2 Linux 操作系统可以识别设备的日志及其功能

日 志	功 能
auth	由 pam_pwdb 报告的认证活动
authpriv	包括特权信息（如用户名）在内的认证活动
cron	与 cron 和 at 有关的任务调度和管理信息
daemon	与 inetd 守护进程有关的后台进程信息

（续表）

日 志	功 能
kern	内核信息，首先通过 klogd 传递
lpr	与打印服务有关的信息
mail	与电子邮件有关的信息
mark	syslog 内部功能，用于生成时间戳
news	来自新闻服务器的信息
syslog	由 syslog 生成的信息
user	由用户程序生成的信息
uucp	由 uucp 生成的信息
local0-local7	由自定义程序使用

其中 local0-local7 由自定义程序使用，应用程序可以通过其进行一些个性的配置。

2. 优先级

优先级是选择条件的第 2 个字段，代表消息的紧急程度。不同的服务类型有不同的优先级，数值较大的优先级涵盖数值较小的优先级。如优先级“warning”，实际上将“warning”“err”“crit”“alert”和“emerg”都包含在内。优先级用于定义消息的紧急程度，按严重程度由高到低如表 5.3 所示。

表 5.3 Linux 日志系统紧急程度及其说明

日 志	功 能
emerg	该系统不可用，等同于 panic
alert	需要立即被修改的条件
crit	阻止某些工具或子系统功能实现的错误条件
err	阻止工具或某些子系统部分功能实现的错误条件，等同于 error
warning	预警信息，等同于 warn
notice	具有重要性的普通条件
info	提供信息的消息
debug	不包含函数条件或问题的其他信息
none	没有重要等级，通常用于排错
*	所有级别，除了 none 外

3. 优先级限定符

syslog 可以使用 3 种限定符对优先级进行修饰：星号“*”、等号“=”和感叹号“!”。

- 星号“*”表示对应服务生成的所有日志消息都发送到操作指定的地点。
- 等号“=”表示只把对应服务生成的本优先级的日志消息发送到操作指定的地点。
- 感叹号“!”表示把对应服务生成的所有日志消息都发送到操作指定的地点，但本优先级的消息不包括在内，类似于编程语言中“非”的用法。

4. 操作

日志信息可以分别记录到多个文件中，还可以发送到命名管道、其他程序，甚至远程主机。常见的操作有以下几种，示例5-8列举了一些配置示例。

注意：每条消息均会经过所有规则，并不是唯一匹配的。

- file指定日志文件的绝对路径。
- terminal或print发送到串行或并行设备标志符，例如/dev/ttyS2。
- @host是远程的日志服务器。
- username发送到信息本机的指定用户终端中，前提是该用户必须已经登录到系统中。
- named pipe发送到预先使用mkfifo命令创建的FIFO文件的绝对路径。

【示例5-8】

```
#把除info级别的邮件以外的消息都写入mail文件中
mail.*;mail.!=info /var/adm/mail
mail.=info /dev/tty12
#仅把邮件的通知性消息发送到tty12终端设备
*.alert root,joey
#如果root和joey用户已经登录系统，则把所有紧急信息都发送给它们
*.* @192.1683.3.100
#把所有信息都发送到192.168.3.100主机
```

5.3 使用日志轮转功能

所有的日志文件都会随着时间和访问次数的增加而迅速增长，因此必须对日志文件进行定期清理，以免造成磁盘空间的浪费。由于查看小文件的速度比大文件快很多，使用日志轮转功能同时也节省了系统管理员查看日志所用的时间。日志轮转功能可以使用系统提供的logrotate功能。

5.3.1 logrotate命令和配置文件的参数及其说明

该程序可自动完成日志的压缩、备份、删除等工作，并可以设置为定时任务，如每日、每周或每月处理。其命令格式如下：

```
logrotate [选项] <configfile>
```

该命令的参数及其说明如表5.4所示。

表 5.4　logrotate 命令的参数及其说明

参　数	说　明
-d	详细显示命令执行过程，便于调试或了解程序执行的情况
-f	强行启动记录文件维护操作
-s	使用指定的状态文件
-v	在执行日志滚动时显示详细信息
-?	显示帮助信息

logrotate 的主配置文件为/etc/logrotate.conf 和/etc/logrotate.d 目录下的文件，查看 logrotate 主配置文件的例子如下：

```
[root@CentOS Packages]# cat -n  /etc/logrotate.conf
     1  #可以使用命令 man logrotate 查看更多帮助信息
     2  #每周轮转
     3  weekly
     4  # 保存过去 4 周的文件
     5  rotate 4
     6  # 轮转后创建新的空日志文件
     7  create
     8  #轮转的文件以日期结尾，如 messages-20200810
     9  dateext
    10  #如果需要将轮转后的日志压缩，可以去掉此行的注释
    11  #compress
    12  #其他配置可以放到此目录中
    13  include /etc/logrotate.d
    14  #一些系统日志的轮转规则
    15  /var/log/wtmp {
    16      monthly
    17      create 0664 root utmp
    18          minsize 1M
    19      rotate 1
    20  }
    21
    22  /var/log/btmp {
    23      missingok
    24      monthly
    25      create 0600 root utmp
    26      rotate 1
    27  }
```

logrotate 配置文件的参数及其说明如表 5.5 所示。

表 5.5 logrotate 配置文件的参数及其说明

参 数	功 能
compress	通过 gzip 压缩轮转以后的日志，与之对应的是 nocompress 参数，表示不压缩
copytruncate	备份当前日志并截断，与之对应的参数为 nocopytruncate
nocopytruncate	备份日志文件但是不截断
create	轮转文件，使用指定的文件模式创建新的日志文件
nocreate	不创建新的日志文件
delaycompress	和 compress 一起使用时，轮转的日志文件到下一次轮转时才被压缩
nodelaycompress	覆盖 delaycompress 选项，轮转同时压缩
errors address	存储时的错误信息发送到指定的 E-Mail 地址
ifempty	即使是空文件也轮转，这个是 logrotate 的默认选项
notifempty	如果是空文件的话，则不轮转
mail address	把轮转的日志文件发送到指定的 E-Mail 地址
nomail	轮转时不发送日志文件
olddir directory	轮转后的日志文件放入指定的目录，必须和当前日志文件在同一个文件系统
noolddir	轮转后的日志文件和当前日志文件放在同一个目录下
prerotate/endscript	在轮转以前需要执行的命令可以放入这对标签之间，这两个关键字必须单独成行
postrotate/endscript	在轮转以后需要执行的命令可以放入这对标签之间，这两个关键字必须单独成行
daily	指定轮转周期为每天
weekly	指定轮转周期为每周
monthly	指定轮转周期为每月
rotate count	指定日志文件删除之前轮转的次数，0 指没有备份，5 指保留 5 个备份
tabootext [+] list	让 logrotate 不轮转指定扩展名的文件
size	当日志文件到达指定的大小时才轮转

5.3.2 利用 logrotate 轮转 Nginx 日志

本示例主要使用 logrotate 轮转 Web 服务 Nginx 的访问日志，Nginx 的访问日志文件位于/data/logs 目录下，安装位置位于/usr/local/nginx。

1. 配置文件设置/etc/logrotate.d/nginx

首先配置轮转参数，代码如下：

```
[root@CentOS data]# cat -n  /etc/logrotate.d/nginx
    1  /data/logs/access.log /data/logs/error.log {
    2  notifempty
    3  daily
    4  rotate 5
    5  postrotate
    6  /bin/kill -HUP `/bin/cat /usr/local/nginx/logs/nginx.pid`
    7  endscript
    8  }
```

参数说明：

- notifempty：如果文件为空，则不轮转。
- daily：日志文件每天轮转一次。
- rotate 5：轮转文件保存为 5 份。
- postrotate/endscript：日志轮转后执行的脚本。这里用来重启 Nginx，以便重新生成日志文件。

2. 测试

```
[root@CentOS data]# /usr/sbin/logrotate -vf /etc/logrotate.conf
```

注意观察该命令的输出，如没有 error 日志，则生成了轮转文件，顺利完成配置。

3. 设置为每天执行

如需该功能每天自动轮转，可以将对应命令加入 crontab，在/etc/cron.daily 目录下有 logrotate 执行的脚本，该脚本会通过 crond 调用，每天执行一次：

```
[root@CentOS data]# cat -n  /etc/cron.daily/logrotate
     1  #!/bin/sh
     2
     3  /usr/sbin/logrotate /etc/logrotate.conf >/dev/null 2>&1
     4  EXITVALUE=$?
     5  if [ $EXITVALUE != 0 ]; then
     6          /usr/bin/logger  -t  logrotate  "ALERT  exited  abnormally  with
[$EXITVALUE]"
     7  fi
     8  exit 0
```

5.4 综合示例——利用系统日志定位问题

本节以一个进程消失为例说明系统日志在问题定位时的作用，供读者参考。场景为服务器上运行一个 MySQL 服务，但某天发现不知道什么原因进程没了，定位此问题的过程如下。

1. 查看系统登录日志

首先根据系统登录日志定位系统最近登录的用户，然后根据用户的 history 记录查看是否有用户直接将 MySQL 进程杀死，如示例 5-9 所示。

【示例 5-9】

```
[root@CentOS Packages]# lastlog
用户名           端口     来自             最后登录时间
root             pts/0    192.168.19.1     日 8月  4 05:17:39 +0800 2020
sshd                                       **从未登录过**
```

```
userA          pts/2    192.168.19.102    四 7月 11 09:07:54 +0800 2020
userB          pts/1    192.168.19.102    日 3月 31 01:43:38 +0800 2020
user00                                    **从未登录过**
user01         pts/3    192.168.19.102    日 8月  4 05:16:47 +0800 2020
```

2. 查看历史命令

此步主要根据历史登录记录去查看各个用户执行过的历史命令，并无异常发现。

```
[userA@CentOS ~]$ history  |grep kill
```

3. 查看系统日志

通过查看系统日志/var/log/messages 发现以下记录：

```
#为了便于说明问题，显示结果做了处理
[root@CentOS Packages]#  /var/log/messages
Aug 2 00:00:20  kernel: [5787241.235457] Out of memory: Kill process 19018
(mysqld)
Aug 2 00:00:20  kernel: [578241.678722] Killed process 19018 (mysqld)
```

至此，MySQL 被杀死的原因已经找到，在某个时间，由于内存耗尽触发操作系统的 OOM（Out Of Memory）机制。OOM 是 Linux 内核的一种自我保护机制，当系统中内存出现不足时，Linux 内核会终止系统中占用内存最多的进程，同时记录下终止的进程并打印终止进程信息。

5.5 小　结

很多读者已经知道，Windows 系统就有一些日志信息，通过这些信息来查询发生蓝屏或其他事故的原因。Linux 系统同样提供了日志系统，之所以说系统，是因为它包含的功能太多了，基本上可以记录所有的操作数据和故障信息。本章最后用一个系统日志定位的示例演示了如何有效地利用系统日志定位。

第 6 章

用户身份管理

接触 Linux，首先要了解如何管理系统用户，用户的权限对于 Linux 的安全至关重要。不同的用户应该具有不同的权限，可以存取不同的系统资源。root 用户具有超级权限，可以存取任何文件，日常使用中应该避免使用它。

本章首先介绍 Linux 的用户管理机制和登录过程，然后介绍用户及用户组的管理，包含日常的添加、删除、修改等用户管理操作。

本章主要涉及的知识点有：

- Linux 用户的工作原理
- 管理 Linux 用户
- 管理 Linux 用户组
- 用户和用户组组合应用

本章最后的示例演示如何管理 Linux 中的用户和组资源。

6.1 Linux 用户管理简介

Linux 用户管理是 Linux 的优良特性之一，通过本节读者可以了解 Linux 中用户的登录过程和登录用户的类型。

6.1.1 Linux 用户登录过程

用户要使用 Linux 系统，必须先进行登录。Linux 的登录过程和 Windows 的登录过程类似。用户登录包括以下几个步骤：

（1）当 Linux 系统正常引导完成后，系统就可以接纳用户的登录。这时用户终端上显示“login:”提示符，如果是图形界面，则会显示用户登录窗口，这时就可以输入用户名和密码。

（2）用户输入用户名后，系统会检查/etc/passwd 是否有该用户，若不存在，则退出，若存在，则进行下一步。

（3）读取/etc/passwd 中的用户 ID 和组 ID，同时该账号的其他信息（如用户的主目录）也会一并读出。

（4）用户输入密码后，系统通过检查/etc/shadow 来判断密码是否正确。

若密码认证通过，则进入系统并启动系统的 Shell，系统启动的 Shell 类型由/etc/passwd 中的信息确定。通过系统提供的 Shell 接口可以操作 Linux，输入命令 ls，结果如示例 6-1 所示。

【示例 6-1】

```
[root@CentOS ~]# ls /
bin boot cdrom data dev etc home lib lib64 lost+found media mnt opt
proc root sbin selinux srv sys tmp usr var
```

用户登录过程如图 6.1 所示。

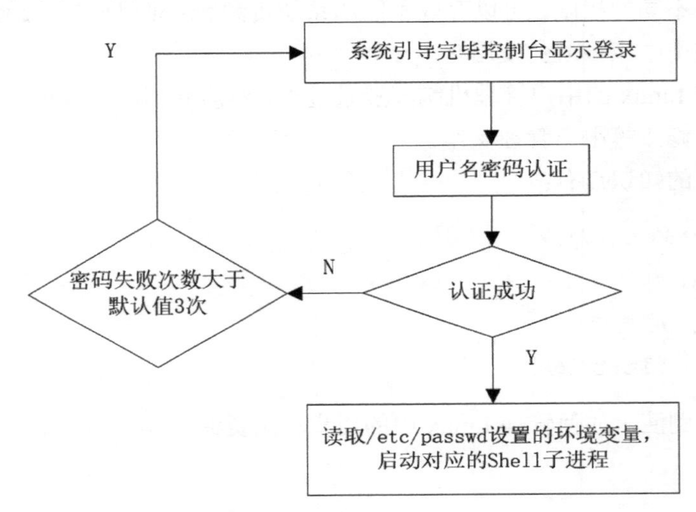

图 6.1　Linux 登录认证过程

6.1.2　Linux 用户类型

Linux 用户类型分为 3 类：超级用户、系统用户和普通用户。举一个简单的例子，机房管理员可以出入机房的任意一个地方，而普通用户就没这个权限了。

（1）超级用户：用户名为 root 或 USER ID（UID）为 0 的账户，具有一切权限，可以存取系统中的所有资源。root 用户可以执行底层的文件操作及特殊的系统管理，还可以进行网络管理，可以修改系统中的任何文件。日常工作中应避免使用此类账号，因为错误的操作可能带来不可估量的损失，只有必要时才能用 root 登录系统。

（2）系统用户：正常运行系统时使用的账号。每个进程运行在系统中都有一个相应的属主，比如某个进程以何种身份运行，这些身份就是系统中对应的用户账户。注意，系统账号是不能用来登录的，比如 bin、daemon、mail 等。

（3）普通用户：系统的普通使用者，能使用 Linux 中的大部分资源，一些特定的权限受到控制。用户只对自己的目录有读写权限，对其他目录和文件的读写权限都受到一定的限制，从而有效地保证了 Linux 系统的安全性，大部分用户属于此类。

注意：出于安全的考虑，用户的密码至少为 8 个字符，包含字母、数字和其他特殊符号等。如果忘记了密码，最终只能寻求 root 用户的帮助，因为 root 用户可以更改任何用户的密码。

6.2 Linux 用户管理机制

Linux 中的用户管理涉及用户账号文件/etc/passwd、用户密码文件/etc/shadow、用户组文件/etc/group。

注意：建议初学者不要更改这些文件的信息，这些文件为文本文件，可使用 head、cat 等命令查看。

6.2.1 用户账号文件/etc/passwd

该文件为纯文本文件，可以使用 cat、head 等命令查看。该文件记录了每个用户的必要信息，文件中的每一行对应一个用户的信息，每行的字段之间使用":"分隔，共 7 个字段：

```
用户名称:用户密码:USER ID:GROUP ID:相关注释:主目录:使用的 Shell
```

根据以下示例分析：

```
root:x:0:0:root:/root:/bin/bash
```

（1）用户名称：在 Linux 系统中用唯一的字符串区分不同的用户，用户名可以由字母、数字、下划线组成。注意，Linux 系统中是区分字母大小写的，比如 USERNAME1 和 username1 分别表示不同的用户。

（2）用户密码：用于验证用户的合法性。超级用户 root 可以更改系统中所有用户的密码，普通用户登录后，可以使用 passwd 命令来更改自己的密码。在/etc/passwd 文件中，该字段一般显示为 x，是出于安全的考虑，该字段加密后的密码数据已经移至/etc/shadow 中。注意，/etc/shadow 文件是不能被普通用户读取的，只有超级用户 root 才有权读取。

注意：如果/etc/passwd 文件中某行第 1 个字符是"*"的话，表示该账号已经被禁止使用，该用户无法登录系统。

（3）用户标识号（USER ID）：简称 UID，是一个数值，用于唯一标识 Linux 系统中的用户，以区分不同的用户。在 Linux 系统中最多可以使用 65535 个用户名，用户名和 UID 都可用于标识用户。相同 UID 的用户被认为是同一个用户，同时他们也具有相同的权限，当然对于用户而言用户名比 UID 更容易记忆和使用。

（4）组标识号（GROUP ID）：简称 GID，这是当前用户所属的默认用户组标识。当添加用户时，系统默认会创建一个与用户名一样的用户组，多个用户可以属于相同的用户组。用户的组标识号存放在/etc/passwd 文件中。用户可以同时属于多个组，每个组也可以有多个用户，除了在/etc/passwd 文件中指定其归属的基本组之外，/etc/group 文件中也指明一个组所包含的用户。

（5）相关注释：用于存放用户的一些其他信息，比如用户含义说明、用户地址等信息。

（6）主目录：该字段定义了用户的主目录，登录后 Shell 将把该目录作为用户的工作目录。登录系统后可以使用 pwd 命令来查看主目录。超级用户 root 的工作目录为/root。每个用户都有自己的主目录，默认一般在/home 下创建与用户名一致的目录，同时创建用户时可以指定其他目录作为用户的主目录。

（7）使用的 Shell：Shell 是当用户登录系统时运行的程序名称，通常是/bin/bash。同时，系统中可能存在其他的 Shell，比如 tsh。用户可以自己指定 Shell，也可以随时更改，比较流行的 Shell 是/bin/bash。

6.2.2 用户密码文件/etc/shadow

该文件为文本文件，但这个文件只有超级用户才能读取，普通用户没有权限读取。由于任何用户对/etc/passwd 文件都有读的权限，虽然密码经过加密，但还是有人可能会获取加密后的密码。通过把加密后的密码移动到 shadow 文件中并限制只有超级用户 root 才能够读取，有效保证了 Linux 用户密码的安全性。

和/etc/passwd 文件类似，shadow 文件由 9 个字段组成，字段如下：

```
用户名:密码、上次修改密码的时间:两次修改密码间隔的最少天数:两次修改密码间隔的最多天数:提前多少天警告用户密码过期:在密码过期多少天后禁用此用户:用户过期时间:保留字段
```

根据以下示例分析：

```
root:$1$qb1cQvv/$ku20Uld75KAOx.4WK6d/t/:15649:0:99999::::
```

（1）用户名：也被称为登录名，/etc/shadow 中的用户名和/etc/passwd 相同，每一行是一一对应的，这样就把 passwd 和 shadow 中的用户记录联系在一起了。

（2）密码：该字段是经过加密的，如果有些用户在这段是 x，则表示这个用户已经被禁止使用，不能登录系统。

（3）上次修改密码的时间：该列表示从 1970 年 01 月 01 日起到最近一次修改密码的时间间隔，以天为单位。

（4）两次修改密码间隔的最少天数：该字段如果为 0，则表示此功能被禁用，如果是不为 0 的整数，则表示用户在经过多少天之后就必须需要修改其密码。

（5）两次修改密码间隔的最多天数：主要作用是管理用户密码的有效期，增强系统的安全性，该示例中为 99999，表示密码基本不需要修改。

（6）提前多少天警告用户密码过期：在快到有效期时，当用户登录系统后，系统程序会提醒用户密码将要作废，以便用户及时更换密码。

（7）在密码过期之后多少天此用户会被禁用：此字段表示用户密码作废多少天后，系统会禁用此用户。

（8）用户过期日期：此字段指定了用户作废的天数，从 1970 年的 1 月 1 日开始的天数，

如果这个字段的值为空，则表示该账号永久可用，注意与第 7 个字段密码过期的区别。

（9）保留字段：目前为空，将来可能会用。

6.2.3　用户组文件/etc/group

该文件用于保存用户组的所有信息，通过它可以更好地对系统中的用户进行管理。对用户分组是一种有效的手段，用户组和用户之间属于多对多的关系，一个用户可以属于多个组，也可以包含多个用户。用户登录时默认的组存放在/etc/passwd 中。

此文件的格式类似于/etc/passwd 文件，字段如下：

```
用户组名:用户组密码:用户组标识号:组内用户列表
```

根据以下示例分析：

```
root::0:root
```

（1）用户组名：可以由字母、数字、下划线组成，用户组名是唯一的，和用户名一样，不可重复。

（2）用户组密码：该字段存放的是用户组的密码。这字段一般很少使用，Linux 系统的用户组都没有密码，即这个字段一般为空。

（3）用户组标识号：GROUP ID，简称 GID，和用户标识号 UID 类似，也是一个整数，用于唯一标识一个用户组。

（4）组内用户列表：属于这个组的所有用户的列表，不同用户之间用逗号分隔，不能有空格。这个用户组可能是用户的主组，也可能是附加组。

6.3　Linux 用户管理命令

要使用用户账号，需要有相应的接口，Linux 提供了一系列命令来管理系统中的用户账号。本节主要介绍用户的添加、删除、修改，用户组的添加、删除。Linux 提供了一系列命令管理用户账号，常用的命令有 useradd、userdel、usermod、passwd 等。

6.3.1　添加用户：useradd

添加用户的命令是 useradd，语法如下：

```
useradd [-mMnr][-c <备注>][-d <登录目录>][-e <有效期限>][-f <缓冲天数>][-g <用户组>][-G <用户组>][-s <shell>][-u <uid>][用户账号] 或 useradd -D [-b][-e <有效期限>][-f <缓冲天数>][-g <用户组>][-G <用户组>][-s <shell>]
```

该命令支持很多参数，常用的参数及其说明如表 6.1 所示，示例 6-2 演示了如何添加用户。

表 6.1 useradd 命令常用的参数及其说明

参 数	说 明
-d	指定用户登录时的起始目录，如不指定，将使用系统默认值，一般为/home
-g	指定用户所属的用户组，可以属于多个用户组
-G	指定用户所属的附加用户组，可以定义用户属于多个组，每个组使用“,”分隔，不允许有空格
-m	自动创建用户的主目录，若目录不存在，则自动创建
-M	不要自动创建用户的主目录
-s	指定用户登录后所使用的 Shell，比如/bin/bash
-u	指定用户 ID，UID 一般不可重复，但使用-o 参数时多个用户可以使用相同的 UID，手动创建用户时系统默认使用 1000 以上的数字作为用户标识号

【示例 6-2】

```
#添加用户 user1
root@localhost:~> useradd user1
#添加 user1 用户后/etc/passwd 文件的变化
root@localhost:~> cat /etc/passwd|grep user1
user1:x:1002:100::/home/user1:/bin/bash
#添加 user1 用户后/etc/shadow 文件的变化
root@localhost:~>cat /etc/shadow|grep user1  user1:!:15769:0:99999:7:::
#添加 user1 用户后/etc/group 文件的变化
root@localhost:~>cat /etc/group|grep user1
dialout:x:16:goss, user1
```

当执行完毕 useradd user1 命令以后，/etc/passwd、/etc/shadow、/etc/group 会增加对应的记录，表示此用户已经成功添加了。

添加完用户后，新添加的用户是没有可读写的目录的。需要指定用户的主目录以便进行文件操作，可以在创建用户时指定主目录，如示例 6-3 所示。

【示例 6-3】

```
#添加用户 user2 并指定主目录为/data/user2
root@localhost:~> useradd -d /data/user2 user2
#创建用户后主目录没有自动创建，需要配合其他参数来创建
root@localhost:~> ls /data/user2
/bin/ls: /data/user2: No such file or directory
#通过使用-m 参数，自动创建用户的主目录
root@localhost:~> useradd -d /data/user3 user3 -m
root@localhost:~> ls /data/user3
public_html  Documents  bin
```

6.3.2 更改用户：usermod

如果对已有的用户账号信息进行修改，可以使用 usermod 命令，使用该命令可以修改用户的主目录，还可以修改其他信息，语法如下：

```
usermod [-LU][-c <备注>][-d <登录目录>][-e <有效期限>][-f <缓冲天数>][-g <用户组>][-G <用户组>][-l <账号名称>][-s ][-u ][用户账号]
```

该命令常用的参数及其说明如表 6.2 所示。

表 6.2　usermod命令常用的参数及其说明

参 数	说 明
-d	修改用户登录时的主目录，使用此参数对应的用户目录是不会自动创建的，需要手动创建
-e	修改账号的有效期限
-f	修改在密码过期后多少天关闭该用户账号
-g	修改用户所属的用户组
-G	修改用户所属的附加用户组
-l	修改用户账号名称
-L	锁定用户密码，使密码无效
-s	修改用户登录后所使用的 Shell
-u	修改用户 ID
-U	解除密码锁定

【示例 6-4】

```
#添加用户 user2
root@localhost:~> useradd user2
#这时用户 user2 的主目录为/home/user2
root@localhost:~> cat /etc/passwd|grep user2
user2:x:1004:100::/home/user2:/bin/bash
#修改用户的主目录为/data/user2
root@localhost:~> usermod -d /data/user2 user2
root@localhost:~> cat /etc/passwd|grep user2
user2:x:1004:100::/data/user2:/bin/bash
```

【示例 6-5】

```
#将用户 user2 修改为 user3 用户
root@localhost:~> usermod -l user3 user2
#user2 用户已经不存在，user3 接管了 user2 的所有权限
root@localhost:~> cat /etc/passwd|grep user
user3:x:1004:100::/data/user2:/bin/bash
root@localhost:~> cat /etc/shadow|grep user
user3:!:15769:0:99999:7:::
root@localhost:~> cat /etc/group|grep user
dialout:x:16:goss，user3
users:x:100:
```

此命令执行后原来的 user2 就不存在了，user2 拥有的主目录/data/user2 等资源将会变更为 user3 所有。如果有用 user2 启动的进程，当使用 ps –ef 命令查看时，会发现该进程已经属于 user3 用户了。

6.3.3 删除用户：userdel

对于不再需要使用的用户账号，可以使用 userdel 命令来删除。userdel 命令的语法如下：

```
userdel [-r][用户账号]
```

此命令常用的参数及其说明如表 6.3 所示。

表 6.3 userdel 命令常用的参数及其说明

参 数	说 明
-r	删除用户主目录以及目录中的所有文件，并且删除用户的其他信息，比如设置的 crontab 任务等

【示例 6-6】

```
#添加 user4 用户并自动创建主目录
root@localhost:~> useradd -d /data/user4 user4 -m
root@localhost:~> ls /data/user4
public_html  Documents  bin
#删除 user4 目录，此时不删除用户的主目录
root@localhost:~> userdel user4
no crontab for user4
root@localhost:~> ls /data/user4
public_html Documents bin
root@localhost:~> useradd -d /data/user5 user5 -m
#连带删除用户的主目录
root@localhost:~> userdel -r user5
no crontab for user5
#用户的主目录已经被删除
root@localhost:~> ls /data/user5
/bin/ls: /data/user5: No such file or directory
```

6.3.4 更改或设置用户密码：passwd

出于系统安全的考虑，当创建用户账号后，需要为其设置对应的密码。可以使用 passwd 命令来设置或修改 Linux 用户的密码。超级用户 root 可以更改任何用户的密码，普通用户只能修改自己的密码。

为避免密码被破解，选取密码应遵守如下规则：

（1）密码应该至少有 8 个字符。

（2）密码应该包含大小写字母、数字和其他字符。

如果直接输入 passwd 命令，则修改的是当前用户的密码，如果想更改其他用户的密码，输入 passwd username 即可。示例 6-7 演示了如何修改用户密码。

【示例 6-7】

```
#root 用户修改 user6 的密码
root@localhost:~> passwd user6
```

```
Changing password for user6.
New Password:
Reenter New Password:
Password changed.
root@localhost:~> su - user6
#普通用户修改 user6 的密码
user6@localhost:/root> passwd user6
Changing password for user6.
Old Password:
New Password:
Reenter New Password:
Password changed.
```

按提示输入相关信息，如果没有错误，则会提示密码被成功修改。

6.3.5 切换用户：su

su 命令用于在不同的用户之间切换。比如使用 user1 登录了系统，但要执行一些管理操作，比如 useradd，普通用户是没有这个权限的。解决办法有两个：

（1）退出 user1 用户，重新以 root 用户登录系统，但 root 密码并不能告知很多人或公开，这不利于系统的安全和管理。

（2）不需要退出 user1 用户，通过使用 su 命令切换到 root 下执行添加用户的操作，添加完再以 su 命令切换回 user1。超级用户 root 切换到普通用户是不需要密码的，而普通用户之间的切换或切换到 root 都需要输入密码。su 命令常用的参数及其说明如表 6.4 所示。

表 6.4 su 命令常用的参数及其说明

参数	说明
-l	登录并改变到所切换的用户环境
-c	执行一个命令，然后退出所切换到的用户环境

更详细的参数说明可参看 man su 命令显示的信息。

【示例 6-8】

```
#切换到 user6 的工作环境
root@localhost:~> su - user6
user6@localhost:~> pwd
/home/user6
#切换到 root 用户的工作环境
user6@localhost:~> su - root
Password:
root@localhost:~>
```

su 不加任何参数，默认为切换到 root 用户。su 加参数-root，表示默认切换到 root 用户，并且改变到 root 用户的环境。

以 su user6 与 su – user6 为例说明两个命令之间的区别：前者表示切换到 user6 用户，但此时很多环境变量是不会改变的。

【示例 6-9】

```
root@localhost:~> su - user6
#此时环境变量是 user6 用户的
user6@localhost:~> echo $PATH
/usr/local/bin:/usr/bin:/usr/X11R6/bin:/bin:/usr/games:/opt/gnome/bin:/usr/lib/mit/bin:/usr/lib/mit/sbin
user6@localhost:~> su root
Password:
#虽然切换到 root，但用户变量仍然是 user6 用户的
localhost:/home/user6 # echo $PATH
/usr/local/bin:/usr/bin:/sbin:/usr/X11R6/bin:/usr/sbin:/bin:/usr/games:/opt/gnome/bin:/usr/lib/mit/bin:/usr/lib/mit/sbin
localhost:/home/user6 # exit
user6@localhost:~> su - root
Password:
#此时重新读取了环境变量，PATH 已经发生变化
localhost:~ # echo $PATH
/sbin:/usr/sbin:/usr/local/sbin:/opt/gnome/sbin:/usr/local/bin:/usr/bin:/usr/X11R6/bin:/bin:/usr/games:/opt/gnome/bin:/usr/lib/mit/bin:/usr/lib/mit/sbin
```

su 在不同的用户间切换虽然为管理工作带来了方便，尤其是切换到 root 用户还可以完成所有系统管理的功能，但如果 root 的密码告诉每个普通用户，就会给系统带来很大风险，错误的操作会导致严重的后果，因此超级用户 root 的密码应该越少人知道越好。

6.3.6 普通用户获取超级权限：sudo

在 Linux 系统中，系统管理员往往有很多个，如果每位管理员都用 root 身份进行日常管理工作，权限控制是一个必须面对的问题。普通用户的日常操作权限受到限制，如何让普通用户也可以进行一些系统管理工作，sudo 很好地解决了这个问题。通过 sudo 可以允许用户通过特定的方式使用需要 root 用户才能运行的命令或程序。

sudo 允许一般用户不需要知道超级用户 root 的密码即可获得特殊权限。首先超级用户将普通用户的名字、可以执行的特定命令、按照哪种用户或用户组的身份执行等信息登记在 /etc/sudoers 中，即完成对该用户的授权，sudo 的具体配置可以参考相关资料。

sudo 命令常用的参数及其说明如表 6.5 所示。

表 6.5 sudo 命令常用的参数及其说明

参　数	说　明
-g	强制把某个 ID 分配给已经存在的用户组，该 ID 必须是非负且唯一的值
-b	在后台执行命令
-h	显示帮助
-k	结束密码的有效期限，下次再执行 sudo 时仍需要输入密码
-l	列出当前用户可执行的命令与无法执行的命令
-s	执行指定的 Shell

（续表）

参　数	说　明
-u	以指定的用户作为新的身份。若不加上此参数，则默认以 root 作为新的身份
-v	延长密码有效期限 5 分钟
-V	显示版本信息

示例 6-10 演示普通用户不知道 root 密码即可执行只有 root 才能执行的命令。

【示例 6-10】

```
#发现普通用户是无法查看系统信息的
user7@localhost:~> /sbin/fdisk  -l
#通过 sudo 可以正常执行此命令
user7@localhost:~> sudo /sbin/fdisk  -l
Disk /dev/sda: 500.1 GB， 500107862016 bytes
255 heads， 63 sectors/track， 60801 cylinders
Units = cylinders of 16065 * 512 = 8225280 bytes
   Device Boot      Start         End      Blocks   Id  System
/dev/sda1   *           1         523     4200966   83  Linux
/dev/sda2             524         773     2008125   82  Linux swap / Solaris
/dev/sda3             774       60801   482174910   83  Li
```

6.4 用户组管理命令

Linux 提供了一系列的命令管理用户组。用户组就是具有相同特征的用户集合。每个用户都有一个用户组，系统能对一个用户组中的所有用户进行集中管理，通过把相同属性的用户定义到同一个用户组，并赋予该用户组一定的操作权限，这样用户组下的用户对用户组下的文件或目录都具备了相同的权限。通过对/etc/group 文件的更新实现对用户组的添加、修改和删除。

一个用户可以属于多个用户组，/etc/passwd 中定义的用户组为基本组，用户所属的组分为基本组和附加组。若一个用户属于多个用户组，则该用户所拥有的权限是它所在的不同用户组的权限之和。

6.4.1　添加用户组：groupadd

groupadd 命令用于用户组的添加，该命令常用的参数及其说明如表 6.6 所示。

表 6.6　groupadd 命令常用的参数及其说明

参　数	说　明
-g	强制把某个 ID 分配给已经存在的用户组，该 ID 必须是非负且唯一的值
-o	允许多个不同的用户组使用相同的用户组 ID
-p	用户组密码
-r	创建一个系统组

示例 6-11 演示如何添加用户组。

【示例 6-11】

```
#添加用户组 group1
root@localhost:~> groupadd  group1
root@localhost:~> cat /etc/group|grep group
group1:!:1000:
```

6.4.2 删除用户组：groupdel

要从系统中删除用户组时，可用 groupdel 命令来完成这项工作。如果该用户组中仍包括某些用户，则必须先删除这些用户后，才能删除该用户组。示例 6-11 演示如何删除用户组及当该用户组中仍有用户存在时，该用户组是不能被删除的，当属于该组的用户都被删除后，该组才可以被成功删除。

【示例 6-12】

```
#添加用户组
root@localhost:~> groupadd group2
root@localhost:~> cat /etc/group|grep group
group2:!:1000:
#添加用户 user7 并把它添加到 group2 用户组中
root@localhost:~> useradd -g group2 user7
root@localhost:~> cat /etc/passwd|grep user7
user7:x:1003:1000::/home/user7:/bin/bash
#当有属于该用户组的用户时，该组是不允许被删除的
root@localhost:~> groupdel group2
groupdel: GID '1000' is primary group of 'user7'.
groupdel: Cannot remove user's primary group.
#删除用户 user7
root@localhost:~> userdel -r user7
no crontab for user7
root@localhost:~> cat /etc/passwd|grep user7
#用户组被成功删除
root@localhost:~> groupdel group2
root@localhost:~> cat /etc/group|grep group
root@localhost:~>
```

6.4.3 修改用户组：groupmod

groupmod 命令可以更改用户组的 ID 或用户组名称，该命令常用的参数及其说明如表 6.7 所示。

表 6.7 groupmod 命令常用的参数及其说明

参数	说明
-g	设置欲使用的用户组 ID
-o	允许多个不同的用户组使用相同的 ID
-n	设置欲使用的用户组名称

示例 6-13 演示如何修改用户组。

【示例 6-13】

```
root@localhost:~> groupadd group3
root@localhost:~> cat /etc/group|grep group3
group3:!:1000:
#修改用户组 ID
root@localhost:~> groupmod -g 1001 group3
root@localhost:~> cat /etc/group|grep group3
group3:!:1001:
#修改用户组名称
root@localhost:~> groupmod -n group4 group3
root@localhost:~> cat /etc/group|grep group
group4:!:1001:
```

6.5 综合示例——批量添加用户及设定密码

本节主要以批量添加用户为例来演示用户的相关操作。首先产生一个文本文件来保存要添加的用户名列表。useradd.sh 用于执行用户的添加操作，过程如示例 6-14 所示。

【示例 6-14】

```
[root@CentOS ~]# cd /data
[root@CentOS data]# mkdir user
[root@CentOS data]# cd user/
[root@CentOS user]# ls
#产生用户名文件
[root@CentOS user]# for s in `seq -w 0 10`
> do
> echo user$s>>user.list
> done
#查看文件列表
[root@CentOS user]# cat user.list
user00
user01
user02
user03
user04
user05
user06
user07
user08
```

```
user09
user10
[root@CentOS user]#  cat useradd.sh
cat user.list |while read user
do
#添加用户并指定用户的主目录，选择自动创建用户的主目录
    useradd -d /data/$user  -m $user
#产生随机密码
pass=pass$RANDOM
#修改新增用户的密码
echo "$user:$pass"|/usr/sbin/chpasswd
#显示添加的用户名和对应的密码
    echo $user $pass
done
#执行脚本进行用户的添加
[root@CentOS user]# sh useradd.sh
user00 pass15650
user01 pass6485
user02 pass21640
user03 pass21459
user04 pass31852
user05 pass20711
user06 pass1055
user07 pass11192
user08 pass26127
user09 pass4172
user10 pass31201
#查看用户添加的情况
[root@CentOS user]# cat /etc/passwd|grep user
user00:x:502:502::/data/user00:/bin/bash
user01:x:503:503::/data/user01:/bin/bash
user02:x:504:504::/data/user02:/bin/bash
user03:x:505:505::/data/user03:/bin/bash
user04:x:506:506::/data/user04:/bin/bash
user05:x:507:507::/data/user05:/bin/bash
user06:x:508:508::/data/user06:/bin/bash
user07:x:509:509::/data/user07:/bin/bash
user08:x:510:510::/data/user08:/bin/bash
user09:x:511:511::/data/user09:/bin/bash
user10:x:512:512::/data/user10:/bin/bash
```

本示例首先读取指定的用户名列表文件，然后使用循环处理该文件，用户添加完成后，每个用户的密码固定以pass开头并加上一串随机数。

6.6 小　结

Linux 的安全就是因为有了用户权限机制，不同的用户具有不同的权限，可以存取不同的系统资源。root 是具有超级权限的用户账户。本章首先介绍 Linux 用户管理机制和登录过程，然后介绍用户和用户组，最后通过一个示例来演示如何批量增加用户。

第 7 章

应用程序管理

Linux 由开源内核和开源软件组成，软件的安装、升级和卸载是 Linux 操作系统常见的操作。随着开源软件的不断发展，软件的安装管理机制成了 Linux 必须面对的问题。Linux 经过多年的发展，有了 RPM（RedHat Package Manager）和 DPKG（Debian Package）包管理机制。包管理机制在方便用户操作的同时也使得 Linux 在管理软件方面更加便捷。

本章主要介绍 Linux 中应用程序的安装和管理。首先介绍两种 Linux 包管理基础，以及两种常见的包管理方式。然后介绍如何通过 YUM 安装、升级和卸载软件。

本章主要涉及的知识点有：

- Linux 软件包管理基础
- RPM 和 YUM 的使用
- 如何从源码安装软件
- 了解函数库基础
- 源码安装软件综合应用

本章最后的示例演示如何通过 YUM 包管理 Linux 中的软件包资源。

由于 RPM 和 DPKG 两种包管理机制类似，本章重点偏向于 RPM 包管理机制的介绍，如需了解 DPKG 的详细信息，可参阅相关资料。

7.1 软件包管理基础

YUM 为用户提供了一种非常便捷的软件包管理方式。YUM 软件仓库用来存放所有现有的.rpm 包，当使用 yum 命令安装一个.rpm 包时，根据依赖关系自动在软件仓库中查找所依赖的软件包并安装。软件仓库可以是本地的，也可以是以 HTTP、FTP 或者 NFS 形式集中、统一存取的网络软件仓库。本节将详细介绍 YUM 工具的使用方法。

7.1.1 RPM

RPM 类似于 Windows 中的“添加/删除程序”，最早由 Red Hat 公司研制。RPM 软件包以 rpm 为扩展名，同时 RPM 也是一种软件包管理器，用户可以通过 RPM 包管理机制方便地进行软件的安装、更新和卸载。操作 RPM 软件包对应的命令为 rpm。

RPM 包通常包含二进制包和源代码包。二进制包可以直接通过 rpm 命令安装在目标系统中，而源代码包则可以通过 rpm 命令提取对应软件的源代码，以便进行学习或二次开发。

7.1.2 YUM

YUM 是由 Red Hat 公司研制的一种软件包管理机制，与其他的软件包管理工具相比，YUM 的功能非常强大，使用也很方便。

YUM 是在 Fedora、RedHat 以及 CentOS 中的通用软件包管理器。基于 YUM 包管理，能够从指定的服务器自动下载软件包并且安装，可以自动处理软件包间的依赖关系，一次性地安装所有依赖的软件包，而无须烦琐地一次次下载和安装。

7.2 YUM 的使用

YUM 软件包管理工具可以把软件安装到指定的位置，在安装软件之前，YUM 会自动检查软件包的依赖关系，若检查不通过，则会终止当前软件的安装。对于已经存在于操作系统中的软件，安装时 RPM 会检查当前的安装包是否和已经存在的软件相冲突，若发现冲突，则终止安装。

在安装完成之后，YUM 软件包管理工具会将此次软件安装的相关信息记录到数据库中，以便日后的升级、查询和卸载。自定义的脚本程序可以在安装时加以调用，支持安装前调用或安装后调用，从而大大丰富了 YUM 软件包管理的功能。

本节主要介绍如何使用 YUM 来安装、升级和卸载软件包。

7.2.1 YUM 配置文件

YUM 所管理的软件包位于远程或者本地软件仓库中，软件仓库的配置文件位于 /etc/yum.repos.d 目录中，代码如下：

```
[root@CentOS ~]# ll /etc/yum.repos.d/
total 48
-rw-r--r--. 1 root root  719 Nov 10 08:32 CentOS-Linux-AppStream.repo
-rw-r--r--. 1 root root  704 Nov 10 08:32 CentOS-Linux-BaseOS.repo
-rw-r--r--. 1 root root 1130 Nov 10 08:32 CentOS-Linux-ContinuousRelease.repo
-rw-r--r--. 1 root root  318 Nov 10 08:32 CentOS-Linux-Debuginfo.repo
-rw-r--r--. 1 root root  732 Nov 10 08:32 CentOS-Linux-Devel.repo
-rw-r--r--. 1 root root  704 Nov 10 08:32 CentOS-Linux-Extras.repo
```

```
-rw-r--r--. 1 root root  719 Nov 10 08:32 CentOS-Linux-FastTrack.repo
-rw-r--r--. 1 root root  740 Nov 10 08:32 CentOS-Linux-HighAvailability.repo
-rw-r--r--. 1 root root  693 Nov 10 08:32 CentOS-Linux-Media.repo
-rw-r--r--. 1 root root  706 Nov 10 08:32 CentOS-Linux-Plus.repo
-rw-r--r--. 1 root root  724 Nov 10 08:32 CentOS-Linux-PowerTools.repo
-rw-r--r--. 1 root root  898 Nov 10 08:32 CentOS-Linux-Sources.repo
```

从上面的输出可知，YUM 的软件仓库配置文件分为多个，每个配置文件定义了不同功能的软件仓库，其中 CentOS-Linux-BaseOS.repo 定义了 CentOS 的基础软件仓库，代码如下：

```
[root@CentOS ~]# cat /etc/yum.repos.d/CentOS-Linux-BaseOS.repo
# CentOS-Linux-BaseOS.repo
#
# The mirrorlist system uses the connecting IP address of the client and the
# update status of each mirror to pick current mirrors that are geographically
# close to the client.  You should use this for CentOS updates unless you are
# manually picking other mirrors.
#
# If the mirrorlist does not work for you, you can try the commented out
# baseurl line instead.

[baseos]
name=CentOS Linux $releasever - BaseOS
mirrorlist=http://mirrorlist.centos.org/?release=$releasever&arch=$basearch
&repo=BaseOS&infra=$infra
#baseurl=http://mirror.centos.org/$contentdir/$releasever/BaseOS/$basearch/
os/
gpgcheck=1
enabled=1
gpgkey=file:///etc/pki/rpm-gpg/RPM-GPG-KEY-centosofficial
```

前面带有$符号的为变量，这些变量会根据当前的硬件情况自动取值。$releasever 变量代表当前的发行版版本号。$arch 变量表示 CPU 的架构，例如 i686 等。$basearch 变量表示 CPU 的基础架构，例如 i486 和 i586 等使用一个基本架构 i386，AMD64 和 Intel64 有一个基本的架构 x86_64。$infra 变量目前还没有使用，只有一个值为 stock。

mirrorlist 用来指定软件仓库的镜像站点，为了加快下载速度，CentOS 提供了许多分布在不同地区的镜像站点，当使用 YUM 安装软件时，会自动根据用户所处的位置选择较近的镜像站点。baseurl 用来直接指定一个或多个软件仓库的地址。如果用户不想让 YUM 自动选择站点，则可以将 mirrorlist 注释掉，也就是将 baseurl 前面的注释符号去掉，然后指定自己想要使用的站点。enabled 表示是否启用当前软件仓库，1 表示启用，0 表示不启用。

通常情况下，国外的镜像站点的速度相对较慢，因此建议用户将 CentOS 默认的软件仓库的镜像地址修改为国内的地址，例如阿里云、腾讯云或者网易开源镜像站等。下面介绍如何将 CentOS 8 的默认软件仓库修改为国内镜像站点。

【示例 7-1】

（1）创建一个名为 bak 的配置文件备份目录，命令如下：

```
[root@CentOS ~]# mkdir /etc/yum.repos.d/bak
```

（2）将默认的配置文件移动到备份目录中，命令如下：

```
[root@CentOS ~]# mv /etc/yum.repos.d/* /etc/yum.repos.d/bak/
```

（3）下载阿里云的软件仓库配置文件，命令如下：

```
[root@CentOS ~]# wget -O /etc/yum.repos.d/CentOS-Base.repo
http://mirrors.aliyun.com/repo/Centos-8.repo
--2020-12-31 09:09:55--  http://mirrors.aliyun.com/repo/Centos-8.repo
Resolving  mirrors.aliyun.com  (mirrors.aliyun.com)...  222.192.186.104,
222.192.186.103, 222.192.186.99, ...
Connecting to mirrors.aliyun.com (mirrors.aliyun.com)|222.192.186.104|:80...
connected.
HTTP request sent, awaiting response... 200 OK
Length: 2595 (2.5K) [application/octet-stream]
Saving to: '/etc/yum.repos.d/CentOS-Base.repo'

/etc/yum.repos.d/CentOS-Base.repo
100%[=================================================================
==============================================================>]  2.53K
--.-KB/s   in 0s

2020-12-31 09:09:55 (163 MB/s) - '/etc/yum.repos.d/CentOS-Base.repo' saved
[2595/2595]
```

wget 命令是 Linux 中的一个下载工具，在本例中，通过该命令将阿里云上面的 CentOS 8 的软件仓库配置文件下载下来，并且保存为/etc/yum.repo.d/CentOS-Base.repo。如果用户的 Linux 系统中没有安装 wget，则需要提前安装。

（4）重新生成本地缓存，命令如下：

```
[root@CentOS ~]# yum clean all
21 files removed
[root@CentOS ~]# yum makecache
CentOS-8 - Base - mirrors.aliyun.com          6.0 MB/s | 2.3 MB   00:00
CentOS-8 - Extras - mirrors.aliyun.com        35 kB/s | 8.6 kB    00:00
CentOS-8 - AppStream - mirrors.aliyun.com     18 MB/s | 6.3 MB    00:00
Metadata cache created.
```

7.2.2　安装软件包

YUM 安装软件包的命令如下：

```
yum [options] install <package-spec>
```

其中option为命令选项，常用的有-y，表示在软件包安装过程中，对于需要用户确认的操作，都给出yes的选择。package-spec参数为软件包名称。示例7-2演示了如何在CentOS中安装Apache HTTP服务器。

【示例7-2】

```
[root@CentOS ~]# yum -y install httpd
```

在安装的过程中，yum命令会自动检查httpd软件包的依赖关系，并且自动将所需要的其他软件包一起下载并安装，整个过程不需要用户参与。

7.2.3 升级软件包

软件安装以后，随着增加新功能或BUG的修复，软件会持续更新。YUM提供了两个相关的命令来升级软件包，其语法分别如下：

```
yum [options] update [<args>]
yum [options] upgrade [<args>]
```

两者的区别在于，yum update命令在升级软件包的时候保留旧版本的软件包，而yum upgrade命令在升级软件包的时候会强制删除旧版本。

更新软件的过程如示例7-3所示。

【示例7-3】

```
#更新已经安装的软件
[root@CentOS ~]# yum update systemd
```

更新软件时，常用的参数及其说明如表7.1所示。

表7.1 更新软件YUM常用的参数及其说明

参 数	说 明
-y	对于需要用户确认的选项全部回复yes

更新软件时，如果遇到已有的配置文件，为保证新版本的运行，YUM包管理器会将该软件对应的配置文件重命名，然后安装新的配置文件，新旧文件的保存使得用户有更多选择。

如果没有提供要升级的软件包的名称，YUM会升级当前系统中所有已安装的软件包。

7.2.4 查看已安装的软件包

系统安装完默认的一系列软件之后，我们可以用YUM包管理器提供的相应命令查看已安装的安装包，如示例7-4所示。

【示例7-4】

```
#查看系统中已安装的所有软件包
[root@CentOS ~]# yum list installed
```

```
Installed Packages
NetworkManager.x86_64                1:1.26.0-8.el8             @anaconda
NetworkManager-libnm.x86_64          1:1.26.0-8.el8             @anaconda
NetworkManager-team.x86_64  1:1.26.0-8.el8             @anaconda
…
#查找指定的安装包
[root@CentOS ~]# yum list installed | grep httpd
centos-logos-httpd.noarch        80.5-2.el8
 @base
httpd.x86_64                     2.4.37-30.module_el8.3.0+561+97fdbbcc
 @AppStream
httpd-filesystem.noarch          2.4.37-30.module_el8.3.0+561+97fdbbcc
 @AppStream
httpd-tools.x86_64               2.4.37-30.module_el8.3.0+561+97fdbbcc
 @AppStream
```

7.2.5　卸载软件包

YUM 包管理器提供了对应的参数用于软件的卸载，软件卸载如示例 7-5 所示。如果卸载的软件被别的软件所依赖，则不能卸载，需要将对应的软件卸载后才能卸载当前软件。

【示例 7-5】

```
#查找指定的安装包
[root@CentOS Packages]# yum list installed | grep httpd
centos-logos-httpd.noarch        80.5-2.el8
 @base
httpd.x86_64                     2.4.37-30.module_el8.3.0+561+97fdbbcc
 @AppStream
httpd-filesystem.noarch          2.4.37-30.module_el8.3.0+561+97fdbbcc
 @AppStream
httpd-tools.x86_64               2.4.37-30.module_el8.3.0+561+97fdbbcc
 @AppStream
#卸载软件包
[root@CentOS ~]# yum remove httpd
#无结果说明对应的软件包被成功卸载
[root@CentOS Packages]# yum list installed | grep httpd
#若软件之间存在依赖关系，则不能卸载，此时需要先卸载所依赖的软件
[root@CentOS ~]# yum remove glibc
Error:
 Problem: The operation would result in removing the following protected packages:
sudo
 (try to add '--skip-broken' to skip uninstallable packages or '--nobest' to use
not only best candidate packages)
```

上述示例演示了如何查找并卸载 httpd 软件。不幸的是，卸载 glibc 软件时，因为存在相应的软件依赖关系而导致卸载失败，此时需要首先卸载所依赖的软件。卸载软件的参数及其说

明见表 7.2。

表 7.2 卸载软件的参数及其说明

参 数	说 明
-y	对于需要用户确认的选项全部回复 yes

7.3 从源代码安装软件

除了使用 Linux 的包管理机制进行软件的安装、更新和卸载外，从源代码进行软件的安装也是非常常见的，开源软件提供了源代码包，开发者可以方便地通过源代码进行安装。从源代码安装软件一般要经过软件配置、软件编译、软件安装 3 个步骤。

7.3.1 软件配置

由于软件要依赖系统的底层库资源，软件配置的主要功能为检查当前系统的软硬件环境，确定当前系统是否满足当前软件需要的软件资源。配置命令一般如下：

```
[root@CentOS vim73]#./configure -prefix=/usr/local/vim73
```

其中的--prefix 用来指定安装路径，编译好的二进制文件和其他文件将被安装到此处。

不同软件的 configure 脚本都提供了丰富的选项，在执行完成后，系统会根据执行的选项和系统的配置生成一个编译规则文件 Makefile。要查看当前软件配置时支持哪些参数，可以使用./configure --help 命令。

7.3.2 软件编译

在配置好编译选项后，系统已经生成了编译软件需要的 Makefile 文件，然后利用这些 Makefile 进行编译。编译软件执行 make 命令：

```
[root@CentOS vim73]# make
```

执行 make 命令后，make 会根据 Makefile 文件来生成目标文件，如二进制程序等。

7.3.3 软件安装

编译完成后，执行 make install 命令来安装软件：

```
[root@CentOS vim]# #make install
```

一般情况下，安装完成后就可以使用安装好的软件了。如果没有指定安装路径，一般的软件会创建对应的子目录并安装在/usr/local 目录下，部分软件的二进制文件会安装在/usr/bin 或/usr/local/bin/ 目录下，对应的头文件会安装在/usr/include 目录下，软件帮助文档会安装在

/usr/local/share 目录下。

如果指定安装路径，则会在指定目录创建相应的子目录。软件安装完毕后，使用该软件需要使用绝对路径或对环境变量进行配置，也就是需要把当前软件的二进制文件的目录加入系统的环境变量 PATH 中。

vim 是一款优秀的文本编辑器，它扩展了 vi 编辑器的很多功能，被广大开发者所使用，同类型的编辑软件还有 Emacs 等。通过示例 7-6 演示如何通过源代码安装该软件。示例中同时包含安装软件时遇到的问题及解决方法。

（1）首先查看系统中有无 vim，如有先则进行卸载，以免混淆。

【示例 7-6】

```
#查看系统中是否有 vim 软件
[root@CentOS ~]# vim --version|head
VIM - Vi IMproved 8.0 (2016 Sep 12, compiled Jun 18 2020 15:49:08)
#查看 vim 文件的位置
[root@CentOS ~]# which vim
/usr/bin/vim
#查看当前软件属于哪个软件包
[root@CentOS ~]# rpm -qf /usr/bin/vim
vim-enhanced-8.0.1763-15.el8.x86_64
#将当前已安装的软件包卸载掉
[root@CentOS ~]# rpm -e vim-enhanced-8.0.1763-15.el8.x86_64
#查看文件是否还存在
[root@CentOS ~]# ls -lhtr /usr/bin/vim
ls: cannot access /usr/bin/vim: No such file or directory
```

（2）经过上面的步骤后，确认系统中已经不存在 vim，下面进行 vim 的安装。vim 新版可以在网站 http://www.vim.org/下载。

【示例 7-6】续

```
[root@CentOS ~ ]#cd /data/soft
#上传源代码包
[root@CentOS soft]# rz -bye
rz waiting to receive.
开始 zmodem 传输.  按 Ctrl+C 取消.
Transferring vim-7.3.tar.bz2...
  100%    8867 KB 4433 KB/s 00:00:02       0 错误
#将源代码包解压
[root@CentOS soft]#  tar xvf vim-7.3.tar.bz2
vim73/
vim73/Makefile
vim73/src/Makefile
vim73/configure
vim73/src/configure
vim73/src/auto/configure
```

```
#部分结果省略
vim73/src/configure.in
vim73/src/
[root@CentOS soft]# cd vim73
#查看文件列表，部分结果省略
[root@CentOS vim73]# ls
configure README_unix.txt Makefile src
#第 1 步：进行软件的配置
[root@CentOS vim73]# ./configure
configure: creating cache auto/config.cache
checking whether make sets $(MAKE)... yes
checking for gcc... gcc
#部分结果省略
checking for tgetent()... configure: error: NOT FOUND!
      You need to install a terminal library; for example ncurses.
      Or specify the name of the library with --with-tlib.
#某些库不存在，查找到并安装，此时用的是 rpm 包安装方式
[root@CentOS vim73]# cd -
/cdrom/Packages
[root@CentOS Packages]# ls -l ncurses-devel-5.7-3.20090208.el6.x86_64.rpm
-r--r--r--. 2 root root 657212 Jul  3  2011
ncurses-devel-5.7-3.20090208.el6.x86_64.rpm
#安装所依赖的包
[root@CentOS Packages]# rpm -ivh ncurses-devel-5.7-3.20090208.el6.x86_64.rpm
warning: ncurses-devel-5.7-3.20090208.el6.x86_64.rpm: Header V3 RSA/SHA256
Signature, key ID c105b9de: NOKEY
Preparing...                ########################################### [100%]
   1:ncurses-devel          ########################################### [100%]
[root@CentOS Packages]# cd -
/data/soft/vim73
#再次进行软件的配置
[root@CentOS vim73]# ./configure --prefix=/usr/local/vim73
configure: creating cache auto/config.cache
checking whether make sets $(MAKE)... yes
#部分结果省略
checking whether we need -D_FORTIFY_SOURCE=1... yes
configure: creating auto/config.status
config.status: creating auto/config.mk
config.status: creating auto/config.h
#第 2 步：进行软件的编译
[root@CentOS vim73]# make
If there are problems, cd to the src directory and run make there
cd src && make first
make[1]: Entering directory '/data/soft/vim73/src'
mkdir objects
CC="gcc -Iproto -DHAVE_CONFIG_H       " srcdir=. sh ./osdef.sh
gcc -c -I. -Iproto -DHAVE_CONFIG_H     -g -O2 -D_FORTIFY_SOURCE=1       -o
```

```
objects/buffer.o buffer.c
  #部分结果省略
```

（3）经过上面的步骤后，vim 软件已经编译完成。下面继续 vim 的安装。

【示例 7-6】续

```
  #第 3 步：进行 vim 的安装
  [root@CentOS vim73]# make install
   Starting make in the src directory.
   If there are problems, cd to the src directory and run make there
   cd src && make install
   make[1]: Entering directory '/data/soft/vim73/src'
   if test -f /usr/local/vim73/bin/vim; then \
         mv -f /usr/local/vim73/bin/vim /usr/local/vim73/bin/vim.rm; \
         rm -f /usr/local/vim73/bin/vim.rm; \
       fi
   cp vim /usr/local/vim73/bin
  #部分结果省略
  [root@CentOS vim73]# vim --version
  VIM - Vi IMproved 7.3 (2010 Aug 15, compiled Apr 11 2020 03:32:13)
```

（4）至此，vim 软件安装完成。若要启动该编辑器，则需要使用绝对路径或先设置好环境变量 PATH。

【示例 7-6】续

```
  #执行 vim 发现命令不存在
  [root@CentOS vim73]# vim -version
  -bash: /usr/local/bin/vim: No such file or directory
  [root@CentOS vim73]# cd /usr/local/vim73/
  [root@CentOS vim73]# ls
  bin  share
  [root@CentOS vim73]# export PATH=/usr/local/vim73/bin/:$PATH:.
  [root@CentOS vim73]# vim --version
  VIM - Vi IMproved 7.3 (2010 Aug 15, compiled Apr 11 2020 03:32:13)
```

以上示例演示了如何通过源代码安装指定的软件，安装过程经过软件配置、软件编译和软件安装等步骤。安装软件时如果指定了安装路径，则需要使用绝对路径或将该软件的二进制文件所在的目录加入系统变量 PATH 路径中，以便在不使用绝对路径时仍然可以直接启动所安装的软件。

7.4 Linux 函数库概述

函数库是一个文件，它包含已经编译好的代码和数据，这些编译好的代码和数据可以供其他的程序调用。程序函数库可以使程序更加模块化，更容易重新编译，而且更方便升级。程序函数库可分为 3 种类型：静态函数库、共享函数库和动态加载函数库。

- 静态函数库：在编译程序时，如果指定了静态函数库文件，编译时会将这些静态函数库一起编译进最终的可执行文件中，这些库在程序执行前就加入目标程序中。
- 共享函数库：在程序启动时加载到程序中，可以被不同的程序共享。
- 动态加载函数库：可以在程序运行的任何时候动态地加载。

一般静态函数库以“.a”作为文件的后缀。共享函数库中的函数在一个可执行程序启动时被加载，一般动态函数库文件的扩展名为“.so”。在 Linux 系统中，系统的静态函数库主要存放在/usr/lib 目录下，而共享函数库文件主要存放在/lib 和/usr/lib 目录下。动态函数库一般都是共享函数库。通常静态函数库只有一个程序使用，而共享函数库会被许多程序使用。

在 Linux 系统中，如果一个函数库文件中的函数被某个文件调用，那么在执行使用了该函数库文件的程序时，必须要使执行程序能够找到函数库文件。系统通过两种方法来寻找函数库文件：

（1）通过缓存文件/etc/ld.so.cache

让系统在执行程序时可以从 ld.so.cache 文件中搜索到需要的库文件信息，需要经过以下步骤：

首先修改/etc/ld.so.conf 文件，将该库文件所在的路径添加到文件中。

```
[root@CentOS ~]# echo "/usr/local/ssl/lib">>/etc/ld.so.conf
[root@CentOS ~]# ldconfig
```

然后执行 ldconfig 命令，让系统升级 ld.so.cache 文件。

（2）通过环境变量 LD_LIBRARY_PATH

在上例中，如果不想影响系统已有的配置，加载函数库也可以通过设置环境变量 LD_LIBRARY_PATH 来达到同样的效果，命令如下：

```
[root@CentOS ~]# export LD_LIBRARY_PATH=/usr/local/ssl/lib:$LD_LIBRARY_PATH:.
```

如需查看程序使用了哪些动态库文件，可以执行 ldd 命令，如示例 7-7 所示。

【示例 7-7】

```
[root@CentOS ~]# ldd /usr/local/apache2/bin/httpd
        linux-vdso.so.1 =>  (0x00007fff2d1ff000)
        libm.so.6 => /lib64/libm.so.6 (0x00007fb65e082000)
        libaprutil-1.so.0 => /usr/lib64/libaprutil-1.so.0 (0x00007fb65de5d000)
        libcrypt.so.1 => /lib64/libcrypt.so.1 (0x00007fb65dc26000)
        libexpat.so.1 => /lib64/libexpat.so.1 (0x00007fb65d9fe000)
        libdb-4.7.so => /lib64/libdb-4.7.so (0x00007fb65d689000)
        libapr-1.so.0 => /usr/lib64/libapr-1.so.0 (0x00007fb65d45d000)
        libpthread.so.0 => /lib64/libpthread.so.0 (0x00007fb65d240000)
        libc.so.6 => /lib64/libc.so.6 (0x00007fb65ceac000)
```

```
        libuuid.so.1 => /lib64/libuuid.so.1 (0x00007fb65cca8000)
        libfreebl3.so => /lib64/libfreebl3.so (0x00007fb65ca46000)
        /lib64/ld-linux-x86-64.so.2 (0x00007fb65e311000)
        libdl.so.2 => /lib64/libdl.so.2 (0x00007fb65c841000)
```

7.5 综合示例——使用 YUM 安装 Web 服务软件 Nginx

Nginx 和 Apache 是同类型的软件，支持高并发，为很多互联网网站和个人开发者提供高性能、稳定的 Web 服务。Nginx 是一个开源软件，在许多生产环境中，用户都会根据自己的软硬件环境对 Nginx 进行相应的配置，然后通过编译源代码的方式进行安装。这种安装方式可以使得 Nginx 在当前的软硬件环境中得到很大的性能提升。但是对于初学者来说，使用源代码的安装方式难度比较大。因此，本节主要以 YUM 的方式来介绍安装软件包的完整过程。

说明：Nginx 是一个开源软件，其新版本可以在 http://nginx.org/下载，本例使用的版本为 nginx-1.14.1。

（1）使用 yum 命令查看当前软件仓库中是否提供了 Nginx 软件包，如示例 7-8 所示。

【示例 7-8】

```
#通过 yum search 命令搜索软件包
[root@CentOS ~]# yum search nginx
Last metadata expiration check: 11:08:03 ago on Fri 16 Jul 2021 10:16:30 AM EDT.
=============================== Name Exactly Matched: nginx
===============================
nginx.x86_64 : A high performance web server and reverse proxy server
============================== Name & Summary Matched: nginx
==============================
nginx-all-modules.noarch : A meta package that installs all available Nginx
modules
nginx-filesystem.noarch : The basic directory layout for the Nginx server
nginx-mod-http-image-filter.x86_64 : Nginx HTTP image filter module
nginx-mod-http-perl.x86_64 : Nginx HTTP perl module
nginx-mod-http-xslt-filter.x86_64 : Nginx XSLT module
nginx-mod-mail.x86_64 : Nginx mail modules
nginx-mod-stream.x86_64 : Nginx stream modules
pcp-pmda-nginx.x86_64 : Performance Co-Pilot (PCP) metrics for the Nginx
Webserver
```

从上面的命令输出可知，当前 CentOS 的软件仓库中已经提供了 x86_64 架构的 Nginx。除此之外，还有一些 Nginx 的扩展模块，例如 nginx-filesystem、nginx-mod-http-image-filter、nginx-mod-stream 等。

（2）查看 Nginx 的版本。为了确定软件仓库提供的版本是否满足需求，用户可以使用 yum info 命令进行查看，如示例 7-8 续所示。

【示例 7-8】续

```
[root@CentOS ~]# yum info nginx
Last metadata expiration check: 11:10:07 ago on Fri 16 Jul 2021 10:16:30 AM EDT.
Available Packages
Name         : nginx
Epoch        : 1
Version      : 1.14.1
Release      : 9.module_el8.0.0+184+e34fea82
Architecture : x86_64
Size         : 570 k
Source       : nginx-1.14.1-9.module_el8.0.0+184+e34fea82.src.rpm
Repository   : appstream
Summary      : A high performance web server and reverse proxy server
URL          : http://nginx.org/
License      : BSD
Description  : Nginx is a web server and a reverse proxy server for HTTP, SMTP,
POP3 and
             : IMAP protocols, with a strong focus on high concurrency, performance
and low
             : memory usage.
```

从上面的输出可知，当前的 Nginx 版本为 1.14.1，这是一个比较新的版本。

安装 Nginx，命令如下：

【示例 7-8】续

```
[root@CentOS ~]# yum install -y nginx
Last metadata expiration check: 11:12:21 ago on Fri 16 Jul 2021 10:16:30 AM EDT.
Dependencies resolved.
================================================================================
=========================================================
 Package                          Architecture      Version
Repository         Size
================================================================================
=========================================================
Installing:
 nginx                            x86_64
1:1.14.1-9.module_el8.0.0+184+e34fea82           appstream              570 k
Installing dependencies:
 nginx-all-modules                  noarch
1:1.14.1-9.module_el8.0.0+184+e34fea82           appstream               23 k
 nginx-filesystem                   noarch
1:1.14.1-9.module_el8.0.0+184+e34fea82           appstream               24 k
```

```
  nginx-mod-http-image-filter          x86_64
1:1.14.1-9.module_el8.0.0+184+e34fea82            appstream        35 k
  nginx-mod-http-perl                  x86_64
1:1.14.1-9.module_el8.0.0+184+e34fea82            appstream        45 k
  nginx-mod-http-xslt-filter           x86_64
1:1.14.1-9.module_el8.0.0+184+e34fea82            appstream        33 k
  nginx-mod-mail                       x86_64
1:1.14.1-9.module_el8.0.0+184+e34fea82            appstream        64 k
  nginx-mod-stream                     x86_64
1:1.14.1-9.module_el8.0.0+184+e34fea82            appstream        85 k
  …
```

经过以上步骤，Nginx 安装完成，继续 Nginx 的配置。

启动 Nginx 服务，命令如下：

【示例 7-8】续

```
[root@CentOS ~]# systemctl start nginx
```

启动成功之后，执行以下命令查看 Nginx 服务状态：

【示例 7-8】续

```
[root@CentOS ~]# systemctl status nginx
● nginx.service - The nginx HTTP and reverse proxy server
   Loaded: loaded (/usr/lib/systemd/system/nginx.service; disabled; vendor
preset: disabled)
   Active: active (running) since Fri 2021-07-16 21:31:57 EDT; 1min 15s ago
  Process: 3894 ExecStart=/usr/sbin/nginx (code=exited, status=0/SUCCESS)
  Process: 3891 ExecStartPre=/usr/sbin/nginx -t (code=exited,
status=0/SUCCESS)
  Process: 3889 ExecStartPre=/usr/bin/rm -f /run/nginx.pid (code=exited,
status=0/SUCCESS)
 Main PID: 3895 (nginx)
    Tasks: 5 (limit: 23364)
   Memory: 10.3M
   CGroup: /system.slice/nginx.service
           ├─3895 nginx: master process /usr/sbin/nginx
           ├─3896 nginx: worker process
           ├─3897 nginx: worker process
           ├─3898 nginx: worker process
           └─3899 nginx: worker process

Jul 16 21:31:56 CentOS systemd[1]: Starting The nginx HTTP and reverse proxy
server...
Jul 16 21:31:57 CentOS nginx[3891]: nginx: the configuration file
/etc/nginx/nginx.conf syntax is ok
Jul 16 21:31:57 CentOS nginx[3891]: nginx: configuration file
```

```
/etc/nginx/nginx.conf test is successful
   Jul 16 21:31:57 CentOS systemd[1]: Started The nginx HTTP and reverse proxy
server.
```

从上面的命令输出可知，Nginx 服务已经处于运行状态。

设置防火墙，Nginx 默认的服务端口为 80，为了能够被外部主机访问到，用户需要配置服务器的防火墙，开放 80 端口，命令如下：

【示例 7-8】续

```
[root@CentOS ~]# firewall-cmd --add-port=80/tcp -permanent
[root@CentOS ~]# firewall-cmd --reload
```

接下来，用户就可以通过浏览器访问 Nginx 了，如图 7.1 所示。

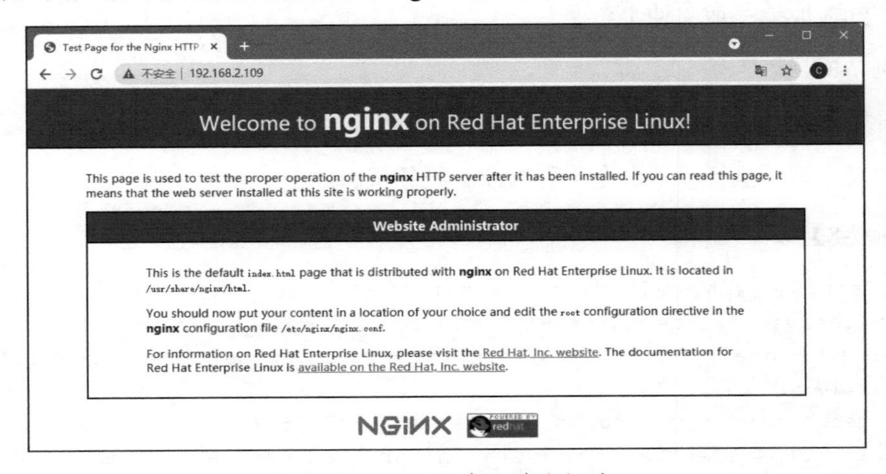

图 7.1　Nginx 服务器默认主页

注意：此例主要演示 Nginx 软件的安装，用户可以通过本示例了解如何使用 YUM 安装常用软件，如需了解 Nginx 如何配置，可参阅其他资料或图书。

7.6 小　结

软件的安装、升级和卸载是 Linux 操作系统中常见的操作。本章介绍了 RPM 和 YUM 两种包管理机制。包管理机制在方便用户操作的同时，也让 Linux 的使用更加便捷。本章还介绍了函数库的基本知识，读者在这里有个大概的了解即可。

第 8 章

Shell 的使用及管道与重定向

Shell 是用户与操作系统进行交互的解释器，如果没有 Shell，用户将无法与系统进行交互，也就无法使用系统中的相关软件资源。充分了解并利用 Shell 的特性可以完成简单到复杂的任务调度。管道与重定向是 Linux 系统进程间的通信方式，在系统管理中起着举足轻重的作用。

本章以 bash 为例说明 Linux 系统下 Shell 的作用及使用方法，然后介绍管道与重定向方面的知识，最后介绍环境变量及使用 Shell 可能遇到的问题。

本章主要涉及的知识点有：

- Shell 的作用
- bash 的使用
- 管道与重定向
- 环境变量的配置

8.1 Shell 简介

Linux 系统主要由 4 大部分组成，如图 8.1 所示，本节要介绍的就是 Shell。

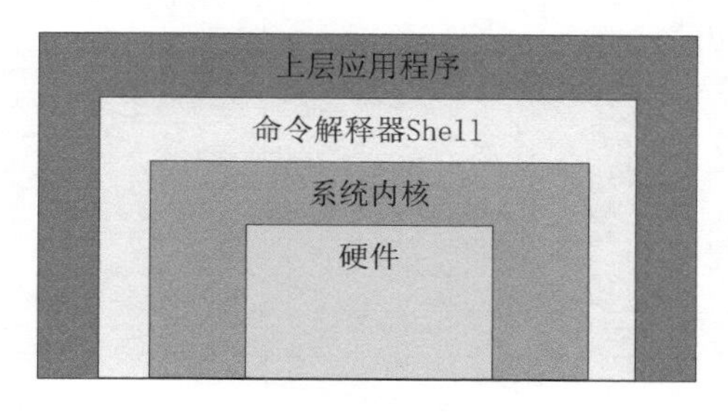

图 8.1　Linux 系统结构

用户成功登录 Linux 后，首先接触到的便是 Shell。简单来说，Shell 主要有两大功能：

（1）提供用户与操作系统进行交互操作的接口，方便用户使用系统中的软硬件资源。

（2）提供脚本语言编程环境，方便用户完成简单到复杂的任务调度。

Linux 启动时，最先进入内存的是内核，并常驻内存，然后进行系统引导，引导过程中启动所有父进程在后台运行，直到相关的系统资源初始化完成，再等待用户的登录。用户登录时，通过登录进程验证用户的合法性。用户验证通过后，根据用户的设置启动相关的 Shell，以便接收用户输入的命令并返回执行结果。图 8.2 显示了用户执行一个命令的过程。

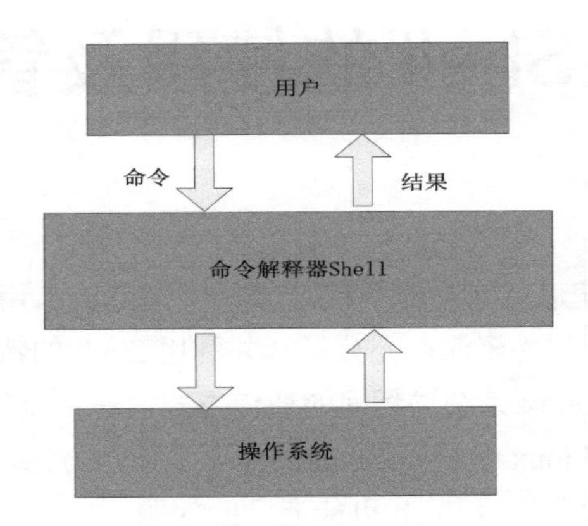

图 8.2　用户命令执行过程

Linux 的 Shell 有很多种，Bourne Shell 是使用最广泛的一种，各个发行版一般将其设置为系统中默认的 Shell。许多 Linux 系统将 Shell 作为重要的系统管理工具，比如系统的开机、关机及软件的管理。其他的 Shell 有 csh 和 ksh 等，其中 C Shell 主要是因为其语法和 C 语言类似而得名。

8.2 bash 的使用

Linux 系统登录后默认的 Shell 一般为 bash，如无特别说明，本章涉及的 Shell 默认均为 bash。bash 主要提供以下功能：

（1）别名。
（2）命令历史。
（3）命令补齐。
（4）命令行编辑。
（5）通配符。

接下来本书将分别介绍 Shell 提供的每个功能。

8.2.1　别名

bash Shell 可以为命令起别名，例如标准的 ls 命令对文件和目录的显示是没有颜色的，使用过 DOS 系统的人更熟悉的是 dir 命令。什么情况下 ls 命令列出的文件和目录可以通过颜色来区分呢？系统可为 ls 命令设置别名。

要查看当前系统中的命令别名，可以使用 alias 命令，如示例 8-1 所示。

【示例 8-1】

```
[root@CentOS ~]# alias
alias l.='ls -d .* --color=auto'
alias ll='ls -l --color=auto'
alias ls=' ls --color=auto '
alias which='alias | /usr/bin/which --tty-only --read-alias --show-dot --show-tilde'
#启用当前 Shell 的调试功能
[root@CentOS ~]# set -x
[root@CentOS ~]# ls
+ ls --color=auto
Desktop  Documents  Downloads  Music  Pictures  Public  Templates  Videos
```

从上述示例可以看出，实际上执行的 ls 命令加了选项“--color=auto”。设置命令别名可以使用 alias 命令，撤销命令别名使用 unalias 命令，使用方法如示例 8-2 所示。

【示例 8-2】

```
#设置 dir 命令别名
[root@CentOS apache2]# alias dir='ls -l'
[root@CentOS apache2]# dir
total 60
drwxr-xr-x. 2 root root 4096 Jun  8 01:09 bin
drwxr-xr-x. 4 root root 4096 Jun  8 19:01 conf
#撤销 dir 别名
[root@CentOS apache2]# unalias  dir
[root@CentOS apache2]# dir
bin    conf
```

设置完命令别名后，指定 dir 命令时相当于执行了“ls -l”命令。

8.2.2　命令历史

为方便用户，系统提供的 bash 支持历史命令功能，历史命令可以通过上下方向键来选择。另外系统提供了 history 命令来查看执行过的命令。

常用的 history 命令的使用方式如示例 8-3 所示。

【示例 8-3】

```
#执行上一次执行的命令“!!”
```

```
[root@CentOS ~]# ls
anaconda-ks.cfg  file  hello.sh  install.log  install.log.syslog
[root@CentOS ~]# !!
ls
anaconda-ks.cfg  file  hello.sh  install.log  install.log.syslog
#执行最后一次执行的包含字符串 string 的命令
[root@CentOS ~]# !string
ifconfig
eth0      Link encap:Ethernet  HWaddr 00:0C:29:F2:BB:39
          inet addr:192.168.19.102  Bcast:192.168.19.255  Mask:255.255.255.0
```

从上面的示例可以看出，通过 bash 提供的历史命令功能可以很方便地执行之前执行过的命令。“！！”表示执行最后一次执行的命令，“!string”表示执行最近一条以“string”开头的命令。

除以上功能外，Shell 还可以执行指定序号的历史命令。如果已经执行过的历史命令参数较多，首先通过 grep 命令来查找需要的历史命令，然后执行其历史命令对应的序号，如示例 8-4 所示。首先找出含有 start 关键字的命令，共输出两个命令，其中的数值 815、816 表示命令的序号，如果想执行某条命令，可以使用“!num”的方式。

【示例 8-4】

```
#查找包含特定字符串的命令
[root@CentOS apache2]# history |grep start
  815  2020-06-11 03:24:28 /usr/local/apache2/bin/apachectl  start
  816  2020-06-11 03:24:33 history |grep start
#按序号执行历史命令
[root@CentOS apache2]# !815
/usr/local/apache2/bin/apachectl  start
```

以上示例首先找到符合条件的命令，然后使用命令序号执行历史命令，执行效果与直接执行该命令时的效果相同。

8.2.3 命令补齐

bash 有命令补齐的功能，当执行一个命令时，如果记不住命令的全部字母，只需要输入命令的前几个字母，然后按【Tab】键，系统会自动列出以所输入字符串开头的所有命令。如果以该字符串开头的命令只有一个，则自动补齐该命令。文件名和目录名也会自动补齐。例如，在启动或停止 Web 服务时输入“./ap”，然后按【Tab】键，可以自动补全相关的命令，如示例 8-5 所示。

【示例 8-5】

```
#目录自动补齐
[root@CentOS apache2]# cd b
bin/   build/
#输入命令按【Tab】键，命令自动补齐
```

```
[root@CentOS bin]# ./ap
apachectl    apr-1-config  apu-1-config  apxs
```

8.2.4 命令行编辑

为了提高用户的操作效率，bash 提供了快捷的命令行编辑功能，使用表 8.1 列出的快捷方式可以对命令行的命令进行快速编辑，用户可作为参考，这些快捷键适用于当前登录的 Shell 环境。

表 8.1 命令行编辑常用的参数及其说明

参数	说明
history	显示命令历史列表
↑	显示上一条命令
↓	显示下一条命令
!num	执行命令历史列表的第 num 条命令
!!	执行上一条命令
!string	执行最后一个以 string 开头的命令
Ctrl+r	按键后输入若干字符，会向上搜索包含该字符的命令，继续按此键搜索上一条匹配的命令
ls !$	执行命令 ls，并以上一条命令的参数为其参数
Ctrl+a	移动到当前行的开头
Ctrl+e	移动到当前行的末尾
Esc+b	移动到当前单词的开头
Esc+f	移动到当前单词的末尾
Ctrl+l	清除屏幕内容
Ctrl+u	删除命令行中光标所在位置之前的所有字符，不包括自身
Ctrl+k	删除命令行中光标所在位置之后的所有字符，包括自身
Ctrl+d	删除光标所在位置的字符
Ctrl+h	删除光标所在位置的前一个字符
Ctrl+y	粘贴刚才所删除的字符
Ctrl+w	删除光标所在位置之前的字符至其单词开头，以空格、标点等为分隔符
Esc+w	删除光标所在位置之前的字符至其单词末尾，以空格、标点等为分隔符
Ctrl+t	颠倒光标所在位置及其之前的字符位置，并将光标移动到下一个字符
Esc+t	颠倒光标所在位置及其相邻单词的位置
Ctrl+(x u)	按住 Ctrl 的同时再先后按 x 和 u，撤销刚才的操作
Ctrl+s	挂起当前 Shell，不接收任何输入
Ctrl+q	重新启用挂起的 Shell 接收用户输入

8.2.5 通配符

bash 中常用的通配符有 4 个，如表 8.2 所示。使用通配符可以方便地完成一些需要匹配的查找，如忘记一个命令时可以使用通配符查找。

表 8.2 Shell 通配符

参 数	说 明
?	匹配任意一个字符
*	匹配任意多个字符
[]	相当于或的意思
-	代表一个范围，比如 a-z 表示 a 至 z 的 26 个小写字母中的任意一个

使用方法如示例 8-6 所示。

【示例 8-6】

```
#“*”表示任意多个字符
[root@CentOS ~]# ls /bin/ip*
/bin/ipcalc  /bin/iptables-xml  /bin/iptables-xml-1.4.7
#“?”表示任意一个字符
[root@CentOS ~]# ls /bin/l?
/bin/ln  /bin/ls
#按范围查找
[root@CentOS ~]# ls [a-f]*
anaconda-ks.cfg  file
#若忘记某个命令或查找某个文件，则可以使用如下命令
[root@CentOS ~]# find /bin -name "ch*"
/bin/chown
/bin/chgrp
/bin/chmod
```

8.3 管道与重定向

管道与重定向是 Linux 系统进程间的一种通信方式，在系统管理中有着举足轻重的作用。绝大部分 Linux 进程运行时需要使用 3 个文件描述符：标准输入、标准输出和标准错误输出，对应的序号是 0、1 和 2。一般来说，这 3 个描述符与该进程启动的终端相关联，其中输入一般为键盘。重定向和管道的目的是重定向这些描述符。管道一般为输入和输出重定向的结合，一个进程向管道的一端发送数据，另一个进程从该管道的另一端读取数据。管道符是“|”。

8.3.1 标准输入与输出

执行一个 Shell 命令行时通常会自动打开 3 个标准文件，如图 8.3 所示。

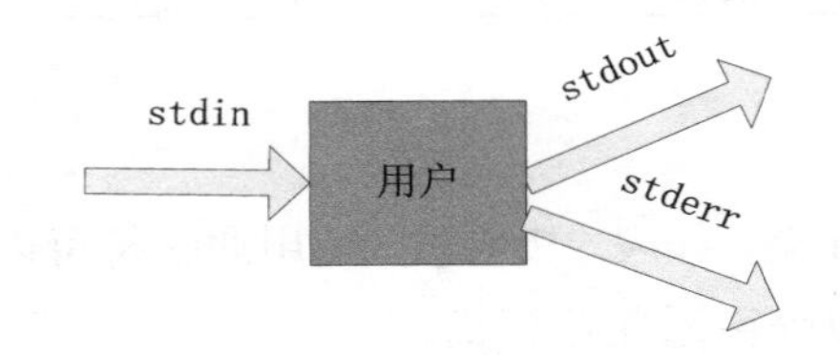

图 8.3 Shell 执行时对应的 3 个标准文件

标准输入文件 stdin 通常对应终端的键盘，标准输出文件 stdout 和标准错误输出文件 stderr 都对应终端的屏幕。进程将从标准输入文件中得到输入数据，将正常输出数据输出到标准输出文件，而错误信息将打印到标准错误文件。

现以 cat 命令为例来介绍标准输入与输出。cat 命令的功能是从命令行给出的文件中读取数据，并将这些数据直接送到标准输出文件，一般对应终端屏幕，如示例 8-7 所示。

【示例 8-7】

```
[root@CentOS ~]# cat /etc/sysconfig/network-scripts/ifcfg-eth0
DEVICE=eth0
HWADDR=00:0C:29:7F:08:9D
TYPE=Ethernet
UUID=3268d86a-3245-4afa-94e0-f100a8efae44
ONBOOT=yes
BOOTPROTO=static
BROADCAST=192.168.3.255
IPADDR=192.168.3.100
NETMASK=255.255.255.0
```

该命令会把文件 ifcfg-eth0 的内容显示到标准输出（即屏幕）上。如果 cat 命令行中没有参数，则会从标准输入文件中（一般对应键盘）读取数据，并将其送到标准输出文件中，如示例 8-8 所示。

【示例 8-8】

```
#cat 不带任何参数时会从标准输入中读取数据并显示到标准输出文件中
[root@CentOS ~]# cat
mycontent
mycontent
hello
hello
```

用户输入的每一行信息都会立刻被 cat 命令输出到屏幕上。用户对输入的数据无法做进一步的处理。为解决这个问题，Linux 操作系统为输入、输出的传送引入了另外两种机制：输入/输出重定向和管道。

8.3.2　输入重定向

输入重定向是指把命令或可执行程序的标准输入重定向到指定的文件中。也就是输入可以不来自键盘，而是来自一个指定的文件。输入重定向主要用于改变一个命令的输入源。

例如上一个示例中的 cat 命令，输入该命令后并没有任何反应，从键盘输入的所有文本都出现在屏幕上，直至按下【Ctrl+D】快捷键，命令才会终止。可采用两种方法来解决这个问题：一种是为该命令提供一个文件名，另一种方法是使用输入重定向。

输入重定向的一般形式为：命令<文件名，输入重定向符号为“<”。示例 8-9 演示了这种情况，此示例中的文件已不是参数，而是标准输入。

【示例 8-9】

```
[root@CentOS ~]# cat< /etc/sysconfig/network-scripts/ifcfg-eth0
DEVICE=eth0
HWADDR=00:0C:29:7F:08:9D
TYPE=Ethernet
UUID=3268d86a-3245-4afa-94e0-f100a8efae44
ONBOOT=yes
BOOTPROTO=static
BROADCAST=192.168.3.255
IPADDR=192.168.3.100
NETMASK=255.255.255.0
[root@CentOS ~]# wc </etc/sysconfig/network-scripts/ifcfg-eth0
  9   9 188
```

还有一种输入重定向，如示例 8-10 所示。

【示例 8-10】

```
[root@CentOS ~]# cat <<EEE
> line1
> line2
> line3
> EEE
line1
line2
line3
```

标识符“EEE”表示输入开始和结束的分隔符，此名称不是固定的，可以使用其他字符串，主要起到分隔的作用。文档的重定向操作符为“<<”，用于将一对分隔符之间的正文重定向输入到命令。例如上述示例中将“EEE”之间的内容作为正文，然后作为输入传给 cat 命令。由于大多数命令都以参数的形式在命令行中指定输入文件的文件名，因此输入重定向并不经常使用。使用某些不能利用文件名作为输入参数的命令，需要的输入内容又存在一个文件中时，可以用输入重定向来解决问题。

8.3.3 输出重定向

输出重定向是指把命令或可执行程序的标准输出或标准错误输出重新定向到指定文件中。命令的输出不显示在屏幕上，而是写入指定的文件中，以便以后的问题定位或用于其他用途。输出重定向比输入重定向更常用，很多情况下都可以使用这种功能。例如，如果某个命令的输出很多，在屏幕上不能完全显示，那么将输出重定向到一个文件中，然后用文本编辑器打开这个文件，就可以查看输出信息，如果想保存一个命令的输出，也可以使用这种方法。还有，输出重定向可用于把一个命令的输出当作另一个命令的输入，还有一种更简单的方法，就是使用管道，管道将在 8.3.5 节介绍。

输出重定向的一般格式为：命令>文件名，即输出重定向符号为“>”，使用方法如示例 8-11 所示。

【示例 8-11】

```
#将输出重定向到文件
[root@CentOS ~]# ls -l / >dir.txt
[root@CentOS ~]# head  -n5 dir.txt
total 114
dr-xr-xr-x.   2 root root  4096 Jun  8 00:54 bin
dr-xr-xr-x.   5 root root  1024 Apr 13 00:33 boot
dr-xr-xr-x.   7 root root  4096 Mar  6 02:33 cdrom
drwxr-xr-x.  18 root root  4096 Jun  8 01:07 data
```

用“ls -l”命令显示当前的目录和文件，并把结果输出到当前目录下的 dir.txt 文件内，而不是显示在屏幕上。查看 dir.txt 文件的内容可以使用 cat 命令，注意是否与直接使用“ls -l”命令时的显示结果相同。

注意：如果“>”符号后面的文件已存在，那么这个文件将被覆盖。

为避免输出重定向命令中指定的文件内容被覆盖，Shell 提供了输出重定向的追加方法。输出追加重定向与输出重定向的功能类似，区别仅在于输出追加重定向的功能是把命令或可执行程序的输出结果追加到指定文件的最后，这时文件的原有内容不被覆盖。追加重定向操作符为“>>”，格式为：命令>>文件名，使用方法如示例 8-12 所示。

【示例 8-12】

```
#使用重定向追加文件内容
[root@CentOS ~]# ls  -l /usr >>dir.txt
```

上述命令的输出会追加在文件的末尾，原来的内容不会被覆盖。

8.3.4　错误输出重定向

和程序的标准输出重定向一样，程序的错误输出也可以重新定向。使用符号“2>”或追加符号“2>>”可以对错误输出重定向。例如要将程序的任何错误信息打印到文件中，以备问题定位，可以使用示例 8-13 中的方法。

【示例 8-13】

```
#文件不存在，此时产生标准错误输出，一般为屏幕
[root@CentOS ~]# ls /xxxx
ls: cannot access /xxxx: No such file or directory
#编号 1 表示重定向标准输出，但并不是错误输出，此时输出仍打印到屏幕上
[root@CentOS ~]# ls /xxxx 1>stdout
ls: cannot access /xxxx: No such file or directory
#分别重定向标准输出和标准错误输出
[root@CentOS ~]# ls /xxxx 1>stdout 2>stderr
#查看文件内容，和打印到屏幕的结果一致
[root@CentOS ~]# cat stderr
ls: cannot access /xxxx: No such file or directory
#将标准输出和标准错误输出都定向到标准输出文件
```

```
[root@CentOS ~]# ls /xxxx 1>stdout 2>&1
[root@CentOS ~]# cat stdout
ls: cannot access /xxxx: No such file or directory
#另一种重定向的语法
[root@CentOS ~]# ls /xxxxx &>stderr
[root@CentOS ~]# ls /xxxxx  / &>stdout
#查看输出文件内容
[root@CentOS ~]# head stdout
ls: cannot access /xxxxx: No such file or directory
/:
bin
boot
cdrom
```

由于/xxxx 目录不存在，因此没有标准输出，只有错误输出。上述示例首先演示了错误输出的内容，当标准输出被重定向后，标准错误输出并没有被重定向，所以错误输出被打印到屏幕上。使用“2>stderr”将错误输出定位到指定的文件中，另一种方法是将标准错误输出重定向到标准输出，执行后在屏幕上看不到任何内容，用 cat 命令查看文件的内容，可以看到上面命令的错误提示。还可以使用另一个输出重定向操作符“&>”，其功能是将标准输出和错误输出送到同一文件中。表 8.3 列出了常用的输入输出重定向方法。

表 8.3　常用的重定向含义

参　数	说　明
command > filename	把标准输出重定向到一个文件
command >> filename	把标准输出以追加方式重定向到一个文件
command 1> filename	把标准输出重定向到一个文件
command > filename 2 > &1	把标准输出和标准错误输出重定向到一个文件
command 2 > filename	把标准错误输出重定向到一个文件中
command < filename > filename2	以 filename 为标准输入，filename2 为标准输出
command < filename	把 filename 作为命令的标准输入
command << delimiter	从标准输入读入数据，直到遇到 delimiter 为止

8.3.5　管道

将一个程序或命令的输出作为另一个程序或命令的输入，有两种方法：一种是通过一个临时文件将两个命令或程序结合在一起，另一种方法是使用管道。

管道可以把一系列命令连接起来，可以将前面命令的输出作为后面命令的输入，第 1 个命令的输出利用管道传给第 2 个命令，第 2 个命令的输出又会作为第 3 个命令的输入，以此类推。如果命令行中未使用输出重定向，显示在屏幕上的是管道行中最后一个命令的输出或其他命令执行异常时导致的错误输出。使用管道符“|”来建立一个管道行，用法如示例 8-14 所示。

【示例 8-14】

```
[root@CentOS ~]# cat /etc/sysconfig/network-scripts/ifcfg-eth0|grep IPADD
```

```
IPADDR=192.168.3.100
#管道后接管道
[root@CentOS ~]# cat /etc/sysconfig/network-scripts/ifcfg-eth0|grep IPADD|awk -F= '{print $2}'
192.168.3.100
```

上述示例 cat 命令输出的内容以管道的形式发送给 grep 命令，然后通过字符串匹配查找文件内容。

8.4 环境变量的配置

Linux 是一个多用户的操作系统，每个用户登录系统后，都会有一个专用的运行环境。通常每个用户默认的环境都是相同的，默认环境实际上是一组环境变量的定义。通过相应的系统环境变量，用户可以对自己的运行环境进行个性化设置。

8.4.1 Shell 变量

Shell 变量名可以由下划线、字母、数字组成，但变量名不能以数字开头，并注意区分字母大小写。在 Shell 中，要对 Shell 的变量进行操作，通常使用如示例 8-15 所示的命令。

【示例 8-15】

```
#设置变量：变量名=变量值
[root@CentOS ~]# FILENAME=/etc/sysconfig/network-scripts/ifcfg-eth0
#引用变量的使用 $变量名
[root@CentOS ~]# echo $FILENAME
/etc/sysconfig/network-scripts/ifcfg-eth0
#清除变量的使用，unset 命令
[root@CentOS ~]# unset FILENAME
#因为变量没有设置，打印空行
[root@CentOS ~]# echo $FILENAME

#查看变量使用 set 命令，并可以利用管道查找需要的环境变量
[root@CentOS ~]# set|grep FILENAME
FILENAME=/etc/sysconfig/network-scripts/ifcfg-eth0
```

Shell 中的变量类型有很多种，接下来主要介绍两种，其他类型的变量将在第 9 章详述。

（1）本地变量

本地变量只存在于当前 Shell。使用 set 命令将显示所有变量的列表、环境变量和函数。由于本地变量只存在于当前 Shell，因此重登录或重启会使设置的变量失效，并且已经登录的多个 Shell 之间的自定义环境变量是互不可见的。

（2）环境变量

环境变量一般是 Shell 保留的一些变量，这些变量决定了用户与系统进行交互的一些特性。几个常用的环境变量及其说明如表 8.4 所示。

表 8.4　常用的环境变量及其说明

参　数	说　明
HOME	当前用户的主目录，同符号“~”
PATH	一个用冒号分隔的目录列表，Shell 执行命令时首先从这些目录中查找相关命令
PS1	主要提示符
PS2	次要提示符
HISTSIZE	在历史列表中记录的最大命令数
LANG	语言环境变量的设置
PPID	当前 Shell 父进程的进程 ID
RANDOM	生成一个 0 到 32767 之间的随机整数
TERM	终端的类型
UID	当前用户的标识号，取值是数字构成的字串

以上介绍了常见的环境变量，以 PS1 命令提示符的设置为例来显示常用的转义字符。

【示例 8-16】

```
[root@CentOS ~]# set|grep PS1
PS1='[\u@\h \W]\$ '
```

参数及解释如下：

- “[”　“]”：表示方括号。
- “\u”：表示当前登录的用户名。
- “@”：表示普通的字符。
- “\h”：主机名的第一部分。
- “\W”：当前工作目录的 basename。
- “$”：如果不是超级用户 root，则显示$；如果是超级用户 root，则显示#。

其他很多常用的字符解释如表 8.5 所示。

表 8.5　Shell 环境变量设置中常见的转义字符及其说明

参　数	说　明
H	主机的全称，如 test.com
j	在此 Shell 中，通过按【Ctrl+Z】快捷键挂起的进程数
l	此 Shell 的终端设备名，如 ttyp1
s	Shell 的名称，如"bash"
t	24 小时制时间，如 15:15:30
T	12 小时制时间，如 09:05:05
v	bash 的版本，如 4.1.2

（续表）

参 数	说 明
w	当前工作目录，如"/root"
!	当前命令在历史缓冲区中的位置
#	命令编号，只要输入内容，就会在每次提示时累加
xxx	插入一个用 3 位数 xxx（用 0 代替未使用的数字，如 07）表示的 ASCII 字符

8.4.2 Shell 环境变量的配置文件

当登录 Linux 系统之后，需要给当前用户设置一些默认的环境变量，例如主机名 HOSTNAME、命令搜索路径 PATH、终端类型 TERM 等。这些变量在用户登录时通过用户的环境配置文件来设置。在用户主目录下有一些变量相关的文件，代码如下：

【示例 8-17】

```
[goss@CentOS ~]$ ls -a .bash*
.bash_history  .bash_logout  .bash_profile  .bashrc
```

- .bash_history：记录了当前用户执行过的历史命令。
- .bash_logout：表示退出当前 Shell 时需要执行的命令。
- .bash_profile：表示登录当前 Shell 时需要执行的命令。
- .bashrc：表示每次打开新的 Shell 时需要执行的命令。

注意：.bash_profile 只在会话开始时被载入，而.bashrc 在每次打开新的终端时都要被读取。一般为了统一设置，可以把所有设置都放进“.bashrc”。

以上这些文件是每一位用户的设置。系统级的设置存储在/etc/profile、/etc/bashrc 及目录/etc/profile.d 下的文件中，这些文件的编辑需要具备 root 权限，所以一般通过用户自己的环境来定义自己的环境变量。当系统级与用户级的设置发生冲突时，将优先采用用户的设置。

8.5 综合示例——Shell 演示

在 Linux 系统维护和开发过程中，Shell 脚本的编写是一项非常频繁的工作。无论是服务的管理还是数据处理，都可以通过编写 Shell 脚本来完成。通过 Shell 脚本可以自动完成许多重复性的任务，从而节约大量的人力。本节以一个简单的例子来说明如何通过 Shell 脚本实现某项特定的任务。

Apache HTTP 服务器是当前互联网上最为流行的 Web 服务器之一。然而，在系统运行过程中，难免会遇到服务出现故障的情况。通常情况下，用户只需要重新启动 Apache HTTP 的服务就可以排除故障。为了能够自动实现这项任务，下面编写一个专门用于检查并重启 Apache HTTP 服务的 Shell 脚本，如示例 8-18 所示。

【示例 8-18】

```
01  #!/bin/bash
02  #尝试重启 5 次
03  check_service(){
04   for i in `seq 1 5`
05   do
06     /usr/local/apache2/bin/apachectl restart 2> /var/log/httpd/httpderr.log
07     #判断服务是否重启成功
08     if [ $? -eq 0 ]
09       then
10       break
11     fi
12   done
13  }
14
15  while(true)
16  do
17   n=`pgrep -l httpd|wc -l`
18   #判断 httpd 服务进程数是否超过 500
19   if [ $n -gt 500 ]
20   then
21       /usr/local/apache2/bin/apachectl restart
22       if [ $? -ne 0 ]
23       then
24           check_service
25       else
26           #休眠 1 分钟
27           sleep 60
28       fi
29   fi
30  done
```

第 15~30 行为主程序，是一个 while 循环，该循环会一直运行。第 17 行通过 pgrep 命令查看 httpd 进程的数量，并且通过管道传递给 wc 命令实现计数，将计数结果赋给变量$n。第 19 行判断变量$n 的值，如果大于 500，则执行重启命令。

第 22 行的特殊变量$?保存了上一条命令的执行结果，如果执行成功，则变量$?的值等于 0。如果不等于 0，则意味着上一条命令执行失败。此时，通过第 24 行的 check_service()函数尝试重启 5 次服务。

8.6 小　结

Shell 是用户与操作系统进行交互的中间人、解释器，如果没有 Shell，用户将无法与系统进行交互。管道和重定向是 Linux 系统进程间的通信方式，在系统管理中起着举足轻重的作用。本章首先介绍 Shell 的作用及使用方法，然后介绍管道与重定向方面的知识，最后介绍环境变量及使用 Shell 可能遇到的问题。

第 9 章

系统启动控制与进程管理

Linux 系统是如何启动的？如果出现故障，应该在什么模式下修复？Linux 启动的同时会启动哪些服务？Linux 进程该如何管理？本章就来回答这一系列的问题。

本章首先介绍 Linux 的引导过程，以及 Linux 的运行级别、启动过程和服务控制，然后介绍进程管理的相关知识，并对进程管理常见的问题给出参考解答。本章最后的示例演示如何通过 Shell 脚本进行进程监控。

本章主要涉及的知识点有：

- Linux 的运行级别
- Linux 的启动过程
- Linux 的服务控制
- Linux 下的进程管理

9.1 启动管理

Linux 启动过程是如何引导的，系统服务如何设置？要深入了解 Linux，首先必须回答这两个问题。本节主要介绍 Linux 启动相关的知识。

9.1.1 GRUB 管理器概述

GNU GRUB 简称 GRUB，是一个多操作系统启动程序。在 Linux 操作系统中，GRUB 是最为常用的启动引导程序，允许用户在同一台计算机内同时拥有多个操作系统，用户在系统启动时可自由选择。GRUB 用于选择操作系统分区上的不同内核，同时通过特定的设置可以向内核传递启动参数。Windows 下多系统启动引导管理器为 NTLOADER。示例 9-1 是 Linux 环境下的 GRUB 文件设置示例。

【示例 9-1】

```
[root@CentOS ~]# cat -n /boot/grub/grub.conf
     1  default=0
     2  timeout=5
     3  splashimage=(hd0,0)/boot/grub/splash.xpm.gz
```

```
4   hiddenmenu
5   title CentOS (2.6.32-358.el6.x86_64)
6         root (hd0,0)
7         kernel  /boot/vmlinuz-2.6.32-358.el6.x86_64  ro  rhgb  quiet
root=/dev/sda1
8         initrd /boot/initramfs-2.6.32-358.el6.x86_64.img
```

说明：

- 第 1 行：default=0，如果有多个引导选项，系统启动时默认的选项，编号从 0 开始。
- 第 2 行：GRUB 引导菜单等待的时间，若指定的时间内用户没有选择，则选择 default 指定的选项引导系统，以秒为单位。
- 第 3 行：指定在 GRUB 引导时所使用的屏幕图像的位置。
- 第 4 行：这个命令被使用时，系统引导时不显示 GRUB 菜单界面，在超时时间过期后载入默认项。通过按【Esc】键可以看到标准的 GRUB 菜单。
- 第 5 行：title 设置 GRUB 菜单中显示的选项。
- 第 6 行：表示系统文件位于第一块 IDE 硬盘的第一个分区。IDE 硬盘用 hd 开头，SCSI 硬盘用 sd 开头。分区从 0 算起，(hd0,0)表示第一个硬盘驱动器上的第一个分区。
- 第 7 行：表示内核文件所在的路径。
- 第 8 行：initrd 是 initial ramdisk 的简写。initrd 一般用来临时引导硬件到实际内核程序（vmlinuz）能够接管并继续引导的状态。initrd 映像中包含支持 Linux 系统引导过程两个阶段所需要的必要可执行程序和系统文件，比如加载必要的硬盘驱动等。

9.1.2 Linux 系统的启动过程

图 9.1 显示了 Linux 系统的启动过程。

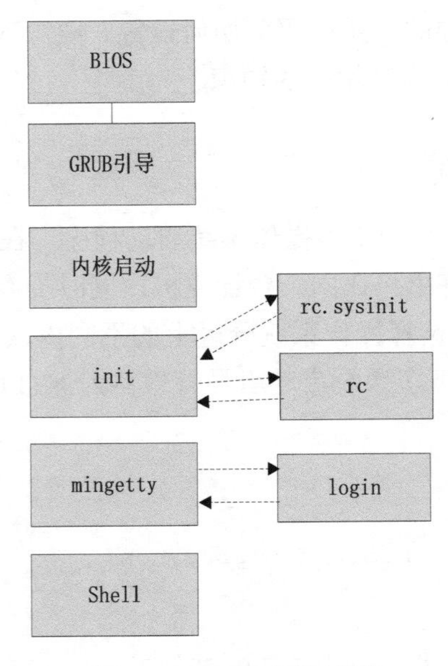

图 9.1 Linux 启动过程

具体的步骤如下：

（1）开机自检。

（2）从硬盘的 MBR 中读取引导程序 LILO 或 GRUB。

（3）引导程序根据配置文件显示引导菜单。

（4）如果选择进入 Linux 系统，此时引导程序加载 Linux 内核文件。

（5）当内核全部载入内存后，GRUB 的任务完成，此时全部控制权限交给 Linux，CPU 开始执行 Linux 内核代码，如初始化任务调度、分配内存、加载驱动等。

（6）内核代码执行完后，开始执行 Linux 系统的第 1 个进程 init 进程，进程号为 1。

（7）init 进程根据系统初始化配置文件/etc/inittab 文件，执行相应的系统初始化脚本。

（8）根据/etc/inittab 文件的配置，进入不同的运行级别。

（9）启动或停止相应运行级别下的服务。

（10）创建终端。

（11）引导 login 进程，进入登录界面。

当系统首次引导时，处理器会执行一个位于已知位置处的代码，一般保存在基本输入/输出系统（BIOS）中。当找到一个引导设备之后，第一阶段的引导加载程序就被装入内存（RAM）并执行。这个引导加载程序小于 512 字节（一个扇区），其作用是加载第二阶段的引导加载程序。

当第二阶段的引导加载程序被装入内存并执行时，通常会显示一个引导屏幕，并将 Linux 和一个可选的初始 RAM 磁盘（临时根文件系统）加载到内存中。在加载映像时，第二阶段的引导加载程序就会将控制权交给内核映像，然后内核就可以进行解压和初始化了。在这个阶段中，第二阶段的引导加载程序会检测系统硬件、枚举系统链接的硬件设备、挂载根设备，然后加载必要的内核模块。完成这些操作之后，启动第一个用户空间程序（init），并执行高级系统初始化工作。通过以上过程，系统完成引导过程，等待用户登录。

9.1.3 Linux 运行级别

Linux 系统不同的运行级别可以启动不同的服务。Linux 系统共有 7 个运行级别，分别用数字 0~6 来代表，各运行级别及其说明如表 9.1 所示。

表 9.1 Linux 运行级别及其说明

参 数	说 明
0	停机，一般不推荐设置此级别
1	单用户模式
2	多用户，但是没有网络文件系统
3	完全多用户模式
4	没有用到
5	X11，一般对应图形界面
6	重新启动，一般不推荐设置此级别

标准的Linux运行级为3或5，如果是3级的话，系统工作在多用户状态；5级则是运行着X Window系统。

要查看当前用户所处的运行级别可以使用runlevel命令，如示例9-2所示。

【示例9-2】

```
[root@CentOS ~]# runlevel
N 3
[root@CentOS ~]# init 5
[root@CentOS ~]# runlevel
3 5
[root@CentOS ~]# init 5
#系统重启，谨慎使用
[root@CentOS ~]# init 6
```

其中N代表上次所处的运行级别，3代表当前系统正运行在运行级别3。由于系统开机就进入运行级别3，因此上一次的运行级别没有，用N表示。要切换到其他运行级别，使用init命令，例如现在运行在级别3多用户文本登录界面，若要进入图形登录界面，则需进入级别5，可以执行命令“init 5”，若要重新启动系统，则可以执行命令“init 6”。

9.1.4 Linux初始化配置脚本/etc/inittab的解析

init的进程号是1，init进程是系统所有进程的起点，Linux在完成内核引导以后，就开始运行init程序。init程序需要读取配置文件/etc/inittab。inittab是一个不可执行的文本文件，由若干行命令组成。文件中以“#”开头的行都是注释，如示例9-3所示。

【示例9-3】

```
id:5:initdefault:
```

定义了系统启动时默认进入哪个运行级别。安装完系统后，默认是5，如果要开机进入文本登录界面，将5改为3即可。

【示例9-3】续

```
si::sysinit:/etc/rc.d/rc.sysinit
```

定义系统初始化脚本为/etc/rc.d/rc.sysinit。可以查看该脚本来了解系统初始化时进行的操作，如设置主机名、加载文件系统等。

【示例9-3】续

```
l0:0:wait:/etc/rc.d/rc 0
l1:1:wait:/etc/rc.d/rc 1
l2:2:wait:/etc/rc.d/rc 2
l3:3:wait:/etc/rc.d/rc 3
l4:4:wait:/etc/rc.d/rc 4
l5:5:wait:/etc/rc.d/rc 5
```

```
l6:6:wait:/etc/rc.d/rc 6
```

定义各运行级别对应的启动脚本，“l3:3:wait:/etc/rc.d/rc 3”表示当进入运行级别 3 时执行/etc/rc.d/rc，并以 3 为脚本的参数，执行该脚本的结果是系统会去执行/etc/rc.d/rc3.d/目录下的守护进程的启动或停止脚本。因此，实际上/etc/rc.d/rcN.d 目录对应进入不同的运行级别时应该执行的服务脚本。/etc/rc.d/rc3.d 目录下的文件如示例 9-4 所示。

【示例 9-4】

```
[root@CentOS ~]# ls -l /etc/rc3.d/
total 0
lrwxrwxrwx. 1 root root 17 Apr 11 00:47 K75ntpdate -> ../init.d/ntpdate
lrwxrwxrwx. 1 root root 18 Apr 11 00:44 S08iptables -> ../init.d/iptables
#部分结果省略
lrwxrwxrwx. 1 root root 14 Apr 11 00:51 S55sshd -> ../init.d/sshd
lrwxrwxrwx. 1 root root 15 Jun  7 21:10 S64mysql -> ../init.d/mysql
lrwxrwxrwx. 1 root root 15 Apr 11 00:47 S90crond -> ../init.d/crond
lrwxrwxrwx. 1 root root 11 Apr 11 00:44 S99local -> ../rc.local
```

以上示例中，以 K 开头表示进入该运行级别后要停止的服务，以 S 开头表示进入该运行级别后要启动的服务。K 或 S 后的数值表示优先级。如上述示例中，进入运行级别 3 需要启动 sshd 服务、iptables 和 crond 服务等。按字母顺序 K 在 S 的前面，先被执行。软链接对应的文件为系统服务启动停止脚本，启动服务时脚本参数为“start”，停止服务传入脚本的参数为“stop”。

【示例 9-4】续

```
ca::ctrlaltdel:/sbin/shutdown -t3 -r now
```

定义了当按 3 个重启热键【Ctrl+Alt+Del】时所执行的命令。默认是当按下 3 个热键后，在 3 秒钟内重新启动计算机，为避免风险可以将该行注释掉。

【示例 9-4】续

```
pf::powerfail:/sbin/shutdown -f -h +2 "Power Failure; System Shutting Down"
# If power was restored before the shutdown kicked in, cancel it.
pr:12345:powerokwait:/sbin/shutdown -c "Power Restored; Shutdown Cancelled"
```

这两行是对UPS电源电量不足的处理，第1行表示如果UPS给系统发出电量不足的警告，系统将执行/sbin/shutdown -f -h +2 "Power Failure; System Shutting Down"操作，该命令表示：系统将在 2 分钟内关机，并向用户发出"Power Failure; System Shutting Down"的消息。第 2 个有效行表示，在运行级别 12345 下，如果在关机前电源恢复正常，则取消关机，并发出消息"Power Restored; Shutdown Cancelled"。

【示例 9-4】续

```
1:2345:respawn:/sbin/mingetty tty1
2:2345:respawn:/sbin/mingetty tty2
```

```
3:2345:respawn:/sbin/mingetty tty3
4:2345:respawn:/sbin/mingetty tty4
5:2345:respawn:/sbin/mingetty tty5
6:2345:respawn:/sbin/mingetty tty6
```

定义了终端，在运行级别 2345 下，Linux 系统有 6 个终端，分别是 tty1~tty6，如果想再增加一个终端，则再添加一行 7:2345:respawn:/sbin/mingetty tty7 即可。

【示例 9-4】续

```
x:5:respawn:/etc/X11/prefdm -nodaemon
```

该行指明了在运行级别 5 下的登录界面程序。

9.1.5 Linux 启动服务的控制

在 Linux 系统中，服务的初始化脚本一般都存储在/etc/rc.d/init.d 符号链接为/etc/init.d 的目录中，通常用“start”参数来启动服务，用“stop”参数来停止服务，如示例 9-5 所示。

【示例 9-5】

```
[root@CentOS ~]# /etc/init.d/nfs start
[root@CentOS ~]# /etc/init.d/nfs  stop
```

在 Linux 系统中，一般可以使用 chkconfig 命令来查看各个服务在各运行级别的情况，示例 9-6 是执行命令 chkconfig 后部分服务的输出结果。

【示例 9-6】

```
[root@CentOS ~]# chkconfig --list
crond          0:off   1:off   2:on    3:on    4:on    5:on    6:off
iptables        0:off   1:off   2:on    3:on    4:on    5:on    6:off
mysql          0:off   1:off   2:off   3:on    4:off   5:on    6:off
nfs            0:off   1:off   2:off   3:off   4:off   5:off   6:off
nfslock         0:off   1:off   2:off   3:on    4:on    5:on    6:off
ntpd            0:off   1:off   2:off   3:off   4:off   5:off   6:off
ntpdate         0:off   1:off   2:off   3:off   4:off   5:off   6:off
rpcbind          0:off   1:off   2:on    3:on    4:on    5:on    6:off
sshd            0:off   1:off   2:on    3:on    4:on    5:on    6:off
#部分结果省略
```

说明：以 mysql 服务为例，表示进入运行级别 3 和 5 时，mysql 服务会启动。运行其他级别则不会启动 mysql 服务。

chkconfig 可以单独查看某个服务的设置情况，如要修改某个服务在某些运行级别的状态，可以使用示例 9-7 中的命令。

【示例 9-7】

```
[root@CentOS ~]# chkconfig  --list mysql
```

```
mysql           0:off   1:off   2:off   3:on    4:off   5:on    6:off
#设置 mysql 服务在 1、2、4、5 级别不启动
[root@CentOS ~]# chkconfig  --level 1245 mysql off
[root@CentOS ~]# chkconfig  --list mysql
mysql           0:off   1:off   2:off   3:on    4:off   5:off   6:off
```

除了系统中已经存在的服务外，还可以手动将新的启动脚本加入系统服务中，以 Apache 服务为例进行介绍。

（1）编写启动脚本 http，内容如示例 9-8 所示。

【示例 9-8】

```
[root@CentOS init.d]# cat -n http
     1  #!/bin/sh
     2  # @author me
     3  # chkconfig: 35 85 15
     4  # description: Apache is a World Wide Web server.
     5
     6
     7  if [ $# -gt 0 ]
     8  then
     9  sp=$1
    10  fi
    11  function startup()
    12  {
    13     /usr/local/apache2/bin/apachectl -k start
    14  }
    15
    16  function  shutdown()
    17  {
    18     /usr/local/apache2/bin/apachectl -k stop
    19  }
    20
    21
    22  case $sp in
    23  start)      startup;;
    24  stop)       shutdown;;
    25  restart)    shutdown;startup;;
    26  *)          echo "Usage: $0 [start|stop|restart]";;
    27  esac
```

以上示例用于 http 服务的启动和停止，脚本接收参数后，按预定的命令执行，如传入“start”参数，则启动 httpd 服务。

（2）设置文件权限并添加到系统服务：

```
[root@CentOS init.d]# chkconfig --add  http
```

该命令用于将 http 服务添加到系统服务中。

（3）设置每个级别的启动方式，经过此步，系统会在/etc/rcN.d 目录下创建 http 文件的软链接以便系统启动时调用，代码如下：

```
[root@CentOS init.d]#  chkconfig --level 1245 http  off
[root@CentOS init.d]#  chkconfig --level  3 http   on
[root@CentOS init.d]# chkconfig --list http
http         0:off 1:off  2:off  3:on   4:off  5:off  6:off
[root@CentOS init.d]# ls -l /etc/rc3.d/|grep http
lrwxrwxrwx. 1 root root 14 Jun 12 08:08 S85http -> ../init.d/http
```

（4）测试 http 服务：

```
 [root@CentOS init.d]# service  http start
httpd: Could not reliably determine the server's fully qualified domain name,
using 127.0.0.1 for ServerName
[root@CentOS init.d]# service  http stop
```

系统服务已经添加完成，可以直接使用“service http start|stop”控制 Apache 服务的启动与停止。

9.2 Linux 进程管理

进程是系统分配资源的基本单位，当程序执行后，进程便会产生。本节主要介绍进程管理的相关知识。

9.2.1 进程的概念

程序是为了完成某种任务而设计的软件，比如 Apache 相关的二进制文件是程序，而进程就是运行中的程序。一个运行着的程序可能有多个进程。比如当管理员启动 Apache 服务器后，随着访问量的增加会派生不同的进程以便处理请求。

（1）进程分类

进程一般分为交互进程、批处理进程和守护进程 3 类。

守护进程一般在后台运行，守护进程可以由系统在开机时通过脚本自动激活来启动或通过超级管理用户 root 来启动，也可以通过命令将要启动的程序放到后台执行。

由于守护进程是一直处于运行状态，因此一般所处的状态是等待请求处理任务。例如无论是否有人访问 www.linux.com，该服务器上的 httpd 服务都在运行。

（2）进程的属性

系统在管理进程时，按照进程的属性来进行管理，分别说明如下：

- 进程 ID（PID）是唯一的数值，用来区分进程。
- 父进程和父进程的 ID（PPID）。
- 启动进程的用户 ID（UID）和所归属的组（GID）。

- 进程分为运行（R）、休眠（S）、僵尸（Z）。
- 进程执行的优先级。
- 进程所连接的终端名。
- 进程资源占用，比如占用资源大小（内存、CPU 占用量）。

（3）父进程和子进程

两者的关系是管理和被管理的关系，当父进程终止时，子进程也随之终止。但子进程终止，父进程并不一定终止。比如 httpd 服务器运行时，子进程如果被杀掉，父进程并不会因为子进程的终止而终止。在进程管理中，如果某一进程占用的资源过多，或无法控制进程，就应该被杀死，以保护系统稳定安全地运行。

9.2.2　进程管理工具与常用命令

进程管理工具主要用于进程的启动、监视和结束，要监视系统的运行和查看系统的进程状态，可以使用 ps、top、tree 等工具。本节主要介绍一些常用的进程管理工具和命令。

1. 进程监视命令 ps

ps 命令提供了一次性查看进程的功能，所提供的查看结果并不是动态连续的，如果想监视进程的实时变化，可以使用 top 命令。ps 命令常用的参数及其说明如表 9.2 所示。

表 9.2　ps 命令常用的参数及其说明

参　数	说　明
l	长格式输出
u	按用户名和启动时间的顺序来显示进程
j	用任务格式来显示进程
f	用树形格式来显示进程
a	显示所有用户的所有进程（包括其他用户）
x	显示无控制终端的进程
r	显示运行中的进程
w	避免详细参数被截断
f	列出进程全部相关信息，通常和其他选项联用

如果要按照用户名和启动时间顺序显示进程，并且要显示所有用户的进程和后台进程，可以执行 ps aux 命令，该命令的常用使用方式如示例 9-9 所示。

【示例 9-9】

```
[root@CentOS ~]# ps aux|head
USER       PID %CPU %MEM    VSZ   RSS TTY      STAT START   TIME COMMAND
root         1  0.0  0.1  19356  1508 ?        Ss   Jun11   0:03 /sbin/init
root         2  0.0  0.0      0     0 ?        S    Jun11   0:00 [kthreadd]
root         3  0.0  0.0      0     0 ?        S    Jun11   0:00 [migration/0]
root         4  0.0  0.0      0     0 ?        S    Jun11   0:00 [ksoftirqd/0]
[root@CentOS ~]# ps -ef|head
```

```
UID        PID  PPID  C STIME TTY          TIME CMD
root         1     0  0 Jun11 ?        00:00:03 /sbin/init
#和管道结合使用
[root@CentOS ~]# ps -ef|grep httpd|head
root      6051     1 53 00:50 ?        00:00:03 /usr/local/apache2/bin/httpd -k start
root      6056  6051  0 00:50 ?        00:00:00 /usr/local/apache2/bin/httpd -k start
```

第 1 行结果中，每列的含义如表 9.3 所示。

表 9.3 ps 命令执行结果中各列的含义

列 名	说 明
USER	表示启动进程的用户
PID	进程的序号
PPID	父进程的序号
%CPU	进程占用的 CPU 百分比
%MEM	进程使用的物理内存百分比
NI	进程的 NICE 值，数值越大，表示优先级越低，越少占用 CPU 时间
VSZ	进程使用的虚拟内存总量，单位为 KB，在有的发行版中该列名为 VIRT
RSS	进程使用的、未被换出的物理内存大小，单位为 KB，在有的发行版中该列名为 RES
TTY	终端 ID
STAT	进程状态
WCHAN	正在等待的进程资源
START	启动进程的时间
TIME	进程消耗 CPU 的时间
COMMAND	启动命令的名称和参数

其中 STAT 表示进程状态，如进程终止、死掉或成为僵尸进程，进程常见的状态及其说明如表 9.4 所示。

表 9.4 进程常见的状态及其说明

状态名	说 明
D	不能被中断的进程
R	正在运行的进程
S	处于休眠状态
T	停止或被追踪
W	进入内存交换，从内核 2.6 开始无效
X	死掉的进程
Z	僵尸进程
<	优先级较高的进程
N	优先级较低的进程
L	有些页被锁进内存
S	进程的领导者，该进程有子进程
L	多线程的宿主
+	位于后台的进程组

2. 系统状态监视命令 top

使用 ps 命令只能看到某个时刻的进程状态，如果要监视系统的实时状态，可以使用 top 命令，top 命令的输出如示例 9-10 所示。

【示例 9-10】

```
[root@CentOS ~]# top
top - 00:53:22 up  1:43, 10 users,  load average: 0.02, 0.03, 0.00
Tasks: 314 total,   1 running, 312 sleeping,   0 stopped,   1 zombie
Cpu(s):  1.0%us,  1.5%sy,  0.0%ni, 96.0%id,  1.2%wa,  0.0%hi,  0.2%si,  0.0%st
Mem:   1012548k total,   871864k used,   140684k free,    20360k buffers
Swap:  2031608k total,        0k used,  2031608k free,   455456k cached
  PID USER      PR  NI  VIRT  RES  SHR S %CPU %MEM    TIME+  COMMAND
 6368 root      20   0 15160 1268  820 R  3.7  0.1   0:00.03 top
    1 root      20   0 19356 1508 1188 S  0.0  0.1   0:03.13 init
    2 root      20   0     0    0    0 S  0.0  0.0   0:00.06 kthreadd
#部分结果省略
```

上述示例包含较多的信息，主要部分说明如下：

（1）当前系统时间是 00:53:22，系统刚启动了 1 小时 43 分，当前登录系统的用户有 10 个。“load average”后面的 3 个值分别代表：最近 1 分钟、5 分钟、15 分钟的系统负载值。此部分值可参考 CPU 的个数，若超过 CPU 个数的 2 倍以上，则说明系统高负载，需要立即处理；若小于 CPU 的个数，则表示系统负载不高，服务器处于正常状态。

（2）Tasks 部分表示有 314 个进程在内存中，其中 1 个进程正在运行，312 个进程正在睡眠，0 个进程处于停止状态，0 个进程处于僵尸状态。

（3）CPU 部分依次表示：

- %us(user)：CPU 用在用户态程序上的时间。
- %sy(sys)：CPU 用在内核态程序上的时间。
- %ni(nice)：用在 nice 优先级调整过的用户态程序上的时间。
- %id(idle)：CPU 空闲时间。
- %wa(iowait)：CPU 等待系统 IO 的时间。
- %hi：CPU 处理硬件中断的时间。
- %si：CPU 处理软件中断的时间。
- %st(steal)：用于有虚拟 CPU 的情况，用来指示被虚拟机“偷掉”的 CPU 时间。

通常 idle 值可以反映一个系统 CPU 的闲忙程度。另外，如果用户态进程的 CPU 百分比持续在 95%以上，则说明应用程序需要优化。

（4）Mem 表示总内存、已经使用的内存、空闲的内存、用于缓存文件系统的内存、交换内存的总容量。

（5）Swap 表示交换空间的总大小、使用的交换内存空间、空闲的交换空间、用于缓存文件内容的交换空间。

注意：“871864k used”并不表示应用程序实际占用的内存，应用程序实际占用的内存可以使用公式MemTotal-MemFree-Buffers-Cached计算，对应本示例为1012548-140684-20360-455456=396048KB，应用程序实际占用的内存为396048KB。

默认情况下，top命令每隔5秒钟刷新一次数据。top命令常用的参数及其说明如表9.5所示，有关参数的更多说明，可以参考系统帮助文档。

表 9.5　top 命令常用的参数及其说明

参　数	说　明
-b	以批量模式运行，但不能接受命令行输入
-c	显示命令完整启动方式，而不仅仅是命令名
-d N	设置两次刷新之间的时间间隔
-i	禁止显示空闲进程或僵尸进程
-n NUM	显示更新次数，然后退出
-p PID	仅监视指定进程的 ID
-u	只显示指定用户的进程信息
-s	安全模式运行，禁用一些交互命令
-S	累积模式，输出每个进程总的 CPU 时间，包括已死的子进程

以上为终端执行top命令可以接收的参数，使用方法如示例9-11所示。

【示例 9-11】

```
#显示一次结果即退出
[root@CentOS ~]# top -n 1
top - 03:19:25 up  4:10,  2 users,  load average: 3.00, 2.59, 1.43
Tasks: 167 total,   4 running, 163 sleeping,   0 stopped,   0 zombie
Cpu(s):  2.1%us,  2.4%sy,  0.0%ni, 94.8%id,  0.5%wa,  0.0%hi,  0.1%si,  0.0%st
Mem:   1012548k total,   846188k used,   166360k free,    43176k buffers
Swap:  2031608k total,        0k used,  2031608k free,   473472k cached
#部分结果省略
#显示某一进程当前的状态
[root@CentOS ~]#
[root@CentOS ~]# top -p     6051
#部分结果省略
 6051 root      20   0 92064 4336 2568 S  0.0  0.4   0:04.56 httpd
#显示某一用户的进程信息
[root@CentOS ~]# top -u admin
#部分结果省略
 6351 admin      20   0 92200 2584  776 S  0.0  0.3   0:00.10 httpd
 6352 admin      20   0 92200 2580  772 S  0.0  0.3   0:00.00 httpd
```

top命令在运行时可以接收一定的命令参数，比如按某列排序、查看某一个用户的进程等，可以方便用户的调试，top 命令用于排序和查看用户进程信息等方面的常用参数及其说明如

表 9.6 所示。

表 9.6　top 命令用于排序和查看用户进程信息等方面的常用参数及其说明

参　数	说　明
空格	立即更新当前状态
c	显示整个命令，包含启动参数
f,F	增加或删除显示的字段
H	显示有关安全模式及累积模式的帮助信息
k	提示输入要杀死的进程 ID，用来杀死指定进程，默认信号为 15
l	切换到显示负载均衡值和正常运行的时间等信息
m	切换到内存信息，并以内存占用大小对进程进行排序
n	输入后将显示指定数量的进程
o,O	改变显示字段的顺序
r	更改进程优先级
s	改变两次刷新时间的间隔，以秒为单位
t	切换到显示进程和 CPU 状态的信息
A	按进程生命大小进行排序，最新进程显示在最前面
M	按内存占用大小从大到小进行排序
N	按进程 ID 大小从大到小进行排序
P	按 CPU 占用情况从大到小进行排序
S	切换到累积时间模式
T	按时间/累积时间对任务排序
W	把当前的配置写到~/.toprc 中
q	退出 top 程序

3. 进程的启动

Linux 的进程分为前台进程和后台进程，前台进程会占用终端窗口，而后台进程不会占用终端窗口。要启动一个前台进程，只需要在命令行输入启动进程的命令即可，要让一个程序在后台运行，只需要在启动进程时在命令后加上“&”符号即可，命令如下：

```
[root@CentOS ~]# ps -ef
[root@CentOS ~]# ps -ef &
```

进程可以在前后台之间进行切换，要将一个前台进程切换到后台执行，首先按【Ctrl+Z】快捷键，让正在前台执行的进程暂停，然后用 jobs 命令获取当前进程的作业号，通过命令“bg 作业号”将进程放入后台执行，如示例 9-12 所示。

【示例 9-12】

```
[root@CentOS ~]# jobs
[1]   Stopped                 top
[2]-  Stopped                 top
[3]+  Stopped                 top
#输入 bg [作业号] 让进程在后台执行
```

```
[root@CentOS ~]# bg 3
[3]+ top &
```

若要将一个进程从后台调到前台执行，则可以使用以下方法。

【示例 9-13】

```
#用 jobs 获取当前后台进程的作业号
[root@CentOS ~]#  jobs
[1] Stopped top
[2]+ Stopped top
[3]- Stopped vim
#使用 fg [作业号] 命令将作业调到前台执行
[root@CentOS ~]# fg 3
```

4. 进程终止 kill 或 killall

若要终止一个进程或终止一个正在运行的程序，则可以通过 kill 或 killall 来完成。若进程挂死，或系统负载较高，则需要杀死异常的进程。需要注意使用这些工具在强行终止正在运行的程序，尤其是数据库程序时，会使程序来不及完成正常的工作，进而导致数据库的数据丢失。kill 的用法：kill［信号代码］进程 ID。信号代码可以省略，常用的信号代码是-9，表示强制终止。kill 使用时一般和 ps 命令结合使用，如示例 9-14 所示。

【示例 9-14】

```
[root@CentOS ~]# ps -ef|pgrep -l top
25355 top
25370 top
25440 top
#按进程号杀死进程
[root@CentOS ~]# kill -9  25355
[1]   Killed                  top
#杀死同名的一批进程
[root@CentOS ~]# killall -9 top
[2]-  Killed                  top
[3]+  Killed                  top
```

如果进程存在父进程，直接杀死父进程，则子进程会一起被杀死，如果只杀死子进程，则父进程仍然会运行，如示例 9-14 续所示。

【示例 9-14】续

```
[root@CentOS ~]# ps -ef|grep httpd
root      6051     1  0 00:50 ?        00:00:05 /usr/local/apache2/bin/httpd -k
start
root      6351  6051  0 00:50 ?        00:00:00 /usr/local/apache2/bin/httpd -k
start
root      6352  6051  0 00:50 ?        00:00:00 /usr/local/apache2/bin/httpd -k
start
```

```
root       6353  6051  0 00:50 ?        00:00:00 /usr/local/apache2/bin/httpd -k start
root      26974  8676  0 05:29 pts/0    00:00:00 grep httpd
[root@CentOS ~]# kill 6351
#子进程被杀死，其他子进程和父进程并不受影响
[root@CentOS ~]# ps -ef|grep httpd
root      6051     1  0 00:50 ?        00:00:05 /usr/local/apache2/bin/httpd -k start
root       6352  6051  0 00:50 ?        00:00:00 /usr/local/apache2/bin/httpd -k start
root       6353  6051  0 00:50 ?        00:00:00 /usr/local/apache2/bin/httpd -k start
root      27031  8676  0 05:29 pts/0    00:00:00 grep httpd
#若父进程被杀死，则子进程一起终止
[root@CentOS ~]# kill  6051
[root@CentOS ~]# ps -ef|grep httpd
```

5. 进程的优先级

在 Linux 操作系统中，各个进程都使用资源，比如 CPU 和内存是竞争的关系，这个竞争关系可通过一个数值人为地改变，如进程优先级较高，可以分配更多的时间片。优先级通过数字确认，负值或 0 表示高优先级，拥有优先占用系统资源的权利。优先级的数值为-20~19，对应的命令为 nice 和 renice。

nice 可以在创建进程时指定进程的优先级，进程的优先级的值是父进程 Shell 的优先级的值与所指定优先级的值相加之和，因此使用 nice 设置程序的优先级时，所指定的数值是一个增量，并不是优先级的绝对值。

在启动一个进程时，其默认的优先级值为 0，可以通过 nice 命令来指定程序启动时的优先级，也可以通过 renice 命令来改变正在执行的进程的优先级，如示例 9-15 所示。

【示例 9-15】

```
#运行 httpd 服务，并指定优先级增量为 5，正整数表示降低优先级
[root@CentOS ~]# nice -n 5 /usr/local/apache2/bin/apachectl  -k start
#按进程号提高某个进程的优先级，值越小表示优先级越高
[root@CentOS ~]# renice  -n -15 41375
41375: old priority 5, new priority -15
```

9.3 综合示例——进程监控

本节主要通过 rysnc 进程的监控演示进程管理的相关知识，主要代码如示例 9-16 所示。

【示例 9-16】

```
[root@CentOS ~]# cat -n rsyncMon.sh
```

```
    1  #!/bin/bash
    2
    3  function LOG()
    4  {
    5          echo "["$(/bin/date +%Y-%m-%d" "%H:%M:%S -d "0 days ago")"]" "$1"
    6  }
    7
    8  function setENV()
    9  {
   10          export LOCAL_IP=`/sbin/ifconfig |grep -a1 eth0 |grep inet |awk
'{print $2}' |awk -F ":" '{print $2}' |head -1`
   11  }
   12
   13  function sendmsg()
   14  {
   15          LOG  "send alarm to me:$1 $2"
   16  }
   17
   18  function process()
   19  {
   20
   21      #rsync
   22      threadcount=`ps axu|grep "\brsync\b"|grep -v grep|grep -v bash|grep
12345|wc -l`
   23
   24      if [ $threadcount -lt 1 ]
   25      then
   26          LOG "rsync is not exists , restart it!"
   27            rsync --daemon --address=$LOCAL_IP --config=/etc/rsyncd.conf
--port=12345 &
   28          sendmsg tome  "rsync_restart_now_${LOCAL_IP}"
   29     else
   30         LOG "rsync normal"
   31     fi
   32  }
   33
   34  function main()
   35  {
   36        setENV
   37      process
   38  }
   39
   40  LOG "check rsync start"
   41  main
   42  LOG  "check rsync end"
 [root@CentOS ~]# !kill
 killall -9 rsync
```

```
[root@CentOS ~]# sh  rsyncMon.sh
[2020-07-24 11:55:54] check rsync start
[2020-07-24 11:55:54] rsync is not exists , restart it!
[2020-07-24 11:55:54] send alarm to me:tome rsync_restart_now_192.168.19.102
[2020-07-24 11:55:54] check rsync end
[root@CentOS ~]# sh  rsyncMon.sh
[2020-07-24 11:56:00] check rsync start
[2020-07-24 11:56:00] rsync normal
[2020-07-24 11:56:00] check rsync end
```

若系统中不存在 rsync，则可以使用示例 9-17 的方法安装。

【示例 9-17】

```
[root@CentOS Packages]# pwd
/cdrom/Packages
[root@CentOS Packages]# rpm -ivh rsync-3.0.6-9.el6.x86_64.rpm
Preparing...                ########################################### [100%]
   1:rsync                  ########################################### [100%]
```

9.4 小 结

Linux 和 Windows 一样，也支持多个操作系统并存的情况，主要通过 GRUB 管理器来实现。本章重点讲解了 Linux 的启动过程，至此学了 9 章的 Linux，如果连 Linux 的启动过程都不清楚，那可能会贻笑大方。9.2 节介绍了进程，读者应该了解了什么是进程、如何查看进程、监控进程和终止进程。

第 10 章

网络管理

Linux 系统在服务器市场占有很大的份额，尤其在互联网时代，要使用计算机就离不开网络。本章将讲解 Linux 系统的网络配置。在开始配置网络之前，需要了解一些基本的网络原理。

本章首先介绍网络管理协议，包括常用的网络管理命令，然后介绍 Linux 系统中的网络配置，最后对网络配置中的常见问题给出解答。

本章主要涉及的知识点有：

- 网络管理协议
- 常用的网络管理命令
- Linux 的网络配置方法

本章最后的示例演示如何监控 Linux 系统中的网卡流量。

10.1 网络管理协议介绍

要了解 Linux 的配置，首先需要了解相关的网络管理，本节主要介绍和网络配置密切相关的 TCP/IP、UDP 和 ICMP。

10.1.1 TCP/IP 概述

计算机网络是由地理上分散的、具有独立功能的多台计算机，通过通信设备和线路互相连接起来，在配有相应的网络软件的情况下，实现计算机之间通信和资源共享的系统。计算机网络按其所跨越的地理范围可分为局域网（Local Area Network，LAN）和广域网（Wide Area Network，WAN）。在整个计算机网络通信中，使用最为广泛的通信协议便是 TCP/IP，为网络互连事实上的标准协议，每个接入互联网的计算机，如果进行信息传输，必然使用该协议。TCP/IP 协议主要包含传输控制协议（Transmission Control Protocol，TCP）和网际协议（Internet Protocol，IP）。

1. OSI 参考模型

计算机网络是为了实现计算机之间的通信，任何双方要成功地进行通信，必须遵守一定的信息交换规则和约定，在所有的网络中，每一层的目的都是向上一层提供一定的服务，同时利用下一层所提供的功能。TCP/IP 体系在和 OSI 体系的竞争中取得了决定性的胜利，得到了广泛的认可，成为事实上的网络协议体系标准。Linux 系统也是采用 TCP/IP 体系结构进行网络通信的。TCP/IP 体系和 OSI 参考模型一样，也是一种分层结构，由基于硬件层次的 4 个概念性层次构成，即网络接口层、网际层、传输层和应用层。OSI 参考模型与 TCP/IP 的对比如图 10.1 所示。

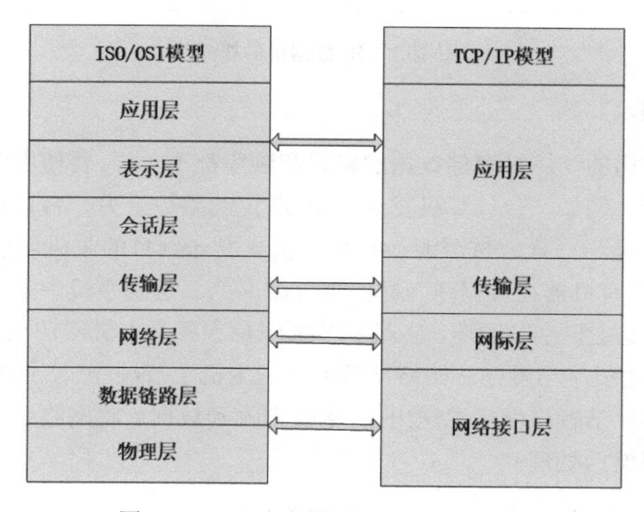

图 10.1　OSI 参考模型与 TCP/IP 的对比

网络接口层主要为上层提供服务，完成链路控制等功能，网际互联层主要解决主机到主机之间的通信问题。其主要协议有：网际协议（IP）、地址解析协议（ARP）、反向地址解析协议（RARP）和互联网控制报文协议（ICMP）。传输层为应用层提供端到端的通信功能，同时提供流量控制，确保数据的完整性和正确性。TCP 位于该层，提供一种可靠的、面向连接的数据传输服务。与此对应的是 UDP，提供不可靠的、无连接的数据报传输服务。应用层对应 OSI 参考模型中的上面 3 层，为用户提供所需要的各种应用服务，如 FTP、Telnet、DNS、SMTP 等。

TCP/IP 体系及其实现中有很多概念和术语，为了方便理解，接下来集中介绍一些常用的概念与术语。

2. 包

包（Packet）是网络上传输的数据片段，也称分组，同时称作 IP 数据报。用户数据按照规定划分为大小适中的若干组，每个组加上包头构成一个包，这个过程称为封装。网络上使用包为单位传输。包是一种统称，在不同的层次，包有不同的名字，如 TCP/IP 称作帧，而 IP 层称为 IP 数据报，TCP 层称为 TCP 报文等。图 10.2 为是 IP 数据报的格式。

0	4	8	16	20	31
版本	长度	服务类型	总长度		
标识			标志	分片位移	
时间		协议	包头校验和		
源IP地址					
目的IP地址					
选项					填充
数据					
其他					

图 10.2　IP 数据报的格式

3. 网络字节顺序

由于不同体系结构的计算机存储数据的格式和顺序都不一样，要使用互联网互联必须定义一个数据的表示标准。例如一台计算机发送 1 个 32 位的整数至另一台计算机，由于机器上存储整数的字节顺序可能不一样，按照源计算机的格式发送到目的主机可能会改变数字的值。TCP/IP 定义了一种所有机器在数据包（即数据分组）的二进制字段中必须使用的网络标准字节顺序，与此对应的是主机字节顺序，主机字节顺序是和各个主机密切相关的。传输时需要遵循以下转换规则："主机字节顺序→网络字节顺序→主机字节顺序"，即发送方将主机字节顺序的整数转换为网络字节顺序然后发送出去，接收方收到数据后将网络字节顺序的整数转换为自己的主机字节顺序然后处理。

4. ARP

TCP/IP 网络使用 IP 地址寻址，IP 包在 IP 层实现路由选择。但是 IP 包在网络接口层的传输却需要知道设备的物理地址，因此需要一种 IP 地址到物理地址的转换协议。TCP/IP 协议栈使用动态绑定技术来实现一种维护起来既高效又容易的机制，这就是 ARP。

ARP 是在以太网这种有广播能力的网络中解决地址转换问题的方法。这种方法允许在不重新编译代码、不需要维护一个集中式数据库的情况下，在网络中动态增加新机器。其原理简单描述为：当主机 A 想转换某一个 IP 地址时，通过向网络中广播一个专门的报文分组，要求具有该 IP 地址的主机以其物理地址做出应答。当所有主机都收到这个请求后，只有符合条件的主机才能辨认该 IP 地址，同时发回一个应答，应答中包含其物理地址。主机 A 收到应答时便知道了该 IP 地址对应的物理硬件地址，并使用这个地址直接把数据分组发送出去。

10.1.2　UDP 与 ICMP 简介

UDP（User Datagram Protocol）是一种无连接的传输层协议，主要用于不要求数据包顺序到达的传输中，数据包传输顺序的检查与排序由应用层完成，提供面向事务的简单、不可靠信息传送服务。由于其不提供数据包的拆分、组装和不能对数据包进行排序的缺点，当报文发送之后，无法得知其是否安全完整地到达目的地，同时流量不易控制，若网络质量较差，则 UDP 数据包丢失会比较严重。但 UDP 具有资源消耗小、处理速度快的优点。

ICMP 属于 TCP/IP 协议族的一个子协议，用于在 IP 主机、路由器之间传递控制消息。控制消息是指网络通不通、主机是否可达、路由是否可用等网络本身的消息。例如经常使用的用于检查网络通不通的 ping 命令，ping 的过程实际上就是 ICMP 工作的过程。ICMP 唯一的功能是报告问题而不是纠正错误，纠正错误的任务由发送方完成。

10.2 网络管理命令

在进行网络配置之前，首先需要了解网络管理命令的使用。本节主要介绍网络管理中常用的命令。

10.2.1 检查网络是否通畅或网络连接速度：ping

ping 常常用来测试目标主机或域名是否可达，通过发送 ICMP 数据包到网络主机，显示响应情况，并根据输出信息来确定目标主机或域名是否可达。ping 的结果通常情况下是可信的，由于有些服务器可以设置禁止 ping，从而使 ping 的结果并不是完全可信的。ping 命令常用参数及其说明如表 10.1 所示。

在 Linux 下，ping 不会自动终止，需要按【Ctrl+C】快捷键终止或用参数“-c”指定要求完成的回应次数。

表 10.1　ping 命令常用的参数及其说明

参　数	说　明
-d	使用 Socket 的 SO_DEBUG 功能
-f	极限检测。大量且快速地把数据包发送给一台机器，看其回应
-n	只输出数值
-q	不显示任何传送数据包的信息，只显示最后的结果
-r	忽略普通的路由表（Routing Table），直接将数据包送到远端主机上
-R	记录路由过程
-v	详细显示命令的执行过程
-c	在发送指定数目的数据包后停止
-i	设置间隔几秒送一个数据包给一台机器，默认值是一秒送一次
-I	使用指定的网络接口送出数据包
-l	设置在送出要求的信息之前，先行发出的数据包
-p	设置填满数据包的范本样式
-s	指定发送的数据字节数
-t	设置存活数值 TTL 的大小

ping 常见的用法如示例 10-1 所示。

【示例 10-1】

```
#目的地址可以ping通
[root@CentOS ~]# ping 192.168.3.100
PING 192.168.3.100 (192.168.3.100) 56(84) bytes of data.
64 bytes from 192.168.3.100: icmp_seq=1 ttl=64 time=0.742 ms
64 bytes from 192.168.3.100: icmp_seq=2 ttl=64 time=0.046 ms

--- 192.168.3.100 ping statistics ---
2 packets transmitted, 2 received, 0% packet loss, time 1993ms
rtt min/avg/max/mdev = 0.046/0.394/0.742/0.348 ms
#目的地址ping不通的情况
[root@CentOS ~]# ping 192.168.3.102
PING 192.168.3.102 (192.168.3.102) 56(84) bytes of data.
From 192.168.3.100 icmp_seq=1 Destination Host Unreachable
From 192.168.3.100 icmp_seq=2 Destination Host Unreachable
From 192.168.3.100 icmp_seq=3 Destination Host Unreachable
^C
--- 192.168.3.102 ping statistics ---
4 packets transmitted, 0 received, +3 errors, 100% packet loss, time 3373ms
#ping指定的次数
[root@CentOS ~]# ping -c 1 192.168.3.100
PING 192.168.3.100 (192.168.3.100) 56(84) bytes of data.
64 bytes from 192.168.3.100: icmp_seq=1 ttl=64 time=0.235 ms

--- 192.168.3.100 ping statistics ---
1 packets transmitted, 1 received, 0% packet loss, time 0ms
rtt min/avg/max/mdev = 0.235/0.235/0.235/0.000 ms
#指定时间间隔和次数限制的ping
[root@CentOS ~]#  ping -c 3 -i 0.01 192.168.3.100
PING 192.168.3.100 (192.168.3.100) 56(84) bytes of data.
64 bytes from 192.168.3.100: icmp_seq=1 ttl=64 time=0.247 ms
64 bytes from 192.168.3.100: icmp_seq=2 ttl=64 time=0.030 ms
64 bytes from 192.168.3.100: icmp_seq=3 ttl=64 time=0.026 ms

--- 192.168.3.100 ping statistics ---
3 packets transmitted, 3 received, 0% packet loss, time 20ms
rtt min/avg/max/mdev = 0.026/0.101/0.247/0.103 ms
#ping外网域名
[root@CentOS ~]# ping  -c 2 www.php.net
PING www.php.net (69.147.83.199) 56(84) bytes of data.
64 bytes from www.php.net (69.147.83.199): icmp_seq=1 ttl=50 time=212 ms
64 bytes from www.php.net (69.147.83.199): icmp_seq=2 ttl=50 time=212 ms

--- www.php.net ping statistics ---
2 packets transmitted, 2 received, 0% packet loss, time 1001ms
rtt min/avg/max/mdev = 212.856/212.885/212.914/0.029 ms
```

除了以上示例外，ping 的各个参数还可以结合使用，读者可上机加以练习。

10.2.2 配置网络或显示当前网络接口状态：ifconfig

ifconfig 命令可以用于查看、配置、启用或禁用指定的网络接口，如配置网卡的 IP 地址、掩码、广播地址、网关等，Windows 类似的命令为 ipconfig。其语法如下：

```
#ifconfig interface [[-net -host] address [parameters]]
```

其中 interface 是网络接口名（即网卡名），address 是分配给指定接口的主机名或 IP 地址，-net 和-host 分别告诉 ifconfig 将这个地址作为网络号和主机地址。Linux 中网卡的命名规律：第 1 块网卡为 eth0，第 2 块网卡为 eth1，以此类推。lo 为本地环回接口（即回送地址），IP 地址固定为 127.0.0.1，子网掩码为 8 位，表示本机。ifconfig 常见使用方法如示例 10-2 所示。

【示例 10-2】

```
#查看网卡的基本信息
[root@CentOS ~]# ifconfig
1 eth0      Link encap:Ethernet  HWaddr 00:0C:29:7F:08:9D
2          inet addr:192.168.3.100  Bcast:192.168.3.255  Mask:255.255.255.0
3          inet6 addr: fe80::20c:29ff:fe7f:89d/64 Scope:Link
4          UP BROADCAST RUNNING MULTICAST  MTU:1500  Metric:1
5          RX packets:18233 errors:0 dropped:0 overruns:0 frame:0
6         TX packets:18233 errors:0 dropped:0 overruns:0 carrier:0
7         collisions:0 txqueuelen:1000
        RX bytes:1582899 (1.5 MiB)  TX bytes:9271561 (8.8 MiB)

lo        Link encap:Local Loopback
        inet addr:127.0.0.1  Mask:255.0.0.0
        inet6 addr: ::1/128 Scope:Host
        UP LOOPBACK RUNNING  MTU:16436  Metric:1
        RX packets:8466 errors:0 dropped:0 overruns:0 frame:0
        TX packets:8466 errors:0 dropped:0 overruns:0 carrier:0
        collisions:0 txqueuelen:0
        RX bytes:722934 (705.9 KiB)  TX bytes:722934 (705.9 KiB)#
#命令后面可接网络卡，用于查看指定网络卡的信息
[root@CentOS ~]# ifconfig eth0
eth0      Link encap:Ethernet  HWaddr 00:0C:29:7F:08:9D
        inet addr:192.168.3.100  Bcast:192.168.3.255  Mask:255.255.255.0
        inet6 addr: fe80::20c:29ff:fe7f:89d/64 Scope:Link
        UP BROADCAST RUNNING MULTICAST  MTU:1500  Metric:1
        RX packets:18249 errors:0 dropped:0 overruns:0 frame:0
        TX packets:18245 errors:0 dropped:0 overruns:0 carrier:0
        collisions:0 txqueuelen:1000
        RX bytes:1584319 (1.5 MiB)  TX bytes:9273657 (8.8 MiB)
```

说明：

- 第 1 行：Ethernet（以太网）表示连接类型，HWaddr 为网卡的 MAC 地址。
- 第 2 行：依次为网卡 IP、广播地址、子网掩码。
- 第 3 行：IPv6 地址设置。
- 第 4 行：UP 表示此网络卡为启用状态，RUNNING 表示网卡设备已连接，MULTICAST 表示支持组播，MTU 为数据包最大传输单元。
- 第 5 行：接收数据包情况统计，如接收包的数量、丢包量、错误等。
- 第 6 行：发送数据包情况统计，如发送包的数量、丢包量、错误等。
- 第 7 行：接收、发送数据字节数统计信息。

设置 IP 地址可使用以下命令：

```
#设置网卡 IP 地址
[root@CentOS ~]# ifconfig eth0:5 192.168.3.105 netmask 255.255.255.0 up
```

设置完后，使用 ifconfig 命令查看，可以看到两个网卡的信息，分别为 eth0 和 eth0:5。如果继续设置其他 IP，则可以使用类似的方法，如示例 10-3 所示。

【示例 10-3】

```
#更改网卡的 MAC 地址
[root@CentOS ~]# ifconfig eth0:5  hw ether 00:0C:29:7F:08:9E
[root@CentOS ~]# ifconfig eth0:5 |grep  HWaddr
eth0:5    Link encap:Ethernet  HWaddr 00:0C:29:7F:08:9E
#将某个网络卡禁用
[root@CentOS ~]# ifconfig eth0:5 192.168.3.105  netmask 255.255.255.0 up
[root@CentOS ~]# ifconfig eth0:5   down
[root@CentOS ~]# ifconfig
eth0      Link encap:Ethernet  HWaddr 00:0C:29:7F:08:9E
          inet addr:192.168.3.100  Bcast:192.168.3.255  Mask:255.255.255.0
          inet6 addr: fe80::20c:29ff:fe7f:89d/64 Scope:Link
          UP BROADCAST RUNNING MULTICAST  MTU:1500  Metric:1
          RX packets:18864 errors:0 dropped:0 overruns:0 frame:0
          TX packets:18733 errors:0 dropped:0 overruns:0 carrier:0
          collisions:0 txqueuelen:1000
          RX bytes:1641353 (1.5 MiB)  TX bytes:9337609 (8.9 MiB)
lo        Link encap:Local Loopback
          inet addr:127.0.0.1  Mask:255.0.0.0
          inet6 addr: ::1/128 Scope:Host
          UP LOOPBACK RUNNING  MTU:16436  Metric:1
          RX packets:8466 errors:0 dropped:0 overruns:0 frame:0
          TX packets:8466 errors:0 dropped:0 overruns:0 carrier:0
          collisions:0 txqueuelen:0
          RX bytes:722934 (705.9 KiB)  TX bytes:722934 (705.9 KiB)
```

除以上功能外，ifconfig 还可以设置网卡的 MTU。以上设置会在重启后丢失，如需重启后依然生效，可以通过设置网络卡文件使其永久生效。更多使用方法，可以参考系统帮助（通过执行 man ifconfig 命令）。

10.2.3　显示、添加或修改路由表：route

route 命令用于查看或编辑计算机的 IP 路由表。route 命令的语法如下：

```
route [-f] [-p] [command [destination] [mask netmask] [gateway] [metric][ [dev] If ]
```

参数说明：

- command 指定想要进行的操作，如 add、change、delete、print。
- destination 指定该路由的网络目标。
- mask netmask 指定与网络目标相关的子网掩码。
- gateway 为网关。
- metric 为路由指定一个整数成本指标，当在路由表的多个路由中进行选择时可以使用。
- dev if 为可以访问目标的网络接口指定接口索引。

route 命令的使用方法如示例 10-4 所示。

【示例 10-4】

```
#显示所有路由表
[root@CentOS ~]# route -n
Kernel IP routing table
Destination     Gateway         Genmask         Flags Metric Ref    Use Iface
192.168.3.0     0.0.0.0         255.255.255.0   U     1      0        0 eth0
#添加一条路由:发往 192.168.60 这个网段的全部要经过网关 192.168.19.1
route add -net 192.168.60.0 netmask 255.255.255.0 gw 192.168.19.1
#删除一条路由，删除的时候不需要网关
route del -net 192.168.60.0 netmask 255.255.255.0
```

10.2.4　复制文件至其他系统：scp

如果本地主机需要和远程主机进行数据迁移或文件传送，可以使用 FTP 或搭建 Web 服务，另外可选的方法有 scp 命令或 rsync 命令。scp 可以将本地文件传送到远程主机，或从远程主机拉取文件到本地。其一般语法如下，注意由于各个发行版不同，scp 命令的语法不尽相同，具体使用方法可查看系统帮助。

```
scp [-1245BCpqrv] [-c cipher] [F ssh_config] [-I identity_file] [-l limit] [-o
ssh_option] [-P port] [-S program] [[user@]host1:] file1 [...] [[suer@]host2:]file2
```

scp 命令执行成功则返回 0，失败或有异常时则返回大于 0 的值，该命令常用的参数及其说明如表 10.2 所示。

表 10.2　scp 命令常用的参数及其说明

参　数	说　明
-P	指定连接远程端口
-q	把进度参数关掉
-r	递归地复制整个目录
-V	冗余模式。打印调试信息方便问题定位

scp 命令的使用方法如示例 10-5 所示。

【示例 10-5】

```
#将本地文件传送至远程主机 192.168.3.100 的/usr 路径下
[root@CentOS ~]# scp -P 12345  cgi_mon   root@192.168.3.100:/usr
root@192.168.3.100's password:
cgi_mon
100% 6922     6.8KB/s   00:00
#拉取远程主机上的文件至本地路径
[root@CentOS ~]# scp -P12345 root@192.168.3.100:/etc/hosts ./
root@192.168.3.100's password:
hosts
100%  284     0.3KB/s   00:00
#如需传送目录，可以使用参数“r”
[root@CentOS soft]# scp -r  -P12345 root@192.168.3.100:/usr/local/apache2  .
root@192.168.3.100's password:
logresolve.8              100% 1407     1.4KB/s   00:00
rotatelogs.8              100% 5334     5.2KB/s   00:00
#部分结果省略
#将本地目录传送至远程主机指定的目录
[root@CentOS soft]# scp -r apache2 root@192.168.3.100:/data
root@192.168.3.100's password:
logresolve.8        100% 1407     1.4KB/s   00:00
rotatelogs.8        100% 5334     5.2KB/s   00:00
#部分结果省略
```

10.2.5　复制文件至其他系统：rsync

rsync 是 Linux 系统下常用的数据镜像备份工具，用于在不同的主机之间同步文件。除了单个文件外，rsync 还能以镜像方式保存整个目录树和文件系统，可以进行增量同步，并保持文件原来的属性，如权限、时间戳等。rsync 命令在数据传输过程中是加密的，以保证数据的安全性。rsync 命令的语法如下：

```
Usage: rsync [OPTION]... SRC [SRC]... DEST
  or   rsync [OPTION]... SRC [SRC]... [USER@]HOST:DEST
  or   rsync [OPTION]... SRC [SRC]... [USER@]HOST::DEST
  or   rsync [OPTION]... SRC [SRC]... rsync://[USER@]HOST[:PORT]/DEST
  or   rsync [OPTION]... [USER@]HOST:SRC [DEST]
```

```
   or   rsync [OPTION]... [USER@]HOST::SRC [DEST]
   or   rsync [OPTION]... rsync://[USER@]HOST[:PORT]/SRC [DEST]
```

OPTION 可以指定某些选项，如压缩传输、是否递归传输等，SRC 为本地目录或文件；USER 和 HOST 表示可以登录远程服务的用户名和主机；DEST 表示远程路径。rsync 命令常用的参数及其说明如表 10.3 所示（由于参数众多，只列出一些有代表性的参数）。

表 10.3　rsync 命令常用的参数及其说明

参　数	说　明
-v	详细模式输出
-q	精简输出模式
-c	打开校验开关，强制对文件传输进行校验
-a	归档模式，表示以递归方式传输文件，并保持所有文件属性，等同于-rlptgoD
-r	对子目录以递归模式处理
-R	使用相对路径信息
-p	保持文件权限
-o	保持文件属主信息
-g	保持文件属组信息
-t	保持文件时间信息
-n	显示哪些文件将被传输
-W	复制文件，不进行增量检测
-e	指定使用 rsh、ssh 方式进行数据同步
--delete	删除 DST 中 SRC 没有的文件
--timeout=TIME	IP 超时时间，单位为秒
-z	对备份的文件在传输时进行压缩处理
--exclude=PATTERN	指定排除不需要传输的文件模式
--include=PATTERN	指定包含需要传输的文件模式
--exclude-from=FILE	排除 FILE 中指定模式的文件
--include-from=FILE	包含 FILE 中指定模式的文件
--version	打印版本信息
-address	绑定到特定的地址
--config=FILE	指定其他的配置文件，而不使用默认的 rsyncd.conf 文件
--port=PORT	指定其他的 rsync 服务端口
--progress	在传输时显示传输过程
--log-format=format	指定日志文件格式
--password-file=FILE	从 FILE 中得到密码

rsync 命令的使用方法如示例 10-6 所示。

【示例 10-6】

```
#传送本地文件到远程主机
[root@CentOS local]# rsync  -v  --port 56789  b.txt root@192.168.3.100::BACKUP
b.txt
```

```
sent 67 bytes  received 27 bytes  188.00 bytes/sec
total size is 2  speedup is 0.02
#传送目录至远程主机
[root@CentOS local]# rsync  -avz  --port 56789  apache2 root@192.168.3.100::BACKUP
#部分结果省略
apache2/modules/mod_vhost_alias.so

sent 27983476 bytes  received 187606 bytes  5122014.91 bytes/sec
total size is 48113101  speedup is 1.71
#拉取远程文件至本地
[root@CentOS local]# rsync  --port 56789 -avz  root@192.168.3.100::BACKUP/
apache2/test.txt .
receiving incremental file list
test.txt
sent 47 bytes  received 102 bytes  298.00 bytes/sec
total size is 2  speedup is 0.01
#拉取远程目录至本地
[root@CentOS local]# rsync  --port 56789 -avz  root@192.168.3.100::BACKUP/
apache2 .
#部分结果省略
apache2/modules/mod_version.so
apache2/modules/mod_vhost_alias.so
sent 16140 bytes  received 13866892 bytes  590767.32 bytes/sec
total size is 48113103  speedup is 3.47
```

rsync 命令具有增量传输的功能，利用此特性可以进行文件的增量备份。通过 rsync 命令可以对实时性要求不高的数据进行备份。随着文件的增多，通过 rsync 命令进行数据同步时，需要扫描所有文件后进行对比，然后进行差量传输。如果文件很多，扫描文件是非常耗时的，使用 rsync 命令反而比较低效。

10.2.6 显示网络连接、路由表或网络接口状态：netstat

netstat 命令用于监控系统网络配置和工作状况，可以显示内核路由表、活动的网络状态以及每个网络接口的统计数字。netstat 命令常用的参数及其说明如表 10.4 所示。

表 10.4 netstat 命令常用的参数及其说明

参数	说明
-a	显示所有连接中的 Socket
-c	持续列出网络状态
-h	在线帮助
-i	显示网络接口
-l	显示监控中的服务器的 Socket
-n	直接使用 IP 地址
-p	显示正在使用 Socket 的程序名称

（续表）

参 数	说 明
-r	显示路由表
-s	显示网络工作信息统计表
-t	显示 TCP 端口情况
-u	显示 UDP 端口情况
-v	显示命令执行过程
-V	显示版本信息

netstat 命令常见使用方法如示例 10-7 所示。

【示例 10-7】

```
#显示所有端口，包含 UDP 和 TCP 端口
[root@CentOS local]# netstat -a|head -4
getnameinfo failed
Active Internet connections (servers and established)
Proto Recv-Q Send-Q Local Address               Foreign Address             State
tcp        0      0 *:rquotad                   *:*                         LISTEN
tcp        0      0 *:55631                     *:*                         LISTEN
#部分结果省略
#显示所有 TCP 端口
[root@CentOS local]# netstat -at
#部分结果省略
Active Internet connections (servers and established)
Proto Recv-Q Send-Q Local Address               Foreign Address             State
tcp        0      0 192.168.3.100:56789         *:*                         LISTEN
tcp        0      0 *:nfs                       *:*                         LISTEN
#
#显示所有 UDP 端口
[root@CentOS local]# netstat -au
Active Internet connections (servers and established)
Proto Recv-Q Send-Q Local Address               Foreign Address             State
udp        0      0 *:nfs                       *:*
udp        0      0 *:43801                     *:*
#显示所有处于监听状态的端口并以数字方式显示而不是显示服务名
[root@CentOS local]# netstat -ln
Active Internet connections (only servers)
Proto Recv-Q Send-Q Local Address               Foreign Address             State
tcp        0      0 0.0.0.0:111                 0.0.0.0:*                   LISTEN
tcp        0      0 192.168.3.100:56789         0.0.0.0:*                   LISTEN
#显示所有 TCP 端口并显示对应的进程名称或进程号
[root@CentOS local]# netstat -plnt
Active Internet connections (only servers)
Proto Recv-Q Send-Q Local Address Foreign Address State     PID/Program name
tcp    0      0 0.0.0.0:111       0.0.0.0:*         LISTEN    5734/rpcbind
```

```
tcp      0      0 0.0.0.0:58864     0.0.0.0:*        LISTEN      5818/rpc.mountd
#显示核心路由信息
[root@CentOS local]# netstat -r
Kernel IP routing table
Destination     Gateway         Genmask         Flags  MSS Window  irtt Iface
192.168.3.0     *              255.255.255.0   U         0 0          0 eth0
#显示网络接口列表
[root@CentOS local]# netstat -i
Kernel Interface table
Iface       MTU Met   RX-OK RX-ERR RX-DRP RX-OVR    TX-OK TX-ERR TX-DRP TX-OVR Flg
eth0       1500   0    26233      0      0      0    27142      0      0      0 BMRU
eth0:5     1500   0       - no statistics available -                        BMRU
lo        16436   0    45402      0      0      0    45402      0      0      0 LRU
#综合示例，统计各个TCP连接的各个状态对应的数量
[root@CentOS local]# netstat -plnta|sed '1,2d'|awk '{print $6}'|sort|uniq -c
      1 ESTABLISHED
     21 LISTEN
```

10.2.7 探测至目的地址的路由信息：traceroute

traceroute 命令跟踪数据包到达网络主机所经过的路由，原理是试图以最小的 TTL（生存时间值）发出探测包来跟踪数据包到达目标主机所经过的网关，然后监听来自网关 ICMP 的应答。使用语法下：

```
traceroute [-m Max_ttl] [-n ] [-p Port] [-q Nqueries] [-r] [-s SRC_Addr]
[-t TypeOfService] [-v] [-w WaitTime] Host [PacketSize]
```

traceroute 命令常用的参数及其说明如表 10.5 所示。

表 10.5　traceroute命令常用的参数及其说明

参　数	说　明
-f	设置第一个检测数据包的 TTL 的大小
-g	设置源路由网关，最多可设置 8 个
-i	使用指定的网络接口发送数据包
-I	使用 ICMP 回应取代 UDP 数据信息
-m	设置检测数据包的最大 TTL 的大小，默认值为 30
-n	直接使用 IP 地址而非主机名称。当 DNS 不起作用时常用到这个参数
-p	设置 UDP 传输协议的通信端口，默认值是 33434
-r	忽略普通的路由表（Routing Table），直接将数据包发送到远端主机上
-s	设置本地主机发送数据包的 IP 地址
-t	设置检测数据包的 TOS 数值
-v	详细显示命令的执行过程
-w	设置等待远端主机回报的时间。默认值为 3 秒
-x	开启或关闭数据包的正确性检验
-q n	在每次设置生存期时，把探测包的个数设置为值 n，默认为 3

traceroute 命令常用操作如示例 10-8 所示。

【示例 10-8】

```
[root@CentOS local]#  ping www.php.net
PING www.php.net (69.147.83.199) 56(84) bytes of data.
64 bytes from www.php.net (69.147.83.199): icmp_seq=1 ttl=50 time=213 ms
#显示本地主机到 www.php.net 所经过的路由信息
[root@CentOS local]# traceroute -n www.php.net
traceroute to www.php.net (69.147.83.199), 30 hops max, 40 byte packets
#第 3 跳到达深圳联通
 3  120.80.198.245 (120.80.198.245)  4.722 ms   4.273 ms   1.925 ms
#第 9 跳到达美国
 9  208.178.58.173 (208.178.58.173)  185.117 ms 64.212.107.149 (64.212.107.149)
184.838 ms 208.178.58.173 (208.178.58.173)  185.422 ms
#美国
13   98.136.16.61  (98.136.16.61)   216.602  ms  209.131.32.53  (209.131.32.53)
216.779 ms 209.131.32.55 (209.131.32.55)  214.934 ms
#第 14 跳到达 php.net 对应的主机
14  69.147.83.199 (69.147.83.199)  213.893 ms   213.536 ms   213.476 ms
#域名不可达，最大 30 跳
[root@CentOS local]#  traceroute -n  www.mysql.com
traceroute to www.mysql.com (137.254.60.6), 30 hops max, 40 byte packets
16  141.146.0.137 (141.146.0.137)  201.945 ms   201.372 ms   201.241 ms
17  * * *
#部分结果省略
29  * * *
30  * * *
```

以上示例每行记录对应一个跳步，每一跳表示一个网关，每行有 3 个时间，单位是 ms（毫秒）。如果域名不通或主机不通，则可根据显示的网关信息进行定位。星号表示 ICMP 信息没有返回，以上示例访问 www.mysql.com 不通，数据包到达某一节点时没有返回，可以将此结果提交给 IDC 运营商，以便于解决问题。

traceroute 命令实际上是通过给目标机的一个非法 UDP 端口号发送一系列 UDP 数据包来工作的。使用默认设置时，本地主机给每个路由器发送 3 个数据包，最多可经过 30 个路由器。如果已经经过了 30 个路由器，但还未到达目标主机，那么 traceroute 将终止。每个数据包都对应一个 Max_ttl 值，同一跳的数据包的这个值一样，每个数据包的该值从 1 开始，每经过一个跳该值加 1。当本地主机发出的数据包到达路由器时，路由器就响应一个 ICMPTimeExceed 消息，于是 traceroute 就显示出当前跳步数、路由器的 IP 地址或名字以及 3 个数据包分别对应的周转时间（以 ms 为单位）。如果本地主机在指定的时间内未收到响应包，那么在数据包的周转时间栏就显示出一个星号。当一个跳步结束时，本地主机根据当前路由器的路由信息给下一个路由器又发出 3 个数据包，周而复始，直到收到一个 ICMPPORT_UNREACHABLE 的消息，意味着已到达目标主机，或已达到指定的最大跳步数。

10.2.8 测试、登录或控制远程主机：telnet

telnet 命令通常用于远程登录。telnet 程序是基于 TELNET 协议的远程登录客户端程序。TELNET 协议是 TCP/IP 协议族中的一员，是互联网远程登录服务的标准协议和主要方式，为用户提供了在本地计算机上完成远程主机工作的能力。在客户端可以在telnet程序中输入命令，从而在本地控制远程服务器。由于 telnet 采用明文传送报文，因此安全性较差。telnet 可以确定远程服务端口的状态，以便确认服务是否正常。telnet 命令的使用方法如示例 10-9 所示。

【示例 10-9】

```
#检查对应服务是否正常
[root@CentOS Packages]# telnet 192.168.3.100 56789
Trying 192.168.3.100...
Connected to 192.168.3.100.
Escape character is '^]'.
@RSYNCD: 30.0
as
@ERROR: protocol startup error
Connection closed by foreign host.
[root@CentOS local]#  telnet www.php.net 80
Trying 69.147.83.199...
Connected to www.php.net.
Escape character is '^]'.
test
#部分结果省略
</html>Connection closed by foreign host.
```

可以发现，如果端口可以正常进行 telnet 登录，则表示远程服务正常。除了确认远程服务是否正常外，对于提供开放 telnet 功能的服务，使用 telnet 可以登录远程端口，输入合法的用户名和口令后，就可以继续进行其他工作了。有关使用方法的更多信息，可以查看系统的帮助文档。

10.2.9 下载网络文件：wget

wget 类似于 Windows 中的下载工具，大多数 Linux 发行版本默认都包含此工具。该工具的用法比较简单，如要下载某个文件，可以使用以下命令：

```
#使用语法为 wget [参数列表] [目标软件、网页的网址]
[root@CentOS data]# wget  http://ftp.gnu.org/gnu/wget/wget-1.14.tar.gz
```

wget 命令常用的参数及其说明如表 10.6 所示。

表 10.6 wget 命令常用的参数及其说明

参 数	说 明
-b	后台执行
-d	显示调试信息

（续表）

参 数	说 明
-nc	不覆盖已有的文件
-c	断点下传
-N	该参数指定 wget 只下载更新的文件
-S	显示服务器响应
-T timeout	超时时间（单位为秒）
-w time	重试延时（单位为秒）
-Q quota=number	重试次数
-nd	不下载目录结构，把从服务器所有指定目录下载的文件都堆到当前目录中
-nH	不创建以目标主机域名为目录名的目录 将目标主机的目录结构直接下载到当前目录下
-l [depth]	下载远程服务器目录结构的深度
-np	只下载目标站点指定目录及其子目录的内容

wget 命令具有强大的功能，比如断点续传，可同时支持 FTP 或 HTTP 下载，并可以设置代理服务器。wget 命令的使用方法如示例 10-10 所示。

【示例 10-10】

```
#下载某个文件
[root@CentOS data]# wget  http://ftp.gnu.org/gnu/wget/wget-1.14.tar.gz
--15:47:51--  http://ftp.gnu.org/gnu/wget/wget-1.14.tar.gz
           => 'wget-1.14.tar.gz'
Resolving ftp.gnu.org... 208.118.235.20, 2001:4830:134:3::b
Connecting to ftp.gnu.org|208.118.235.20|:80... connected.
HTTP request sent, awaiting response... 200 OK
Length: 3,118,130 (3.0M) [application/x-gzip]

100%[=================================================================>]
3,118,130    333.55K/s    ETA 00:00

15:48:03 (273.52 KB/s) - 'wget-1.14.tar.gz' saved [3118130/3118130]
#断点续传
[root@CentOS data]#  wget  -c  http://ftp.gnu.org/gnu/wget/wget-1.14.tar.gz
--15:49:55--  http://ftp.gnu.org/gnu/wget/wget-1.14.tar.gz
           => 'wget-1.14.tar.gz'
Resolving ftp.gnu.org... 208.118.235.20, 2001:4830:134:3::b
Connecting to ftp.gnu.org|208.118.235.20|:80... connected.
HTTP request sent, awaiting response... 206 Partial Content
Length: 3,118,130 (3.0M), 1,404,650 (1.3M) remaining [application/x-gzip]

100%[++++++++++++++++++++++++++++++++++++++=============================>]
3,118,130    230.83K/s    ETA 00:00

15:50:04 (230.52 KB/s) - 'wget-1.14.tar.gz' saved [3118130/3118130]
```

```
#批量下载，其中 download.txt 文件中是一系列网址
[root@CentOS data]# wget -i download.txt
```

wget 命令的其他用法可参考系统帮助，读者可以通过实践慢慢探索它的功能。

10.3 Linux 网络配置

Linux 系统在服务器市场中占用较大份额，要使用好 Linux 系统的网络系统首先要了解网络配置，本节主要介绍 Linux 系统的网络配置。

10.3.1 Linux 网络配置的相关文件

Linux 网络配置的相关文件根据不同的发行版其目录名称有所不同，但大同小异，主要有以下目录或文件：

（1）/etc/sysconfig/network：主要用于修改主机名称以及设置是否启动网络。

（2）/etc/sysconfig/network-scrips/ifcfg-ethN：设置网卡参数的文件，比如 IP 地址、子网掩码、广播地址、网关等。N 为数字，第 1 块网卡对应的文件名为 ifcfg-eth0，第 2 块为 ifcfg-eth1，以此类推。

（3）/etc/resolv.conf：设置 DNS 相关的信息，用于将域名解析到 IP 地址。

（4）/etc/hosts：计算机的 IP 地址对应的主机名称或域名对应的 IP 地址，通过设置 /etc/nsswitch.conf 中的选项可以选择是 DNS 解析优先还是本地设置优先。

（5）/etc/nsswitch.conf：规定通过哪些途径以及按照什么顺序通过这些途径来查找特定类型的信息。

10.3.2 配置 Linux 系统的 IP 地址

要设置主机的 IP 地址，可以直接通过终端命令进行设置，如想设置在系统重启后依然生效，可以设置对应的网络接口文件（即网卡文件），如示例 10-11 所示。

【示例 10-11】

```
[root@CentOS network-scripts]# cat  ifcfg-eth0
DEVICE=eth0
HWADDR=00:0C:29:7F:08:9D
ONBOOT=yes
BOOTPROTO=static
BROADCAST=192.168.3.255
IPADDR=192.168.3.100
NETMASK=255.255.255.0
```

网卡文件中每个字段的含义如表 10.7 所示。

表 10.7 网卡文件中每个字段及其含义

字 段	含 义
DEVICE	设备名，此处为第 1 块网卡，对应网卡为 eth0
HWADDR	网卡的 MAC 地址
ONBOOT	系统启动时是否设置此网络卡
BOOTPROTO	使用动态 IP 地址还是静态 IP 地址
BROADCAST	广播地址
IPADDR	IP 地址
NETMASK	子网掩码

设置完 ifcfg-eth0 文件后，需要重启网络服务才能生效，重启后使用 ifconfig 命令查看设置是否生效：

```
[root@CentOS network-scripts]# service network restart
```

同一个网络卡可以设置多个 IP 地址，如示例 10-12 所示。

【示例 10-12】

```
[root@CentOS ~]# ifconfig eth0:5 192.168.3.105  netmask 255.255.255.0 up
[root@CentOS network-scripts]# ifconfig
eth0      Link encap:Ethernet  HWaddr 00:0C:29:7F:08:9D
          inet addr:192.168.3.100  Bcast:192.168.3.255  Mask:255.255.255.0
          inet6 addr: fe80::20c:29ff:fe7f:89d/64 Scope:Link
          UP BROADCAST RUNNING MULTICAST  MTU:1500  Metric:1
          RX packets:27400 errors:0 dropped:0 overruns:0 frame:0
          TX packets:28086 errors:0 dropped:0 overruns:0 carrier:0
          collisions:0 txqueuelen:1000
          RX bytes:2375573 (2.2 MiB)  TX bytes:12120151 (11.5 MiB)

eth0:5    Link encap:Ethernet  HWaddr 00:0C:29:7F:08:9D
          inet addr:192.168.3.105  Bcast:192.168.3.255  Mask:255.255.255.0
          UP BROADCAST RUNNING MULTICAST  MTU:1500  Metric:1
```

如需服务器重启依然生效，可以将此命令加入/etc/rc.d/rc.local 文件中。

10.3.3 设置主机名

主机名是计算机在网络中的标识，可以使用 hostname 命令设置主机名。在单机情况下，主机名可任意设置，如使用以下命令设置，重新登录后发现主机名已经改变。

```
[root@CentOS network-scripts]# hostname mylinux
```

若想让修改的设置在系统重启后依然生效，可以修改/etc/sysconfig/network 文件中对应的 HOSTNAME 行，如示例 10-13 所示。

【示例 10-13】

```
[root@mylinux ~]# cat  /etc/sysconfig/network
NETWORKING=yes
HOSTNAME=mylinux
```

10.3.4 设置默认网关

设置好 IP 地址以后，如果要访问其他的子网或互联网，用户还需要设置路由，在此不做介绍，这里采用设置默认网关的方法。在 Linux 中，设置默认网关有两种方法：

（1）直接使用 route 命令，在设置默认网关之前，先用 route -n 命令查看路由表。执行如下命令来设置网关：

```
[root@CenOS /]# route add default gw 192.168.1.254
```

（2）在/etc/sysconfig/network 文件中添加如下字段：

```
GATEWAY=192.168.10.254
```

同样，只要更改了脚本文件，必须重启网络服务来使设置生效，可执行下面的命令：

```
[root@CentOS /]#/etc/rc.d/init.d/network restart
```

对于第 1 种方法，如果不想每次开机都执行 route 命令，则应该把要执行的命令写入/etc/rc.d/rc.local 文件中。

10.3.5 设置 DNS 服务器

设置 DNS 服务器需修改/etc/resolv.conf 文件。下面是一个 resolv.conf 文件的示例。

【示例 10-14】

```
[root@CentOS ~]#  cat /etc/resolv.conf
nameserver 192.168.3.1
nameserver 192.168.3.2
options rotate
options timeout:1 attempts:2
```

其中 192.168.3.1 为第一个名字服务器的 IP 地址，192.168.3.2 为第二个名字服务器的 IP 地址，option rotate 选项是指在这两个 DNS Server 之间轮询，option timeout:1 表示解析超时时间为 1 秒（默认为 5 秒），attempts 表示解析域名尝试的次数。如需添加 DNS 服务器，可直接修改此文件。

10.4 综合示例——监控网卡流量

监控网卡流量可以使用 ifconfig 命令提供的结果或查看系统文件/proc/net/dev 中的数据，/proc/net/dev 中提供的数据更全面一些。本节主要演示如何利用系统提供的信息监控网卡流量，如示例 10-15 所示。

【示例 10-15】

```
[root@CentOS ~]# ifconfig
eth0      Link encap:Ethernet  HWaddr 00:0C:29:F2:BB:39
          inet addr:192.168.19.102  Bcast:192.168.19.255  Mask:255.255.255.0
          inet6 addr: fe80::20c:29ff:fef2:bb39/64 Scope:Link
          UP BROADCAST RUNNING MULTICAST  MTU:1500  Metric:1
          RX packets:5046 errors:0 dropped:0 overruns:0 frame:0
          TX packets:4587 errors:0 dropped:0 overruns:0 carrier:0
          collisions:0 txqueuelen:1000
          RX bytes:484515 (473.1 KiB)  TX bytes:766211 (748.2 KiB)
[root@CentOS ~]# cat /proc/net/dev
Inter-|   Receive    |  Transmit
 face |bytes    packets |bytes    packets
lo:       0       0        0         0
eth0:  497721    5204    792363    4715
```

网卡的流量包含接收量和发送量，可以通过以上方法获得。

1. ifconfig

ifconfig 结果解释：

- RX packets:5046 表示接收到的包量，是一个累计值。
- TX packets:4587 表示发送的包量，也是一个累计值。
- RX bytes 表示接收的字节数。
- TX bytes 表示发送的字节数。

以上数值都是网卡设备从启动开始到当前时间的流量累计值。

2. /proc/net/dev

不同网络接口上的各种包的记录，第 1 列是接口名称，一般能看到 lo（回环接口）和 eth0（网卡），第 2 列是这个接口上收到的包统计，第 3 列是发送的统计，每一列下又分为以下小列：字节数（byte）、包数（packet）、错误包数（errs）、丢弃包数（drop）、fifo（first in first out）包数、帧数（frame，这一项对普通以太网卡应该无效）、压缩（compressed）包数、多播（multicast，比如广播包或组播包）包数。

注意：本程序主要实现网卡流量的数据采集，每分钟运行一次，然后将采集到的数据放到数据库中便于后续处理，若超过指定阈值则告警。

```
#监控网卡流量程序
JingKai_10_163_137_57:~ # cat -n netMon.sh
     1  #!/bin/sh
     2
     3  function setENV()
     4  {
     5          export PATH=/usr/local/mysql/bin:$PATH:.
     6          export LOCAL_IP=`/sbin/ifconfig |grep -a1 eth1 |grep inet |awk '{print $2}' |awk -F ":" '{print $2}' |head -1`
     7             export mysqlCMD="mysql -unetMon -pnetMon -h192.128.19.102 netMon"
     8          export oldData=`pwd`/.old
     9          export newData=`pwd`/.new
    10          export statTime=`/bin/date +%Y-%m-%d" "%H:%M -d "1 minutes  ago"`
    11  }
    12
    13  function LOG()
    14  {
    15    echo "["$(/bin/date +%Y-%m-%d" "%H:%M:%S -d "0 days ago")"]" "$1"
    16  }
    17  function process()
    18  {
    19           cat  /proc/net/dev|grep   eth1|sed  's/[:|]/  /g'|awk  '{print "ReceiveBytes "$2"\nReceivePackets "$3" \nTransmitBytes "$10"\nTransmitPackets "$11}'>$newData
    20        join $newData $oldData|awk '{print $1" "$2-$3}'|tr '\n' ' '|awk '{print $2" "$4" "$6" "$8}'|while read ReceiveBytes ReceivePackets TransmitBytes TransmitPackets
    21      do
    22           echo  "insert  into  netMon.netStat(statTime ,  ReceiveBytes , ReceivePackets,TransmitBytes,TransmitPackets) values ('$statTime',$ReceiveBytes, $ReceivePackets, $TransmitBytes, $TransmitPackets)"
    23           echo  "insert  into  netMon.netStat(statTime ,  ReceiveBytes , ReceivePackets,TransmitBytes,TransmitPackets) values ('$statTime',$ReceiveBytes, $ReceivePackets, $TransmitBytes, $TransmitPackets)"|$mysqlCMD
    24      done
    25      cp  $newData $oldData
    26
    27  }
    28
    29  function main()
    30  {
    31         setENV
    32         process
    33  }
    34
    35  LOG "stat start"
```

```
36 main
37 LOG "stat end"
```

10.5 小 结

目前 Linux 系统主要用作服务器，在互联网时代，要使用计算机就离不开网络。本章主要讲解的是 Linux 系统的网络配置。在开始配置网络之前，介绍了一些网络协议，然后介绍了 Linux 系统中的网络配置，并对网络配置中的常见问题给出解答。本章最后的示例演示了如何监控 Linux 中的网卡流量。

第 11 章

防火墙与 DHCP

对于提供互联网应用的服务器，网络防火墙是其抵御网络攻击和破坏的安全屏障，如何在受到攻击时及时采取有效的措施是网络应用时时刻刻面对的问题。高昂的硬件防火墙是一般开发者难以接受的。Linux 系统的出现为开发者以低成本解决安全问题提供了一种可行的方案。要熟练应用 Linux 防火墙，首先需要了解 TCP/IP 网络的基本原理，理解 Linux 防火墙的工作原理，并熟练掌握 Linux 系统下提供的各种工具。

如果管理的计算机有几十台，那么初始化服务器，配置 IP 地址、网关和子网掩码等是十分烦琐耗时的过程。如果网络结构要更改，就需要重新初始化网络参数，使用动态主机配置协议 DHCP（Dynamic Host Configuration Protocol，DHCP）可以避免此问题，客户端可以从 DHCP 服务端检索相关信息并完成相关网络配置，在系统重启后依然可以工作。尤其在移动办公领域，只要区域内有一台 DHCP 服务器，用户就可以在办公室之间自由活动，而不必担心网络参数配置的问题。DHCP 提供了一种动态分配 IP 地址和相关网络配置参数的机制。

如今互联网应用越来越丰富，如果仅仅用 IP 地址标识网络上的计算机，是不可能完成任务的，而且也没有必要，于是产生了域名系统。域名系统通过一系列有意义的名称标识网络上的计算机，用户按域名请求某个网络服务时，域名系统负责将其解析为对应的 IP 地址，这便是 DNS。

本章首先介绍 Linux 内核防火墙的工作原理及其使用方法，以及 Linux 配置工具 iproute2、网络数据采集与分析工具 tcpdump。然后介绍 DHCP，最后介绍网络中的常见问题。本章最后的示例演示如何使用防火墙拦截异常网络请求。

本章主要涉及的知识点有：

- Linux 内核防火墙的工作原理
- 高级网络管理工具
- DHCP
- DNS

11.1 Linux 防火墙 firewalld

要使用 Linux 防火墙，必须先了解 TCP/IP 网络的基本原理，以及 Linux 防火墙的工作原理。本节主要介绍 Linux 防火墙方面的知识。

11.1.1 Linux 内核防火墙的工作原理

Linux 的内核提供的防火墙功能是通过 netfilter 框架实现的，同时还提供了 firewalld 工具配置和修改防火墙的规则。

netfilter 的通用框架不依赖于具体的协议，而是为每种网络协议定义一套钩子函数。这些钩子函数在数据包经过协议栈的几个关键点时被调用，在这几个点中，协议栈将数据包及钩子函数作为参数，传递给 netfilter 框架。

对于每种网络协议定义的钩子函数，任何内核模块都可以对每种协议的一个或多个钩子函数进行注册，以实现挂接。这样，当某个数据包被传递给 netfilter 框架时，内核能检测到有关模块对该协议和钩子函数是否进行了注册。若发现注册信息，则调用该模块注册时使用的回调函数，然后对应模块去检查、修改、丢弃该数据包及指示 netfilter 将该数据包传入用户空间的队列。

从以上描述可知，钩子提供了一种方便的机制，以便在数据包通过 Linux 内核的不同位置上截获和操作处理数据包。

1. netfilter 的体系结构

网络数据包的通信步骤如下，对应 netfilter 定义的钩子函数，更多信息可以参考相关文档。

- NF_IP_PRE_ROUTING：网络数据包进入系统，经过简单的检测后，数据包转交给该函数进行处理，然后根据系统设置的规则对数据包进行处理，如果数据包不被丢弃，则交给路由函数进行处理。在该函数中可以替换 IP 包的目的地址，即 DNAT。
- NF_IP_LOCAL_IN：所有发送给本机的数据包都要通过该函数来处理，该函数根据系统设置的规则对数据包进行处理，如果数据包不被丢弃，则交给本地的应用程序。
- NF_IP_FORWARD：所有不是发送给本机的数据包都要通过该函数进行处理，该函数会根据系统设置的规则对数据包进行处理，若数据包不被丢弃，则交给 NF_IP_POST_ROUTING 进行处理。
- NF_IP_LOCAL_OUT：所有从本地应用程序出来的数据包必须通过该函数进行处理，该函数根据系统设置的规则对数据包进行处理，如果数据包不被丢弃，则交给路由函数进行处理。
- NF_IP_POST_ROUTING：所有数据包在发给其他主机之前需要通过该函数进行处理，该函数根据系统设置的规则对数据包进行处理，如果数据包不被丢弃，则将数据包发给数据链路层。在该函数中可以替换 IP 包的源地址，即 SNAT。

图 11.1 显示了数据包在通过 Linux 防火墙时的处理过程。

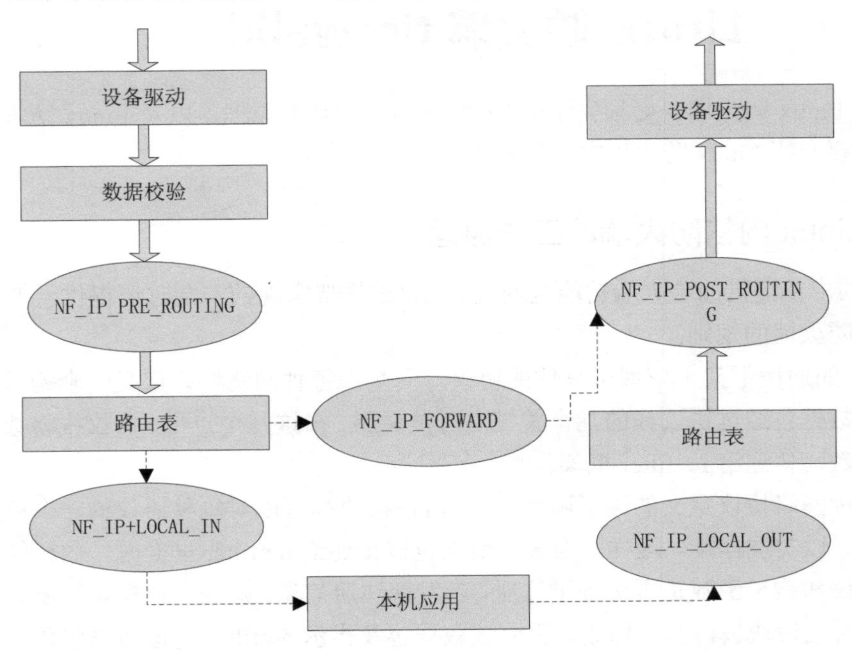

图 11.1　数据包在通过 Linux 防火墙时的处理过程

2. 包过滤

每个函数都可以对数据包进行处理，基本的操作为对数据包进行过滤。系统管理员可以通过 iptables 工具向内核模块注册多个过滤规则，并且指明过滤规则的优先权。设置完以后，每个钩子按照规则进行匹配，如果与规则匹配，函数就会进行一些过滤操作，这些操作主要是以下几个：

- NF_ACCEPT：继续正常地传递包。
- NF_DROP：丢弃包，停止传送。
- NF_STOLEN：已经接管了包，不继续传送。
- NF_QUEUE：排列包。
- NF_REPEAT：再次使用该钩子。

3. 包选择

在 netfilter 框架上已经创建了一个包选择系统，这个包选择工具默认已经注册了 3 个表，分别是过滤（filter）表、网络地址转换（NAT）表和 mangle 表。钩子函数与 IP 表同时注册的表情况如图 11.2 所示。

在调用钩子函数时是按照表的顺序来调用的。例如在执行 NF_IP_PRE_ROUTING 时，首先检查 Conntrack 表，然后检查 Mangle 表，最后检查 NAT 表。

包过滤表这个表过滤包，而不会改变包，仅仅是过滤的作用，实际由网络过滤框架来提供 NF_IP_FORWARD 钩子的输出和输入接口，使得很多过滤工作变得非常简单。从图 11.2 中可以看出，NF_IP_LOCAL_IN 和 NF_IP_LOCAL_OUT 也可以做过滤，但是只是针对本机。

NAT 表分别服务于两套不同的网络过滤挂钩的包，对于非本地包，NF_IP_PRE_ROUTING 和 NF_IP_POST_ROUTING 挂钩可以完美地解决源地址和目的地址的变更。

这个表与 filter 表的区别在于，只有新建连接的第 1 个包会在表中传送，结果将被用于以后所有来自这一连接的包。例如，某一个连接的第 1 个数据包在这个表中被替换了源地址，那么以后这条连接的所有包都将被替换源地址。

mangle 表被用于真正地改变包的信息，mangle 表和所有的 5 个网络过滤的钩子函数都有关。

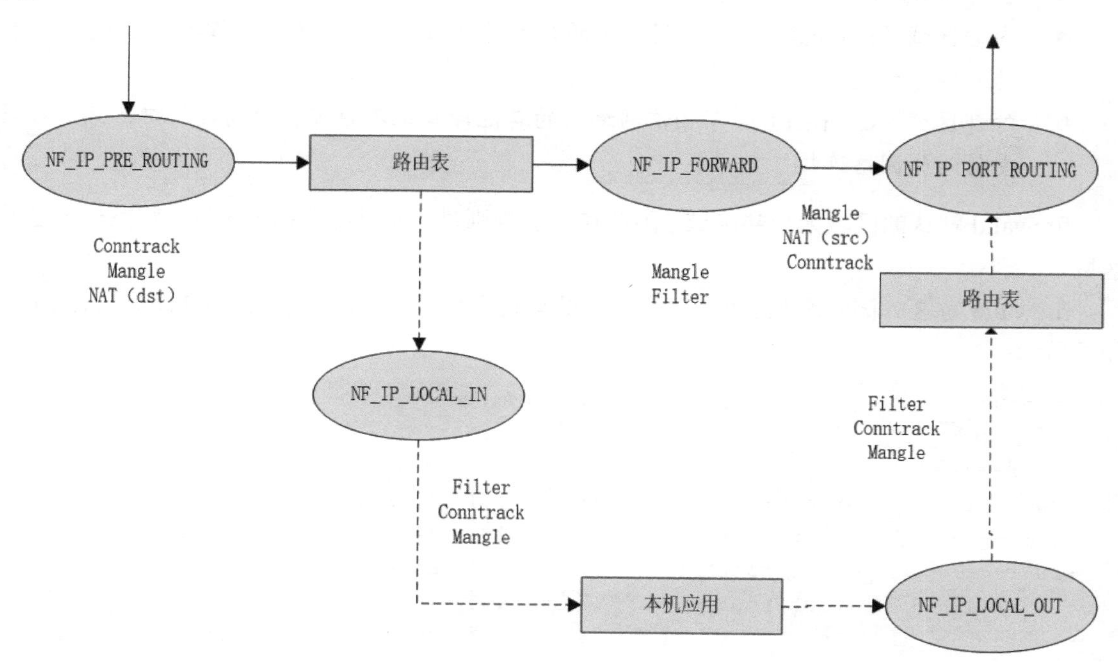

图 11.2 钩子函数与 IP 表同时注册的表情况

11.1.2 Linux 软件防火墙 firewalld

在 CentOS 8 中，默认使用 firewalld 代替 iptables 来管理 netfilter 子系统，不过底层仍然是调用 iptables 来实现的。与 iptables 相比，firewalld 的所有端口都是拒绝访问的，除了 SSH 的 22 端口外。而 iptables 的所有端口默认都是开放的，需要用户拒绝才可以得到保护。firewalld 本身并不具备防火墙的功能，而是和 iptables 一样需要通过内核的 netfilter 来实现。也就是说，firewalld 和 iptables 一样，它们的作用都是用于维护规则，而真正使用规则干活的是内核的 netfilter，只不过 firewalld 和 iptables 的结构以及使用方法不一样罢了。

1. 区域

区域是 firewalld 中一个比较重要的概念。默认情况下，firewalld 有 9 个区域，不同区域之间的差异是其对待数据包的默认行为不同。

- 阻塞区域（block）：任何传入的数据包都将被阻止。
- 工作区域（work）：相信网络上的其他计算机不会损害你的计算机。
- 家庭区域（home）：相信网络上的其他计算机不会损害你的计算机。
- 公共区域（public）：不相信网络上的任何计算机，只选择接受传入的网络连接。
- 隔离区域（DMZ）：也称为非军事区域，内外网络之间增加的一层网络，起到缓冲作用。对于隔离区域，只选择接受传入的网络连接。
- 信任区域（trusted）：所有的网络连接都可以接受。
- 丢弃区域（drop）：任何传入的网络连接都被拒绝。
- 内部区域（internal）：信任网络上的其他计算机不会损害你的计算机，只选择接受传入的网络连接。
- 外部区域（external）：不相信网络上的其他计算机不会损害你的计算机，只选择接受传入的网络连接。

firewalld默认的区域为公共区域，因此在添加规则时，如果没有指定区域，则默认为公共区域。

firewalld为这9个区域都提供了一个默认的配置文件，位于/usr/lib/firewalld/zones目录中，如下所示：

```
[root@centos8 ~]# ll /usr/lib/firewalld/zones/
总用量 40
-rw-r--r--. 1   root    root      299     4月  24 2020       block.xml
-rw-r--r--. 1   root root       293     4月  24 2020       dmz.xml
-rw-r--r--. 1   root root       291     4月  24 2020       drop.xml
-rw-r--r--. 1   root root       304     4月  24 2020       external.xml
-rw-r--r--. 1   root root       397     4月  24 2020       home.xml
-rw-r--r--. 1   root root       412     4月  24 2020       internal.xml
-rw-r--r--. 1   root root       343     4月  24 2020       public.xml
-rw-r--r--. 1   root root       162     4月  24 2020       trusted.xml
-rw-r--r--. 1   root root       339     4月  24 2020       work.xml
```

从上面的输出可知，区域的配置文件的名称与区域名称相同。

除了以上配置文件之外，用户自定义的区域配置文件位于/etc/firewalld/zones 目录中。默认情况下，该目录中只有一个公共区域的配置文件public.xml，如果用户对其他区域的规则进行了修改，并做永久保存，则会自动在/etc/firewalld/zones目录中生成相应的配置文件。

接下来查看一下公共区域的配置文件的内容，代码如下：

```
[root@centos8 ~]# cat /etc/firewalld/zones/public.xml
<?xml version="1.0" encoding="utf-8"?>
<zone>
  <short>Public</short>
  <description>For use in public areas. You do not trust the other computers on networks to not harm your computer. Only selected incoming connections are accepted.</description>
```

```
  <service name="ssh"/>
  <service name="dhcpv6-client"/>
  <service name="cockpit"/>
</zone>
```

从上面的输出内容可知，firewalld 的区域配置文件由一对 zone 元素包裹起来，其中包含区域名称以及由 service 元素定义的服务，默认情况下，包含 ssh、dhcpv6-client 以及 cockpit 这 3 个服务，这意味着目前只有这 3 个服务能被外部访问到。

2. 服务

服务是 firewalld 中的一个重要概念，此处的服务指的是某种具体的网络服务，例如 FTP、HTTP、DNS 等。与区域一样，每个服务都有一个相应的配置文件。默认情况下，firewalld 已经为很多网络服务提供了默认的配置文件，位于/usr/lib/firewalld/services 目录中，如下所示：

```
[root@centos8 ~]# ll /usr/lib/firewalld/services
总用量 676
-rw-r--r--.    1   root root   399    4月  24 2020
 amanda-client.xml
-rw-r--r--.    1   root root   427    4月  24 2020
 amanda-k5-client.xml
-rw-r--r--.    1   root root   283    4月  24 2020        amqps.xml
-rw-r--r--.    1   root root   273    4月  24 2020        amqp.xml
-rw-r--r--.    1   root root   285    4月  24 2020        apcupsd.xml
…
```

当然，用户也可以自定义自己的服务，用户自定义服务的配置文件位于/etc/firewalld/services 目录中。当服务定义好之后，用户可以在区域文件中直接引用相应的服务。

下面看一个具体服务的配置文件的内容：

```
[root@centos8 ~]# cat /usr/lib/firewalld/services/ssh.xml
<?xml version="1.0" encoding="utf-8"?>
<service>
  <short>SSH</short>
  <description>Secure Shell (SSH) is a protocol for logging into and executing
commands on remote machines. It provides secure encrypted communications. If you
plan on accessing your machine remotely via SSH over a firewalled interface, enable
this option. You need the openssh-server package installed for this option to be
useful.</description>
  <port protocol="tcp" port="22"/>
</service>
```

服务的配置文件由一对 service 元素包裹起来，其中定义了服务的名称以及服务端口。

3. firewalld 服务管理

firewalld 是以系统服务运行的，用户可以通过 systemctl 命令来管理 firewalld 服务，示例

11-1 分别演示了启动、停止以及重新启动 firewalld 服务的命令。

【示例 11-1】

```
#启动 firewalld 服务
[root@centos8 ~]# systemctl start firewalld
#停止 firewalld 服务
[root@centos8 ~]# systemctl stop firewalld
#重新启动 firewalld 服务
[root@centos8 ~]# systemctl restart firewalld
```

4. firewalld 规则管理

firewalld 提供了 firewalld-cmd 命令来管理其规则，其语法如下：

```
firewall-cmd [options]
```

firewalld-cmd 命令的选项非常多，大致包括通用选项、状态选项、区域选项、服务选项以及接口绑定选项等。由于数量太多，不再详细说明。下面通过具体的例子来说明 firewalld 规则管理的方法。

示例 11-2 演示了查看当前系统活动区域的列表。

【示例 11-2】

```
[root@centos8 ~]# firewall-cmd --get-active-zones
public
  interfaces: ens33
```

从上面的输出可知，当前系统中有 1 个活动的区域，其名称为 public，绑定的网络接口为 ens33。

示例 11-3 演示了查看某个网络接口所属的区域。

【示例 11-3】

```
[root@centos8 ~]# firewall-cmd --get-zone-of-interface=ens33
public
```

从上面的输出可知，网络接口 ens33 所属的区域为 public。

示例 11-4 演示了重新加载防火墙规则且不中断用户的连接，即不丢失状态信息的方法。

【示例 11-4】

```
[root@centos8 ~]# firewall-cmd --reload
success
```

示例 11-5 演示了查看当前默认区域的方法。

【示例 11-5】

```
[root@centos8 ~]# firewall-cmd --get-default-zone
public
```

示例 11-6 演示了将某个网络接口添加到指定区域的方法。

【示例 11-6】

```
[root@centos8 ~]# firewall-cmd --zone=public --add-interface=ens37
success
```

上面的例子将网络接口 ens37 添加到 public 区域中。

注意：以上命令仅仅是临时生效，当 Linux 被重新启动后，所配置的信息将会丢失。在所有的 firewalld-cmd 命令中，为了能够永久生效，需要使用--permanent 选项，如示例 11-7 所示。

【示例 11-7】

```
[root@centos8 ~]# firewall-cmd --zone=public --add-interface=ens37 --permanent
success
```

示例 11-8 演示了将某个区域的端口开放的方法。

【示例 11-8】

```
[root@centos8 ~]# firewall-cmd --add-port=80/tcp
success
```

上面的命令将默认区域（即 public 区域）的 80 端口开放。

注意：在 firewalld-cmd 的所有命令中，如果省略了--zone 选项，则默认为 public 区域。

示例 11-9 演示了查看某个区域所有开放的端口列表。

【示例 11-9】

```
[root@centos8 ~]# firewall-cmd --zone=public --list-ports
80/tcp
```

从上面的输出可知，public 区域中开放了一个 80 端口，其对应的网络协议为 TCP。
示例 11-10 演示了关闭某个区域的某个端口的方法。

【示例 11-10】

```
[root@centos8 ~]# firewall-cmd --zone=public --remove-port=80/tcp
success
```

示例 11-11 演示了临时开放某个区域的某项服务的方法。

【示例 11-11】

```
[root@centos8 ~]# firewall-cmd --zone=work --add-service=smtp
success
```

上面的命令将 work 区域的 SMTP 服务开放，使得用户能够访问 25 端口。
示例 11-12 演示了列出某个区域所有开放的服务列表。

【示例 11-12】

```
[root@centos8 ~]# firewall-cmd --zone=work --list-services
cockpit dhcpv6-client smtp ssh
```

示例 11-13 演示了将某项服务临时从区域中删除的方法。

【示例 11-13】

```
[root@centos8 ~]# firewall-cmd --zone=work --remove-service=smtp
success
```

实际上，每项服务都有特定的端口，例如 Web 服务的端口为 80，用户可以选择开放端口，也可以选择开放服务，使得外部主机能够访问 Linux 服务器的 Web 服务。如果是开放端口，则需要通过关闭端口的方式来禁止外部主机访问 Web 服务器；如果是开放服务，则需要通过删除服务的方式来禁止外部主机访问 Web 服务器。在开放端口的时候，需要指定所使用的网络协议。

除了以上简单规则之外，firewalld 还支持复杂的富规则。添加富规则需要使用--add-rich-rule 选项。示例 11-14 演示了富规则的添加方法。

【示例 11-14】

```
[root@centos8 ~]# firewall-cmd --permanent --add-rich-rule="rule family="ipv4"
source address="192.168.142.166" port protocol="tcp" port="3306" accept"
success
```

上面命令的功能是允许 IP 地址为 192.168.142.166 的主机访问 Linux 服务器的 3306 端口，其协议栈为 IPv4，协议为 TCP。

添加完成之后，查看/etc/firewalld/zones/public.xml 文件，其内容如下：

```
[root@centos8 ~]# cat /etc/firewalld/zones/public.xml
<?xml version="1.0" encoding="utf-8"?>
<zone>
  <short>Public</short>
  <description>For use in public areas. You do not trust the other computers
on networks to not harm your computer. Only selected incoming connections are
accepted.</description>
  <interface name="ens37"/>
  <service name="ssh"/>
  <service name="dhcpv6-client"/>
  <service name="cockpit"/>
  <rule family="ipv4">
    <source address="192.168.142.166"/>
    <port port="3306" protocol="tcp"/>
    <accept/>
  </rule>
</zone>
```

从上面的输出可知，该文件中已经多出了几行由 rule 元素定义的规则，其中 source address 元素表示源地址，port 元素用来描述端口和协议，accept 元素表示允许该网络连接。

与 iptables 一样，firewalld 也可以配置非常复杂的规则，通过各个方面对网络通信进行限制。关于这些规则的配置方法，读者可以参考 firewalld 的手册，这里不再详细介绍。

由于 firewalld 的规则保存在/etc/firewalld/zones 目录中相应的区域配置文件中，因此用户可以通过直接修改该文件来管理 firewalld 规则，修改完成之后，需要使用以下命令重新加载规则：

```
[root@centos8 ~]# firewall-cmd --reload
success
```

11.2 firewalld 配置实例

为了能够使读者更加深入地理解 firewalld 的使用方法，下面通过几个实际的例子来加以说明。

11.2.1　允许外部主机访问 Web 服务器

Web 服务器的默认服务端口为 80，同时 firewalld 也为 Web 服务专门提供了服务配置文件/usr/lib/firewalld/services/http.xml。示例 11-15 演示了如何通过开放服务的方法来允许外部主机访问 Web 服务器。

【示例 11-15】

（1）将 usr/lib/firewalld/services/http.xml 复制到/etc/firewalld/services 目录中，命令如下：

```
[root@centos8 ~]# cp /usr/lib/firewalld/services/http.xml /etc/firewalld/services/
```

（2）修改/etc/firewalld/zones/public.xml 文件，添加 http 服务，命令如下：

```
<service name="http"/>
```

（3）重新加载防火墙规则，并且不中断用户连接，即不丢失状态信息，命令如下：

```
[root@centos8 ~]# firewall-cmd --reload
success
```

11.2.2　修改 SSH 默认的服务端口，并允许外部主机访问

SSH 默认的服务端口为 22，将其修改为其他端口，可以在很大程度上防止 SSH 攻击。示例 11-16 介绍如何修改 SSH 默认的服务端口并能够被外部主机访问。

【示例 11-16】

（1）修改 SSH 服务端口。SSH 的配置文件为/etc/ssh/sshd_config，使用 vi 命令打开该文件：

```
[root@centos8 ~]# vi /etc/ssh/sshd_config
```

找到其中的 Port 选项，将其修改为 8022，命令如下：

```
Port 8022
```

保存后，使用以下命令重新启动 SSH 服务：

```
[root@centos8 ~]# systemctl restart sshd
```

（2）将默认的 SSH 服务配置文件复制到/etc/firewalld/services 目录中，命令如下：

```
[root@centos8 ~]# cp /usr/lib/firewalld/services/ssh.xml /etc/firewalld/
services/
```

（3）修改/etc/firewalld/services/ssh.xml 配置文件，代码如下：

```
<?xml version="1.0" encoding="utf-8"?>
<service>
  <short>SSH</short>
  <description>Secure Shell (SSH) is a protocol for logging into and executing
commands on remote machines. It provides secure encrypted communications. If you
plan on accessing your machine remotely via SSH over a firewalled interface, enable
this option. You need the openssh-server package installed for this option to be
useful.</description>
  <port protocol="tcp" port="8022"/>
</service>
```

其中修改之处为将 port 元素中的 port 属性由原来的 22 修改为 8022，与/etc/ssh/sshd_config 文件中的端口一致。

（4）重新加载 firewalld 规则，命令如下：

```
[root@centos8 ~]# firewall-cmd --reload
success
```

11.2.3 只允许特定主机访问 SSH 服务

【示例 11-17】

（1）修改/etc/firewalld/zones/public.xml 配置文件，增加以下代码：

```
<rule family="ipv4">
  <source address="192.168.2.123"/>
  <port port="22" protocol="tcp"/>
  <accept/>
</rule>
```

以上代码配置了一条富规则，允许 IP 地址为 192.168.2.123 的主机访问本机的 22 端口，其协议为 TCP。

（2）重新加载 firewalld 规则，命令如下：

```
[root@centos8 ~]# firewall-cmd --reload
success
```

11.3 Linux 高级网络配置工具

目前很多 Linux 在使用之前的 arp、ifconfig 和 route 命令。虽然这些工具能够工作，但它们在 Linux 2.2 及更高版本的内核上显得有一些落伍。无论对于 Linux 开发者还是 Linux 系统管理员，网络程序调试时数据包的采集和分析都是必不可少的。tcpdump 是 Linux 中强大的数据包采集分析工具。本节主要介绍 iproute2 和 tcpdump 的相关知识。

11.3.1 高级网络管理工具 iproute2

iproute2 工具包提供了丰富的功能，除了提供网络参数设置、路由设置、带宽控制等功能外，新的 GRE 隧道也可以通过此工具进行配置。

现在大多数 Linux 发行版本都安装了 iproute2 软件包，如果没有安装，可以从官方网站下载源码并安装，网址为 https://www.kernel.org/pub/linux/utils/net/iproute2。iproute2 工具包中的主要管理工具为 ip 命令。下面将介绍 iproute2 工具包的安装与使用。安装过程如示例 11-18 所示。

【示例 11-18】

```
[root@CentOS Packages]# rpm -Uvh --force  iproute-2.6.32-23.el6.x86_64.rpm
warning: iproute-2.6.32-23.el6.x86_64.rpm: Header V3 RSA/SHA1 Signature, key
ID c105b9de: NOKEY
Preparing...                ########################################### [100%]
   1:iproute                ########################################### [100%]
[root@CentOS Packages]# rpm -qa|grep iproute
iproute-2.6.32-23.el6.x86_64
#检查安装情况
[root@CentOS Packages]# ip -V
ip utility, iproute2-ss091226
```

ip 命令的语法如示例 11-19 所示。

【示例 11-19】

```
[root@CentOS ~]# ip help
Usage: ip [ OPTIONS ] OBJECT { COMMAND | help }
     ip [ -force ] -batch filename
```

```
where  OBJECT := { link | addr | addrlabel | route | rule | neigh | ntable |
                   tunnel | tuntap | maddr | mroute | mrule | monitor | xfrm |
                   netns | l2tp | tcp_metrics | token }
       OPTIONS := { -V[ersion] | -s[tatistics] | -d[etails] | -r[esolve] |
                    -f[amily] { inet | inet6 | ipx | dnet | bridge | link } |
                    -4 | -6 | -I | -D | -B | -0 |
                    -l[oops] { maximum-addr-flush-attempts } |
                    -o[neline] | -t[imestamp] | -b[atch] [filename] |
                    -rc[vbuf] [size]}
```

1. 使用ip 命令来查看网络配置

ip 命令是 iproute2 软件的命令工具，可以替代 ifconfig、route 等命令，查看网络配置的用法如示例 11-20 所示。

【示例 11-20】

```
#显示当前网卡参数，同 ipconfig
[root@CentOS ~]# ip addr list
1: lo: <LOOPBACK,UP,LOWER_UP> mtu 16436 qdisc noqueue state UNKNOWN
    link/loopback 00:00:00:00:00:00 brd 00:00:00:00:00:00
    inet 127.0.0.1/8 scope host lo
    inet6 ::1/128 scope host
       valid_lft forever preferred_lft forever
2: eth0: <BROADCAST,MULTICAST,UP,LOWER_UP> mtu 1500 qdisc pfifo_fast state UP
qlen 1000
    link/ether 00:0c:29:7f:08:9d brd ff:ff:ff:ff:ff:ff
    inet 192.168.3.88/24 brd 192.168.3.255 scope global eth0
    inet6 fe80::20c:29ff:fe7f:89d/64 scope link
       valid_lft forever preferred_lft forever
#添加新的网络地址
[root@CentOS ~]# ip addr add 192.168.3.123/24 dev eth0
[root@CentOS ~]# ip addr list
#部分结果省略
2: eth0: <BROADCAST,MULTICAST,UP,LOWER_UP> mtu 1500 qdisc pfifo_fast state UP
qlen 1000
    link/ether 00:0c:29:7f:08:9d brd ff:ff:ff:ff:ff:ff
    inet 192.168.3.88/24 brd 192.168.3.255 scope global eth0
    inet 192.168.3.123/24 scope global secondary eth0
    inet6 fe80::20c:29ff:fe7f:89d/64 scope link
       valid_lft forever preferred_lft forever
#删除网络地址
[root@CentOS ~]# ip addr del 192.168.3.123/24 dev eth0
```

上面的命令显示了计算机上所有的地址，以及这些地址属于哪些网络接口。“inet”表示 Internet (IPv4)。eth0 的 IP 地址与 192.168.3.88/24 相关联，“/24”表示子网掩码的容量（或长度），“lo”则为本地回路信息。

2. 显示路由信息

如需查看路由信息，可以使用“ip route list”命令，如示例 11-21 所示。

【示例 11-21】

```
#查看路由情况
[root@CentOS ~]# ip route list
192.168.3.0/24 dev eth0  proto kernel  scope link  src 192.168.3.88  metric 1
[root@CentOS ~]# route -n
Kernel IP routing table
Destination     Gateway         Genmask         Flags Metric Ref    Use Iface
192.168.3.0     0.0.0.0         255.255.255.0   U     1      0        0 eth0
#添加路由
[root@CentOS ~]# ip route add 192.168.3.1 dev eth0
```

上述示例首先查看系统中当前的路由情况，其功能和 route 命令类似。

以上只是初步介绍了 iproute2 的用法，更多信息可查看系统帮助。

11.3.2　网络数据采集与分析工具 tcpdump

tcpdump 是根据使用者的定义对网络上的数据包进行截获的包分析工具。无论对于网络开发者还是系统管理员，数据包的获取与分析都是一项重要的技术。对于系统管理员来说，在网络性能急剧下降的时候，可以通过 tcpdump 工具分析原因，找出造成网络阻塞的来源。对于程序开发者来说，可以通过 tcpdump 工具来调试程序。tcpdump 支持针对网络层、协议、主机、网络或端口的过滤，并提供 and、or、not 等逻辑语句过滤不必要的信息。

注意：在 Linux 系统中，普通用户是不能正常执行 tcpdump 工具的，一般可通过 root 用户来执行。

tcpdump 采用命令行方式，命令格式如下，该命令的参数及其说明如表 11.1 所示。

```
tcpdump [ -adeflnNOpqStvx ] [ -c 数量 ] [ -F 文件名 ]
        [ -i 网络接口 ] [ -r 文件名] [ -s snaplen ]
         [ -T 类型 ] [ -w 文件名 ] [表达式 ]
```

表 11.1　tcpdump 命令的参数及其说明

参　数	说　明
-A	以 ASCII 码方式显示每一个数据包，在程序调试时可方便查看数据
-a	将网络地址和广播地址转变成名字
-c	tcpdump 将在接收到指定数目的数据包后退出
-d	将匹配信息包的代码以人们能够理解的汇编格式给出
-dd	将匹配信息包的代码以 C 语言程序段的格式给出
-ddd	将匹配信息包的代码以十进制的形式给出
-e	在输出行打印出数据链路层的报头信息
-f	将外部的互联网地址以数字的形式打印出来
-F	使用文件作为过滤条件表达式的输入，此时命令行上的输入将被忽略

（续表）

参　数	说　明
-i	指定监听的网络接口
-l	使标准输出变为缓冲行形式
-n	不把网络地址转换成名字
-N	不打印出主机的域名部分
-q	打印很少的协议相关信息，从而输出行都比较简短
-r	从文件 file 中读取包数据
-s	设置 tcpdump 的数据包抓取长度，如果不设置，则默认为 68 字节
-t	在输出的每一行不打印时间戳
-tt	不对每行输出的时间进行格式处理
-ttt	tcpdump 输出时，每两行打印之间会延迟一段时间，以毫秒为单位
-tttt	在每行打印的时间戳之前添加日期的打印
-v	输出一个稍微详细的信息，例如在 IP 包中可以包括 TTL 和服务类型的信息
-vv	输出详细的报文信息
-vvv	产生比-vv 更详细的输出
-x	当分析和打印时，tcpdump 会打印每个数据包的报头数据，同时会以十六进制打印出每个包的数据，但不包括连接层的报头数据
-xx	tcpdump 会打印每个包的报头数据，同时会以十六进制打印出每个包的数据，其中包括数据链路层的报头数据
-X	tcpdump 会打印每个包的报头数据，同时会以十六进制和 ASCII 码形式打印出每个包的数据，但不包括连接层的报头数据
-XX	tcpdump 会打印每个包的报头数据，同时会以十六进制和 ASCII 码形式打印出每个包的数据，其中包括数据链路层的报头数据

首先确认本机 tcpdump 是否安装，如果没有安装，可以使用示例 11-22 中的方法安装。

【示例 11-22】

```
#安装 tcpdump
[root@CentOS Packages]# rpm -ivh tcpdump-4.0.0-3.20090921gitdf3cb4.2.el6.x86_64.rpm
warning: tcpdump-4.0.0-3.20090921gitdf3cb4.2.el6.x86_64.rpm: Header V3 RSA/SHA1 Signature, key ID c105b9de: NOKEY
Preparing...                ########################################### [100%]
   1:tcpdump                ########################################### [100%]
```

tcpdump 简单的使用方法如示例 11-23 所示。

【示例 11-23】

```
[root@CentOS Packages]# tcpdump  -i any
tcpdump: verbose output suppressed, use -v or -vv for full protocol decode
listening on any, link-type LINUX_SLL (Linux cooked), capture size 65535 bytes
15:33:10.414524 IP 192.168.19.101.ssh > 192.168.19.1.caids-sensor: Flags [P.], seq 697952143:697952339, ack 4268328847, win 557, length 196
```

```
15:33:10.415065 IP 192.168.19.1.caids-sensor > 192.168.19.101.ssh: Flags [.], ack 196, win 15836, length 0
15:33:10.419833 IP 192.168.19.101.ssh > 192.168.19.1.caids-sensor: Flags [P.], seq 196:488, ack 1, win 557, length 292
```

以上示例演示了 tcpdump 简单的使用方式，如果不跟任何参数，tcpdump 会从系统接口列表中搜寻编号最小的已配置好的网络接口，不包括 loopback 接口，一旦找到第 1 个符合条件的网络接口，搜寻马上结束，并将获取的数据包打印出来。

tcpdump 利用表达式作为过滤数据包的条件，表达式可以是正则表达式。如果数据包符合表达式，则数据包被截获，如果没有给出任何条件，则网络接口上所有的数据包都将会被截获。

表达式中一般有如下几种关键字：

（1）第 1 种是关于类型的关键字，如 host、net 和 port。例如 host 192.168.19.101 表示 192.168.19.101 为一台主机，而 net 192.168.19.101 则表示 192.168.19.101 为一个网络地址。如果没有指定类型，则默认的类型是 host。

（2）第 2 种是确定数据包传输方向的关键字，包含 src、dst、dst or src 和 dst and src，这些关键字指明了数据包的传输方向。例如 src 192.168.19.101 表示数据包中的源地址是 192.168.19.101，而 dst 192.168.19.101 表示数据包中的源地址是 192.168.19.101。如果没有指明方向关键字，则默认是 src or dst 关键字。

（3）第 3 种是协议的关键字，如指明是 TCP 还是 UDP。

除了这 3 种类型的关键字之外，还有 3 种逻辑运算，“非”运算是“not”或“!”，“与”运算是“and”或“&&”，“或”运算是“or”或“||”。通过这些关键字的组合可以实现复杂强大的条件。接下来看一个综合示例，如示例 11-24 所示。

【示例 11-24】

```
[root@CentOS ~]# tcpdump -i any  tcp and  dst host  192.168.19.101 and  dst port 3306  -s100  -XX  -n
tcpdump: verbose output suppressed, use -v or -vv for full protocol decode
listening on any, link-type LINUX_SLL (Linux cooked), capture size 100 bytes
16:08:05.539893 IP 192.168.19.101.49702 > 192.168.19.101.mysql: Flags [P.], seq 79:108, ack 158, win 1024, options [nop,nop,TS val 17107592 ecr 17107591], length 29
        0x0000:  0000 0304 0006 0000 0000 0000 0000 0800  ................
        0x0010:  4508 0051 ffe8 4000 4006 929b c0a8 1365  E..Q..@.@......e
        0x0020:  c0a8 1365 c226 0cea 32aa f5e0 c46e c925  ...e.&..2....n.%
        0x0030:  8018 0400 a85e 0000 0101 080a 0105 0a88  .....^..........
        0x0040:  0105 0a87 1900 0000 0373 656c 6563 7420  .........select.
        0x0050:  2a20 6672 6f6d 206d 7973 716c            *.from.mysql
```

以上 tcpdump 表示抓取发往本机 3306 端口的网络请求。“-i any”表示截获本机所有网络接口的数据包，“tcp”表示 TCP，“dst host”表示数据包地址为 192.168.19.101，“dst port”表示目的地址为 3306，“-XX”表示同时会以十六进制和 ASCII 码形式打印出每个包的数据，

“-s1000”表示设置 tcpdump 的数据包抓取长度为 1000 字节，如果不设置，则默认为 68 字节，“-n” 表示不对地址（如主机地址或端口号）进行数字到名字的转换。

输出部分“16:08:05”表示时间，然后是发起请求的源 IP 端口以及目的 IP 和端口，“Flags[P.] ”是 TCP 包中的标志信息：S 是 SYN 标志，F 表示 FIN，P 表示 PUSH，R 表示 RST，“.”表示没有标记，详细说明可进一步参考 TCP 各种状态之间的转换规则。

11.4 DHCP

使用 DHCP 可以避免网络参数变化后的一些烦琐的配置，客户端可以从 DHCP 服务端检索相关信息并完成相关网络配置，在系统重启后依然可以工作。DHCP 基于 C/S 模式（客户机/服务器模式），主要用于大型网络。DHCP 提供一种动态指定 IP 地址和相关网络配置参数的机制。本节主要介绍 DHCP 的工作原理及 DHCP 服务端与 DHCP 客户端的部署过程。

11.4.1 DHCP 的工作原理

DHCP 用于自动给客户端分配 TCP/IP 信息的网络协议，如 IP 地址、网关、子网掩码等信息。每个 DHCP 客户端通过广播连接到区域内的 DHCP 服务器，而 DHCP 服务器会根据 DHCP 客户端的请求返回包括 IP 地址、网关和其他网络配置信息给 DHCP 客户端。DHCP 的请求过程如图 11.3 所示。

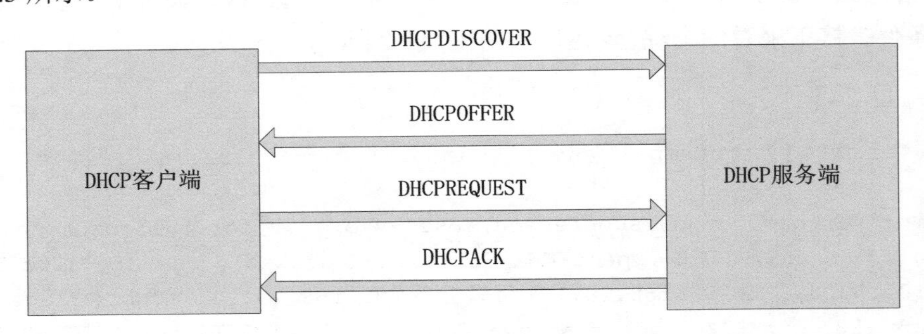

图 11.3 DHCP 的请求过程

客户端请求 IP 地址和配置参数的过程有以下几个步骤：

（1）客户端需要获取网络 IP 地址和其他网络参数，向网络中广播，客户端发出的请求名称叫 DHCPDISCOVER。例如广播网络中有可以分配 IP 地址的服务器，服务器会返回相应的应答，告诉客户端可以分配 IP 地址，服务器返回包的名称叫 DHCPOFFER，包内包含可用的 IP 地址和参数。

（2）如果客户端在发出 DHCPOFFER 包后一段时间内没有接收到响应，就会重新发送请求，如果广播区域内有多于一台的 DHCP 服务器，则由客户端决定使用哪个 DHCP 服务器。

（3）当客户端选定了某个目标服务器后，会广播 DHCPREQUEST 包，用以通知选定的

DHCP 服务器和未选定的 DHCP 服务器。

（4）服务端收到 DHCPREQUEST 后会检查收到的包，如果包内的地址和所提供的地址一致，证明现在客户端接收的是自己提供的地址，如果不是，则说明自己提供的地址未被采纳。例如被选定的服务器在接收到 DHCPREQUEST 包以后，因为某些原因可能不能向客户端提供这个 IP 地址或参数，则可以向客户端发送 DHCPNAK 包。

（5）客户端在收到包后，检查内部的 IP 地址和租用时间，若发现有问题，则发包拒绝这个地址，然后重新发送 DHCPDISCOVER 包。如果没有问题，就接受这个配置参数。

11.4.2　配置 DHCP 服务器

本节主要介绍 DHCP 服务器的配置过程，包含软件安装、配置文件设置、服务器启动等。

1. 软件安装

DHCP 服务依赖的软件可以从 rpm 包安装或从源码安装，本节以 rpm 包安装为例说明 DHCP 服务的安装过程，如示例 11-25 所示。

【示例 11-25】

```
#确认当前系统是否安装相应的软件包
[root@CentOS ~]# rpm -qa|grep dhcp
dhcp-4.1.1-34.P1.el6.centos.x86_64
dhcp-common-4.1.1-34.P1.el6.centos.x86_64
#使用 rpm 安装，命令如下
[root@CentOS Packages]# rpm -ivh dhcp-4.1.1-34.P1.el6.centos.x86_64.rpm
```

经过上面的设置，DHCP 服务已经安装完毕，主要的文件如下：

- /etc/dhcp/dhcpd.conf 为 DHCP 主配置文件。
- /etc/init.d/dhcpd 为 DHCP 服务启动和停止的脚本。

2. 编辑配置文件/etc//dhcpd.conf

要配置 DHCP 服务器，还需要修改配置文件/etc/dhcp/dhcpd.conf。如果不存在，则创建该文件。本示例的实现为当前网络内的服务器分配指定 IP 段的 IP 地址，并设置过期时间为 2 天。配置文件如示例 11-26 所示。

【示例 11-26】

```
[root@CentOS Packages]# cat  -n /etc/dhcp/dhcpd.conf
     1  #定义所支持的 DNS 动态更新类型。none 表示不支持动态更新，interim 表示 DNS 互动更新，
ad-hoc 表示特殊 DNS 更新
     2  ddns-update-style ad-hoc;
     3  #指定接收 DHCP 请求的网卡的子网地址，注意不是本机的 IP 地址，netmask 为子网掩码
     4  subnet  192.168.19.0  netmask 255.255.255.0{
     5  #指定默认网关
     6  option routers 192.168.19.1;
```

```
 7  #指定默认子网掩码
 8  option subnet-mask 255.255.255.0;
 9  #指定最大租用周期
10  max-lease-time 172800;
11  #此 DHCP 服务分配的 IP 地址范围
12  range 192.168.19.230 192.168.19.240;
13  }
```

以上示例文件列出了一个子网的声明，包括 routers 默认网关、subnet-mask 子网掩码和 max-lease-time 最大租用周期，单位是秒。配置文件的更多选项可以参考“man dhcpd.conf”获取更多帮助信息。

【示例 11-27】

```
[root@CentOS Packages]# /etc/init.d/dhcpd start
Starting dhcpd:                                            [  OK  ]
```

若启动失败，则可以参考屏幕输出的信息来定位错误，或查看/var/log/messages 的内容，然后参考 dhcpd.conf 的帮助文档。

11.4.3 配置 DHCP 客户端

当服务端启动成功后，客户端需要进行以下配置以便自动获取 IP 地址。客户端网卡配置如示例 11-28 所示。

【示例 11-28】

```
[root@CentOS ~]# cat /etc/sysconfig/network-scripts/ifcfg-eth1
DEVICE=eth1
HWADDR=00:0c:29:be:db:d5
TYPE=Ethernet
UUID=363f47a9-dfb8-4c5a-bedf-3f060cf99eab
ONBOOT=yes
NM_CONTROLLED=yes
BOOTPROTO=dhcp
```

如需使用 DHCP 服务，BOOTPROTO=dhcp 表示将当前主机的网络 IP 地址设置为自动获取方式。测试过程如示例 11-29 所示。

【示例 11-29】

```
[root@CentOS ~]# service network restart
Shutting down interface eth1:                    [  OK  ]
Shutting down loopback interface:                [  OK  ]
Bringing up loopback interface:                  [  OK  ]
Bringing up interface eth1:
Determining IP information for eth1... done.  [  OK  ]
#启动成功后，确认成功获取到指定 IP 段的 IP 地址
```

```
[root@CentOS ~]# ifconfig
eth1      Link encap:Ethernet  HWaddr 00:0C:29:BE:DB:D5
          inet addr:192.168.19.230  Bcast:192.168.19.255  Mask:255.255.255.0
          inet6 addr: fe80::20c:29ff:febe:dbd5/64 Scope:Link
          UP BROADCAST RUNNING MULTICAST  MTU:1500  Metric:1
          RX packets:573 errors:0 dropped:0 overruns:0 frame:0
          TX packets:482 errors:0 dropped:0 overruns:0 carrier:0
          collisions:0 txqueuelen:1000
          RX bytes:59482 (58.0 KiB)  TX bytes:67044 (65.4 KiB)
```

客户端配置为自动获取 IP 地址，然后重启网络接口，启动成功后，使用 ifconfig 查看成功获取到的 IP 地址。

注意：本节介绍了 DHCP 的基本功能，如需了解 DHCP 的更多功能，可参考 DHCP 的帮助文档或其他资料。

11.5 网络常见问题

本节主要介绍 Linux 高级网络管理中常见的问题，如何设置 IP 使之永久生效、如何使一个域名解析到多个 IP 地址等。

11.5.1 如何设置 IP 地址使之永久生效

要使设置的 IP 地址在系统重启后依然生效，可按示例 11-30 的步骤配置。

【示例 11-30】

```
[root@CentOS Packages]# cat -n  /etc/sysconfig/network-scripts/ifcfg-eth0
     1  #当前网络设备为 eth0
     2  DEVICE=eth0
     3  #网卡的 MAC 地址
     4  HWADDR=00:0C:29:F2:BB:39
     5   #类型为以太网
     6  TYPE=Ethernet
     7  UUID=363f47a9-dfb8-4c5a-bedf-3f060cf99eab
     8  #指定是否在系统启动时连接
     9  ONBOOT=yes
    10  NM_CONTROLLED=yes
    11  #指定 IP 地址的获取方式为静态指定
    12  BOOTPROTO=static
    13  #设置 IP 地址
    14  IPADDR=192.168.19.101
    15  #设置子网掩码
    16  NETMASK=255.255.255.0
```

```
#然后重启网络设备使配置生效
[root@CentOS ~]# service network restart
Shutting down interface eth0:                           [  OK  ]
Shutting down loopback interface:                       [  OK  ]
Bringing up loopback interface:                         [  OK  ]
Bringing up interface eth0:                             [  OK  ]
#重启后依然生效
[root@CentOS ~]# ifconfig
eth0      Link encap:Ethernet  HWaddr 00:0C:29:F2:BB:39
          inet addr:192.168.19.101  Bcast:192.168.19.255  Mask:255.255.255.0
          inet6 addr: fe80::20c:29ff:fef2:bb39/64 Scope:Link
          UP BROADCAST RUNNING MULTICAST  MTU:1500  Metric:1
```

首先编辑网络接口配置文件，指定 IP 地址获取方式为静态指定，并设置 IP 地址和子网掩码，设置完重启网络服务，并测试其是否正常。

11.5.2 VMWare 虚拟机中如何测试 DHCP 功能

如果需要在 VMWare 中测试 DHCP 功能，需要将 VMWare 软件提供的 DHCP 功能禁止。禁止方法为：在 Windows 系统的【控制面板】中找到【管理工具】，然后双击【服务】快捷方式，找到【VMware DHCP Service】服务，将其停止即可。

11.5.3 如何使一个域名解析到多个 IP

若一个域名对应多个 IP 地址，则可以在 DNS 配置文件中设置多条记录来实现，如示例 11-31 所示。

【示例 11-31】

```
#编辑配置文件，增加多条 A 记录
[root@CentOS ~]# cat  /var/named/oa.com.zone |grep bbs
bbs     A  192.168.19.102
bbs     A  192.168.19.108
#重启 named
[root@CentOS ~]# /etc/init.d/named  restart
#客户端域名测试
[root@CentOS ~]# nslookup  bbs.oa.com
Server:         192.168.19.101
Address:        192.168.19.101#53

Name:   bbs.oa.com
Address: 192.168.19.108
Name:   bbs.oa.com
Address: 192.168.19.102
```

11.6 综合示例——利用 firewalld 阻止外网异常请求

向用户提供服务的 Web 应用随时有被攻击的可能，攻击时如何快速采取有效措施，本节介绍一种可参考的方法，通过定时统计 Web 服务的访问日志，在指定时间内如果发现某个源 IP 地址的请求量过大，则封禁此 IP 地址。一个简单的实现逻辑如示例 11-32 所示。

【示例 11-32】

```
[root@CentOS ~]# cat -n denyIPRequst.sh
     1	#!/bin/bash
     2	
     3	function LOG()
     4	{
     5	    echo "["$(/bin/date +%Y-%m-%d" "%H:%M:%S -d "0 days ago")"]" "$1"
     6	}
     7	
     8	function setENV()
     9	{
    10	     export LOCAL_IP=`/sbin/ifconfig |grep -a1 eth0 |grep inet |awk
'{print $2}' |awk -F ":" '{print $2}' |head -1`
    11	    export PATH=/sbin:/usr/sbin:$PATH:.
    12	    export CUR_DATE=`/bin/date +%Y-%m-%d`
    13	    export FILENAME=/data/logs/test.oa.com-access_log.$CUR_DATE
    14	    export TMP_FILE=/tmp/.ip.list
    15	    export NUM=200
    16	    export STAT_TIME=`/bin/date +%Y-%m-%d" "%H:%M -d "1  minutes ago"`
    17	}
    18	
    19	function process()
    20	{
    21	    touch $TMP_FILE
    22	    if [ -e "$FILENAME" ]
    23	    then
    24	        #logFormat [2020-08-05 02:57:26]\t1.1.1.1\tGET content
    25	        grep "$STAT_TIME" $FILENAME|awk  '{print $3}'|sort|uniq -c|sort
-nr|while read count ip
    26	        do
    27	              if [ $count -gt $NUM ]
    28	              then
    29	                     echo "$ip" >>$TMP_FILE
    30	              fi
    31	        done
```

```
32          cat $TMP_FILE|sort -u|while read ip
33          do
34              LOG "deny $ip"
35              firewall-cmd --permanent --add-rich-rule="rule family=ipv4
source address=$ip reject"
36          done
37      else
38          LOG "$FILENAME is not exists exit"
39      fi
40  }
41
42  function main()
43  {
44      setENV
45      process
46  }
47
48  LOG "stat start"
49  main
50  LOG "stat end"
```

Web 访问的日志通常是固定格式的，本示例的访问日志格式如下：

```
[2020-08-05 02:57:26]     1.1.1.1     GET content
```

上述示例脚本每分钟检查一次访问的日志，然后截取日志中的源 IP 地址，通过排序统计出该时间段内的每个 IP 地址的访问量，如果发现某个 IP 地址的请求超过指定阈值，则认为异常，将此 IP 地址写入文件，最后统一对文件内的 IP 地址进行处理，通过 firewalld 命令在 public 字段设置拒绝提供服务（即做 reject 处理），从而达到封禁异常请求的目的。

11.7 小 结

本章首先介绍了 Linux 内核防火墙的工作原理，然后介绍了它的使用方法，并通过一些实例使读者掌握 firewalld 的使用方法。Linux 高级网络管理工具 iproute2 提供了更加丰富的功能，本章介绍了其中的一部分。网络数据采集与分析工具 tcpdump 在网络程序的调试过程中具有非常重要的作用，需上机多加练习。

第 12 章

网络文件共享 NFS、Samba 和 FTP

类似于 Windows 上的网络共享功能，Linux 系统也提供了多种网络文件共享方法，常见的有 NFS、Samba 和 FTP。

本章首先介绍网络文件系统 NFS 的安装与配置，然后介绍文件服务器 Samba 的安装与设置，最后介绍常用的 FTP 软件的安装与配置。通过本章，用户可以了解 Linux 系统中常见的几种网络文件共享方式。

本章主要涉及的知识点有：

- NFS 的安装与使用
- Samba 的安装与使用
- FTP 的安装与使用

12.1 网络文件系统 NFS

NFS 是一种分布式文件系统，允许网络中不同操作系统的计算机间共享文件，其通信协定基于 TCP/IP 层，可以将远程的计算机磁盘挂载到本地，然后像对本地磁盘一样进行读写文件的操作。

12.1.1 NFS 简介

NFS 在文件传送或信息传送过程中依赖于 RPC（Remote Procedure Call）协议。RPC 协议可以在不同的系统间使用，此通信协议的设计与主机及操作系统无关。使用 NFS 时用户端只需使用 mount 命令就可以把远程文件系统挂接在自己的文件系统下，操作远程文件与操作本地计算机上的文件一样。NFS 本身可以认为是 RPC 的一个程序。只要用到 NFS 的地方都要启动 RPC 服务，不论是服务端还是客户端。总之，NFS 是一个文件系统，RPC 负责信息的传输。

例如在服务器上，要把远程服务器 192.168.3.101 上的/nfsshare 挂载到本地目录，可以执行如下命令：

```
mount 192.168.3.101:/nfsshare /nfsshare
```

当挂载成功后，本地的/nfsshare 目录下如果有数据，则原有的数据都不可见，用户看到的是远程主机 192.168.3.101 上的/nfsshare 目录下的文件列表。

12.1.2 配置 NFS 服务器

NFS 的安装需要两个软件包，通常情况下是作为系统的默认包安装的，版本可能会因为系统的不同而不同。

- nfs-utils-1.2.3-36.el6.x86_64.rpm 包含一些基本的 NFS 命令与控制脚本。
- rpcbind-0.2.0-11.el6.x86_64.rpm 是一个管理 RPC 连接的程序，类似的管理工具为 portmap。

安装方法如示例 12-1 所示。

【示例 12-1】

```
#首先确认系统中是否安装了对应的软件
[root@CentOS ~]# yum list installed | grep nfs-utils
#安装 NFS 软件包
[root@CentOS ~]# yum install -y nfs-utils
Last metadata expiration check: 11:38:30 ago on Fri 16 Jul 2021 10:16:30 AM EDT.
Dependencies resolved.
===========================================================================
Package     Architecture        Version      Repository       Size
===========================================================================
Installing:
 nfs-utils       x86_64            1:2.3.3-41.el8  baseos          497 k
Installing dependencies:
 gssproxy        x86_64            0.8.0-19.el8    baseos          119 k
…
#查看 nfs-utils 的安装位置
[root@CentOS ~]# rpm -ql  nfs-utils-2.3.3-41.el8.x86_64
/etc/exports.d
/etc/gssproxy/24-nfs-server.conf
/etc/modprobe.d/lockd.conf
/etc/nfs.conf
/etc/nfsmount.conf
/etc/request-key.d/id_resolver.conf
/sbin/mount.nfs
/sbin/mount.nfs4
/sbin/nfsdcltrack
/sbin/rpc.statd
/sbin/umount.nfs
/sbin/umount.nfs4
/usr/lib/.build-id
```

```
#安装 rpcbind 软件包
[root@CentOS ~]# yum install -y rpcbind
Last metadata expiration check: 11:47:25 ago on Fri 16 Jul 2021 10:16:30 AM EDT.
Dependencies resolved.
=========================================================
 Package Architecture    Version   Repository                 Size
=============================================
Installing:
 rpcbind              x86_64   1.2.5-8.el8 baseos           70 k

Transaction Summary
===================================================
Install  1 Package

Total download size: 70 k
Installed size: 108 k
Downloading Packages:
rpcbind-1.2.5-8.el8.x86_64.rpm
558 kB/s |  70 kB    00:00
…
```

在安装好软件之后，接下来就可以配置 NFS 服务器了。配置之前先了解一下 NFS 主要的文件和进程。

（1）NFS 在有的发行版中名为 nfsserver，主要用来控制 NFS 服务的启动和停止，安装完毕后位于/etc/init.d 目录下。

（2）rpc.nfsd 是基本的 NFS 守护进程，主要功能是控制客户端是否可以登录服务器，另外可以结合/etc/hosts.allow /etc/hosts.deny 进行更精细的权限控制。

（3）rpc.mountd 是 RPC 安装守护进程，主要功能是管理 NFS 的文件系统。通过配置文件共享指定的目录，同时根据配置文件进行一些权限验证。

（4）rpcbind 是一个管理 RPC 连接的程序，rpcbind 服务对 NFS 是必需的，因为是 NFS 的动态端口分配守护进程，如果 rpcbind 不启动，NFS 服务则无法启动。类似的管理工具为 portmap。

（5）exportfs 修改了/etc/exports 文件后，不需要重新激活 NFS，只要重新扫描一次/etc/exports 文件，并且重新设置加载即可。exportfs 命令常用的参数及其说明如表 12.1 所示。

表 12.1　exportfs 命令常用的参数及其说明

参　数	说　明
-a	全部挂载/etc/exports 文件内的设置
-r	重新挂载/etc/exports 中的设置
-u	卸载某一目录
-v	在命令执行时将共享的目录显示在屏幕上

（6）showmount 显示指定 NFS 服务器连接 NFS 客户端的信息，常用的参数及其说明如表 12.2 所示。

表 12.2　showmount 命令常用的参数及其说明

参　数	说　明
-a	列出 NFS 服务共享的完整目录信息
-d	仅列出客户机远程安装的目录
-e	显示导出目录的列表

配置 NFS 服务器首先需要确认共享的文件目录和权限以及访问的主机列表，这些可通过/etc/exports 文件配置。一般系统都有一个默认的 exports 文件，可以直接修改。如果没有这种文件，可以创建一个，然后通过启动命令启动守护进程。

1. 配置文件/etc/exports

要配置 NFS 服务器，首先需要编辑/etc/exports 文件。在该文件中，每一行代表一个共享目录，并且描述了该目录如何被共享。exports 文件的格式和使用如示例 12-2 所示。

【示例 12-2】

```
#<共享目录> [客户端 1 选项] [客户端 2 选项]
/nfsshare  *(rw,all_squash,sync,anonuid=1001,anongid=1000)
```

每行一条配置，可指定共享的目录，允许访问的主机及其他选项设置。上面的配置说明在这台服务器上共享了一个目录/nfsshare，参数说明如下：

- 共享目录：是指 NFS 系统中需要共享给客户端使用的目录。
- 客户端：是指网络中可以访问这个 NFS 共享目录的计算机。

客户端常用的指定方式如下：

- 指定 IP 地址的主机：192.168.3.101。
- 指定子网中的所有主机：192.168.3.0/24 192.168.0.0/255.255.255.0。
- 指定域名的主机：www.domain.com。
- 指定域中的所有主机：*.domain.com。
- 所有主机：*。

语法中的选项用来设置输出目录的访问权限、用户映射等。NFS 常用的选项及其说明如表 12.3 所示。

表 12.3　NFS 常用的选项及其说明

选　项	说　明
ro	表示该主机有只读的权限
rw	该主机对该共享目录有可读可写的权限
all_squash	将远程访问的所有普通用户及所属组都映射为匿名用户或用户组，相当于使用 nobody 用户访问该共享目录。注意此参数为默认设置
no_all_squash	与 all_squash 取反，该选项为默认设置
root_squash	将 root 用户及所属组都映射为匿名用户或用户组，为默认设置

（续表）

参 数	说 明
no_root_squash	与 rootsquash 取反
anonuid	将远程访问的所有用户都映射为匿名用户，并指定该用户为本地用户
anongid	将远程访问的所有用户组都映射为匿名用户组，并指定该匿名用户组为本地用户组
sync	将数据同步写入内存缓冲区与磁盘中，效率低，但可以保证数据的一致性
async	将数据先保存在内存缓冲区中，必要时才写入磁盘

exports 文件的使用方法如示例 12-3 所示。

【示例 12-3】

```
/nfsshare *.*(rw)
```

该行设置表示共享/nfsshare 目录，所有主机都可以访问该目录，并且都有读写的权限，客户端上的任何用户在访问时都映射成 nobody 用户。如果客户端要在该共享目录上保存文件，则服务器上的 nobody 用户对/nfsshare 目录必须要有写的权限。

【示例 12-4】

```
/nfsshare2  192.168.19.0/255.255.255.0
(rw,all_squash,anonuid=1001,anongid=100) 192.168.32.0/255.255.255.0(ro)
```

该行设置表示共享/nfsshare2 目录，192.168.19.0/24 网段的所有主机都可以访问该目录，对该目录有读写的权限，并且所有的用户在访问时都映射成服务器上 uid 为 1001、gid 为 100 的用户；192.168.32.0/24 网段的所有主机对该目录有只读访问权限，并且在访问时所有的用户都映射成 nobody 用户。

2. 启动服务

配置好服务器之后，要使客户端能够使用 NFS，必须要先启动服务。启动过程如示例 12-5 所示。

【示例 12-5】

```
[root@CentOS Packages]# cat /etc/exports
/nfsshare  *(rw)
[root@CentOS Packages]# service  rpcbind start
正在启动 rpcbind:                                    [确定]
[root@CentOS Packages]# service  nfs start
启动 NFS 服务:                                      [确定]
关掉 NFS 配额:                                      [确定]
启动 NFS mountd:                                    [确定]
正在启动 RPC idmapd:                                 [确定]
正在启动 RPC idmapd:                                 [确定]
启动 NFS 守护进程:                                   [确定]
```

NFS 服务由 5 个后台进程组成，分别是 rpc.nfsd、rpc.lockd、rpc.statd、rpc.mountd 和 rpc.rquotad。rpc.nfsd 负责主要的工作，rpc.lockd 和 rpc.statd 负责抓取文件锁，rpc.mountd 负责初始化客户端的 mount 请求，rpc.rquotad 负责对客户文件的磁盘配额进行限制。这些后台程序是 nfs-utils 的一部分，如果使用的是 RPM 包，它们存放在/usr/sbin 目录下。大多数发行版本都会带有 NFS 服务的启动脚本。在 RedHat Linux 中，要启动 NFS 服务，执行/etc/init.d/nfs start 即可。

3. 确认 NFS 是否已经启动

可以使用 rpcinfo 命令来确认，如果 NFS 服务正常运行，应该有如示例 12-6 所示的输出。

【示例 12-6】

```
[root@CentOS Packages]# rpcinfo -p
  program vers proto   port  service
   100000    4   tcp    111  portmapper
   100000    3   tcp    111  portmapper
   100000    2   tcp    111  portmapper
   100000    4   udp    111  portmapper
   100000    3   udp    111  portmapper
   100000    2   udp    111  portmapper
```

经过以上步骤，NFS 服务器端已经配置完成。接下来进行客户端的配置。

12.1.3 配置 NFS 客户端

要在客户端使用 NFS，首先需要确定要挂载的文件路径，并确认该路径中没有已经存在的数据文件，接着确定要挂载的服务器端的路径，然后使用 mount 挂载到本地磁盘，如示例 12-7 所示。mount 命令的详细用法可参考前面的章节。

【示例 12-7】

```
[root@CentOS test]# mount -t nfs  -o rw 192.168.12.102:/nfsshare /test
[root@CentOS test]# touch s
cannot touch 's': Permission denied
```

以读写模式挂载了共享目录，但 root 用户并不可写，其原因在于/etc/exports 中的文件设置。由于 all_squash 和 root_squash 为 NFS 的默认设置，会将远程访问的用户映射为 nobody 用户，而/test 目录 nobody 用户是不可写的，通过修改共享设置可以解决这个问题。

```
/nfsshare  *(rw,all_squash,sync,anonuid=1001,anongid=1000)
```

通过以上设置，并重启 NFS 服务，这时目录挂载后就可以正常读写了。

12.2 文件服务器 Samba

Samba 是一种在 Linux 环境中运行的免费软件，利用 Samba，Linux 可以使基于 Windows 的计算机实现共享。另外，Samba 还提供了一些工具，允许 Linux 用户共享和传输 Windows 计算机上的文件。Samba 基于 Server Messages Block 协议，可以为局域网内的不同计算机系统之间提供文件及打印机等资源的共享服务。

12.2.1 Samba 服务简介

SMB（Server Messages Block，信息服务块）是一种在局域网上共享文件和打印机的通信协议，它为局域网内的不同计算机之间提供文件及打印机等资源的共享服务。SMB 协议是客户端/服务器模式的协议，客户机通过该协议可以访问服务器上的共享文件系统、打印机及其他资源。通过设置 NetBIOS over TCP/IP 使得 Samba 可以方便地在网络中共享资源。

12.2.2 Samba 服务安装配置

在安装 Samba 服务之前，首先了解一下"网上邻居"的工作原理。网上邻居的工作模式是一个典型的客户端/服务器模式，首先单击【网络邻居】图标，打开网上邻居列表，这个阶段的实质是列出一个网上可以访问的服务器的名字列表。其次，单击【打开目标服务器】图标，列出目标服务器上的共享资源，接下来单击需要共享的资源图标，进行必要的操作（包括列出内容，增加、修改或删除内容等）。在单击一台具体的共享服务器时，先发生了名字解析的过程，计算机会尝试解析名字列表中的这个名字，并尝试进行连接。在连接到该服务器后，可以根据服务器的安全设置对服务器上的共享资源进行许可的操作。Samba 服务提供的功能用于在 Linux 之间或 Linux 与 Windows 之间实现资源的共享。

1. Samba 的安装

要安装 Samba 服务器，可以采用两种方法：从二进制代码安装和从源代码安装。初学者建议使用 YUM 来安装；较为熟练的用户可以采用源码安装的方式。本节采用 YUM 安装的方式，其版本为 4.11，安装过程如示例 12-8 所示。

【示例 12-8】

```
[root@CentOS ~]# yum -y install samba
```

Samba 是 SMB 客户端/服务器软件包，它主要包含以下程序：

- smbd：SMB 服务器，为客户机（如 Windows 等）提供文件和打印服务。
- nmbd：NetBIOS 名字服务器，可以提供浏览支持。
- smbclient：SMB 客户程序，类似于 FTP 程序，用以从 Linux 或其他操作系统上访问 SMB 服务器上的资源。

- smbmount：挂载SMB文件系统的工具，对应的卸载工具为smbumount。
- smbpasswd：用户增删登录服务端的用户名和密码。

2. 配置文件

以下是一个简单的配置文件，允许特定的用户读写指定的目录，如示例12-9所示。

【示例12-9】

```
#创建共享的目录并赋予相关用户权限
[root@CentOS bin]# chown -R test1.users /data/test1
[root@CentOS bin]# mkdir  -p /data/test2
[root@CentOS bin]# chown -R test2.users /data/test2
#Samba配置文件默认位于此目录
[root@CentOS etc]# pwd
/usr/local/samba/etc
[root@CentOS etc]# cat smb.conf
[global]
workgroup = mySamba
netbios name = mySamba
server string = Linux Samba Server Test
security=user
[test1]
      path = /data/test1
      writeable = yes
      browseable = yes
 [test2]
      path = /data/test2
      writeable = yes
      browseable = yes
      guest ok = yes
```

[global]表示全局配置，是必须有的选项。以下是每个选项的含义。

- workgroup：在Windows中显示的工作组。
- netbios name：在Windows中显示的计算机名。
- server string：Samba服务器说明，可以自己定义。
- security：验证和登录的方式，share表示不需要用户名和密码，对应的另一种为user验证方式，需要用户名和密码。
- [test]：表示Windows中显示出来的共享目录。
- path：共享的目录。
- writeable：共享目录是否可写。
- browseable：共享目录是否可以浏览。
- guest ok：是否允许匿名用户以guest身份登录。

3. 服务启动

首先创建用户目录及设置用户名和密码，认证方式为系统用户认证，要添加的用户名需要在/etc/passwd 中存在，如示例 12-10 所示。

【示例 12-10】

```
#设置用户 test1 的密码
[root@CentOS bin]# ./smbpasswd  -a  test1
New SMB password:
Retype new SMB password:
#设置用户 test2 的密码
[root@CentOS bin]# ./smbpasswd  -a  test2
New SMB password:
Retype new SMB password:
#启动命令
[root@CentOS ~]# /usr/local/samba/sbin/smbd
[root@CentOS ~]# /usr/local/samba/sbin/nmbd
#停止命令
[root@CentOS ~]# killall -9  smbd
[root@CentOS ~]# killall -9  nmbd
```

启动完毕后，可以使用 ps 命令和 netstat 命令查看进程和端口是否启动成功。

4. 服务测试

打开 Windows 中的资源管理器，输入地址\\192.168.19.103，按 Enter 键，弹出用户名和密码验证界面，输入用户名和密码，如图 12.1 所示。

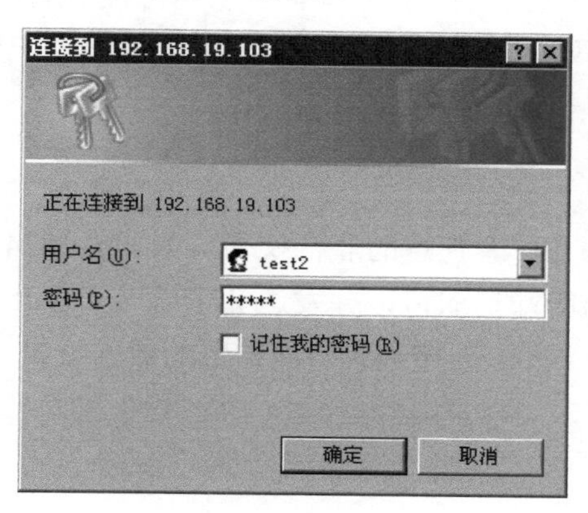

图 12.1　Samba 登录验证界面

验证成功后，可以看到共享的目录，进入 test2，创建目录 testdir，如图 12.2 所示。可以看到此目录对于 test2 用户是可读、可写的，与之对应的是进入目录 test1，发现没有权限写入，如图 12.3 所示。

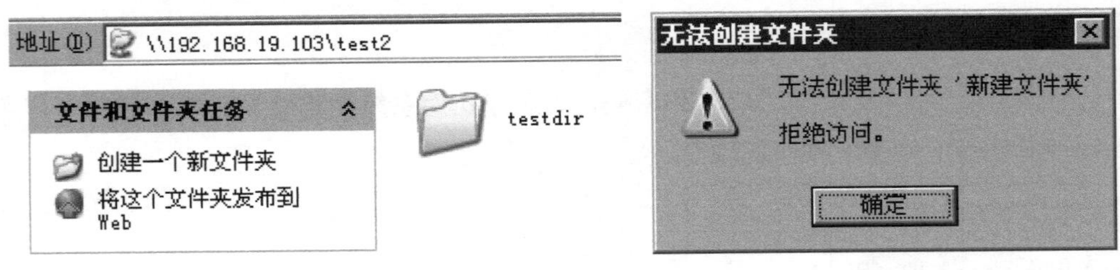

图 12.2 验证目录权限　　图 12.3 无权限，目录无法访问

以上演示了 Samba 的用法，要求用户在访问共享资源之前必须先提供用户名和密码进行验证。Samba 其他的功能可以参考系统帮助。

12.3 FTP 服务器

FTP 文件共享是基于 TCP/IP 实现的，目前绝大多数系统都有 FTP 的工具，FTP 是一种通用性比较强的网络文件共享方式。

12.3.1 FTP 服务概述

FTP 解决了文件的传输问题，让人们可以方便地从计算机网络中获得资源。FTP 已经成为计算机网络上文件共享的一个标准。FTP 服务器中的文件按目录结构进行组织，用户通过网络与服务器建立连接。FTP 是仅基于 TCP 的服务，不支持 UDP。与众不同的是，FTP 使用两个端口，即一个数据端口和一个命令端口，后者也可以叫作控制端口。通常来说，这两个端口是 21（命令端口）和 20（数据端口）。由于 FTP 工作方式的不同，数据端口并不总是 20，分为主动 FTP 和被动 FTP。

1. 主动 FTP

主动方式的 FTP 客户端从一个任意的非特权端口 N（N>1024）连接到 FTP 服务器的命令端口 21，然后客户端开始监听端口 N+1，并发送 FTP 命令“port N+1”到 FTP 服务器。接着服务器会从自己的数据端口（20）连接到客户端指定的数据端口（N+1）。在主动模式下，服务器端开启的是 20 和 21 端口，客户端开启的是 1024 以上的端口。

2. 被动 FTP

为了解决服务器发起到客户端的连接问题而采取了被动方式，或叫作 PASV，当客户端通知服务器处于被动模式时才启用。在被动 FTP 中，命令连接和数据连接都由客户端发起，当开启一个 FTP 连接时，客户端打开两个任意的非特权本地端口（N > 1024 和 N+1）。第 1 个端口连接服务器的 21 端口，但与主动方式的 FTP 不同，客户端不会提交 PORT 命令并允许服务器来回连它的数据端口，而是提交 PASV 命令。这样做的结果是服务器会开启一个任意的非特权端口（P > 1024），并发送 PORT P 命令给客户端。然后客户端发起从本地端口 N+1 到服务器的端口 P 的连接用来传送数据，此时服务端的数据端口不再是 20 端口，服务端开启的是 21 命令端口和大于 1024 的数据连接端口，客户端开启的是大于 1024 的两个端口。

主动模式是从服务器端向客户端发起连接，而被动模式是客户端向服务器端发起连接。两者的共同点是都使用 21 端口进行用户验证及管理，差别在于传送数据的方式不同。

12.3.2　vsftp 的安装与配置

在 Linux 系统中，vsftp 是一款应用比较广泛的 FTP 软件，特点是小巧轻快，安全易用。目前，在开源操作系统中常用的 FTP 软件除了 vsftp 外，还有 proftpd、purefrpd 和 wu-ftpd 等，各个 FTP 软件并无优劣之分，读者可选择自己熟悉的 FTP 软件使用。

1. 安装 vsftpd

安装此 FTP 软件可以采用 YUM 或源码的方式，rpm 包可以在系统安装盘中找到。安装过程如示例 12-11 所示。

【示例 12-11】

```
#使用 YUM 安装 vsftp 软件
[root@CentOS ~]# yum -y install vsftpd
```

2. 匿名 FTP 设置

示例 12-11 所示的是允许匿名用户访问并上传文件，配置文件路径一般为/etc/vsftpd.conf，如果使用 rpm 包来安装，配置文件位于/etc/vsftpd/vsftpd.conf。

【示例 12-12】

```
#将默认目录赋予用户 FTP 权限，以便可以上传文件
[root@CentOS Packages]# chown -R ftp.users /var/ftp/pub/
[root@CentOS Packages]# cat /etc/vsftpd/vsftpd.conf
listen=YES
#允许匿名登录
anonymous_enable=YES
#允许上传文件
anon_upload_enable=YES
write_enable=YES
#启用日志
xferlog_enable=YES
#日志路径
vsftpd_log_file=/var/log/vsftpd.log
#使用匿名用户登录时，映射到的用户名
ftp_username=ftp
```

3. 启动 FTP 服务

【示例 12-13】

```
[root@CentOS Packages]# /etc/init.d/vsftpd  start
start vsftpd                                [OK¨]
```

```
#检查是否启动成功，默认配置文件位于/etc/vsftpd/vsftpd.conf
[root@CentOS Packages]# ps -ef|grep vsftp
root      35417     1  0 18:09 ?        00:00:00 /usr/sbin/vsftpd
/etc/vsftpd/vsftpd.conf
```

4. 匿名用户登录测试

【示例 12-14】

```
#登录 FTP
[root@CentOS Packages]# ftp 192.168.19.102 21
Connected to 192.168.19.102 (192.168.19.102).
220-welcome
220
##输入匿名用户名
Name (192.168.19.102:root): anonymous
331 Please specify the password.
#密码为空
Password:
#登录成功
230 Login successful.
Remote system type is UNIX.
Using binary mode to transfer files.
ftp> cd pub
250 Directory successfully changed.
#上传文件测试
ftp> put vsftpd-2.2.2-11.el6_3.1.x86_64.rpm
local: vsftpd-2.2.2-11.el6_3.1.x86_64.rpm remote:
vsftpd-2.2.2-11.el6_3.1.x86_64.rpm
227 Entering Passive Mode (192,168,19,102,126,133).
150 Ok to send data.
226 Transfer complete.
154584 bytes sent in 0.00748 secs (20663.55 Kbytes/sec)
#文件上传成功后退出
ftp> quit
221 Goodbye.
#查看上传后的文件信息，文件属于 FTP 用户
[root@CentOS Packages]# ll /var/ftp/pub/
-rw------- 1 ftp ftp 154584 8ÔÂ   3 18:04 vsftpd-2.2.2-11.el6_3.1.x86_64.rpm
```

5. 实名 FTP 设置

除了配置匿名 FTP 服务外，vsftp 还可以配置实名 FTP 服务器，以便实现更精确的权限控制。需要进行用户实名认证的信息位于/etc/vsftpd/目录下，vsftpd.conf 也位于此目录，用户启动时可以单独指定其他的配置文件，本示例 FTP 认证采用虚拟用户认证。

【示例 12-15】

```
#编辑配置文件/etc/vsftpd/vsftpd.conf，配置如下
```

```
[root@CentOS Packages]# cat  /etc/vsftpd.conf
listen=YES
#绑定本机 IP 地址
listen_address=192.168.3.100
#禁止匿名用户登录
anonymous_enable=NO
anon_upload_enable=NO
anon_mkdir_write_enable=NO
anon_other_write_enable=NO
#不允许 FTP 用户离开自己的主目录
chroot_list_enable=NO
#虚拟用户列表，每行一个用户名
chroot_list_file=/etc/vsftpd.chroot_list
#允许本地用户访问，默认为 YES
local_enable=YES
#允许写入
write_enable=YES
#上传后的文件默认的权限掩码
local_umask=022
#禁止本地用户离开自己的 FTP 主目录
chroot_local_user=YES
#权限验证需要的加密文件
pam_service_name=vsftpd.vu
#开启虚拟用户功能
guest_enable=YES
#虚拟用户的宿主目录
guest_username=ftp
#用户登录后，操作主目录和本地用户具有同样的权限
virtual_use_local_privs=YES
#虚拟用户主目录设置文件
user_config_dir=/etc/vsftpd/vconf
#编辑/etc/vsftpd.chroot_list，每行一个用户名
[root@CentOS Packages]# cat /etc/vsftpd.chroot_list
user1
user2
#增加用户并指定主目录
[root@CentOS Packages]#  chmod -R 775 /data/user1 /data/user2
#设置用户名和密码数据库
[root@CentOS Packages]#  echo  -e "user1\npass1\nuser2\npass2">/etc/vsftpd/
vusers.list
[root@CentOS Packages]#  cd /etc/vsftpd
[root@CentOS vsftpd]#  db_load  -T -t hash -f vusers.list  vusers.db
[root@CentOS vsftpd]#  chmod 600 vusers.*
#指定认证方式
[root@CentOS vsftpd]#  echo -e "#%PAM-1.0\n\nauth    required    pam_userdb.
so db=/etc/vsftpd/vusers\naccount required    pam_userdb.so db=/etc/vsftpd/
vusers">/etc/pam.d/vsftpd.vu
```

```
[root@CentOS vconf]# cd /etc/vsftpd/vconf
[root@CentOS vconf]# ls
user1  user2
#编辑对应用户的用户名文件，指定主目录
[root@CentOS vconf]# cat user1
local_root=/data/user1
[root@CentOS vconf]# cat user2
local_root=/data/user2
#创建标识文件
[root@CentOS vconf]# touch /data/user1/user1
[root@CentOS vconf]# touch /data/user2/user2
[root@CentOS vconf]# ftp 192.168.3.100
Connected to 192.168.3.100.
220 (vsFTPd 2.2.4)
#输入用户名和密码
Name (192.168.3.100:root): user1
331 Please specify the password.
Password:
230 Login successful.
Remote system type is UNIX.
Using binary mode to transfer files.
#查看文件
ftp> ls
229 Entering Extended Passive Mode (|||12332|)
150 Here comes the directory listing.
-rw-r--r--    1 0        0              0 Aug 07 03:14 user1
226 Directory send OK.
ftp> quit
221 Goodbye.
[root@CentOS vconf]# ftp 192.168.3.100
Connected to 192.168.3.100.
220 (vsFTPd 2.0.4)
Name (192.168.3.100:root): user2
331 Please specify the password.
Password:
230 Login successful.
Remote system type is UNIX.
Using binary mode to transfer files.
ftp> ls
229 Entering Extended Passive Mode (|||53953|)
150 Here comes the directory listing.
-rw-r--r--    1 0        0              0 Aug 07 03:14 user2
226 Directory send OK.
#上传文件测试
ftp> put tt
local: tt remote: tt
229 Entering Extended Passive Mode (|||65309|)
```

```
150 Ok to send data.
100% |************************************************************************|
20      558.03 KB/s    00:00 ETA
226 File receive OK.
20 bytes sent in 00:00 (82.75 KB/s)
ftp> quit
```

vsftp 可以指定某些用户不能登录 FTP 服务器、支持 SSL 连接、限制用户上传速率等。更多配置说明，可参考帮助文档。

12.3.3　proftpd 的安装与配置

proftpd 为开放源码的 FTP 软件，其配置与 Apache 类似，相对于 wu-ftpd，其在安全、可伸缩性等方面有很大的提高。

1. 安装 proftpd

最新的源码可以在 http://www.proftpd.org/获取，新版本为 1.3.5，本节采用源码安装的方式安装，安装过程如示例 12-16 所示。

【示例 12-16】

```
#使用源码安装
[root@CentOS soft]# tar xvf proftpd-1.3.4d.tar.gz
[root@CentOS soft]# cd proftpd-1.3.4d
[root@CentOS proftpd-1.3.4d]#
[root@CentOS proftpd-1.3.4d]# ./configure  --prefix=/usr/local/proftp
[root@CentOS proftpd-1.3.4d]# make
[root@CentOS proftpd-1.3.4d]# make install
#安装完毕后主要的目录
[root@CentOS proftpd-1.3.4d]# cd /usr/local/proftp/
[root@CentOS proftp]# ls
bin  etc  include  lib  libexec  sbin  share  var
```

2. 匿名 FTP 设置

配置文件默认在/usr/local/proftp/etc/proftpd.conf，允许匿名用户访问并上传文件的配置，如示例 12-17 所示。

【示例 12-17】

```
#将默认目录赋予用户 FTP 权限以便可以上传文件
[root@CentOS Packages]# chown -R ftp.users /var/ftp/pub/
[root@CentOS proftp]# cat /usr/local/proftp/etc/proftpd.conf
ServerName                      "ProFTPD Default Installation"
ServerType                      standalone
DefaultServer                   on
Port                            21
Umask                           022
```

```
#最大实例数
MaxInstances                  30
#FTP启动后将切换到此用户和组运行
User    myftp
Group   myftp

AllowOverwrite          on
#匿名服务器配置
<Anonymous ~>
  User                    ftp
  Group                   ftp
  UserAlias                anonymous ftp
  MaxClients              10
#权限控制，设置可写
  <Limit WRITE>
    AllowAll
  </Limit>
</Anonymous>
```

3. 启动FTP 服务

【示例12-18】

```
[root@CentOS proftp]# /usr/local/proftp/sbin/proftpd  &
#检查是否启动成功，默认配置文件位于/etc/vsftpd/vsftpd.conf
[root@CentOS proftp]# ps -ef|grep proftpd
myftp    21685     1  0 02:33 ?        00:00:00 proftpd: (accepting connections)
```

4. 匿名用户登录测试

【示例12-19】

```
#登录FTP
[root@CentOS proftp]# ftp 192.168.3.100
Connected to 192.168.3.100 (192.168.3.100).
220 ProFTPD 1.3.4d Server (ProFTPD Default Installation) [::ffff:192.168.3.100]
Name (192.168.3.100:root): anonymous
331 Anonymous login ok, send your complete email address as your password
Password:
230 Anonymous access granted, restrictions apply
Remote system type is UNIX.
Using binary mode to transfer files.
ftp> put /etc/vsftpd.conf vsftpd.conf
local: /etc/vsftpd.conf remote: vsftpd.conf
227 Entering Passive Mode (192,168,3,100,218,82).
150 Opening BINARY mode data connection for vsftpd.conf
226 Transfer complete
456 bytes sent in 7.4e-05 secs (6162.16 Kbytes/sec)
ftp> ls -l
```

```
227 Entering Passive Mode (192,168,3,100,215,195).
150 Opening ASCII mode data connection for file list
-rw-r--r--   1 ftp      ftp          456 Jun 13 19:13 vsftpd.conf
ftp> quit
221 Goodbye.
#查看上传后的文件信息，文件属于 FTP 用户
[root@CentOS proftp]# ls -l /var/ftp/vsftpd.conf
-rw-r--r--. 1 ftp ftp 456 Jun 14 03:13 /var/ftp/vsftpd.conf
```

5. 实名 FTP 设置

除了配置匿名 FTP 服务外，proftp 还可以配置实名 FTP 服务，以便实现更精确的权限控制，比如登录权限、读写权限，并可以针对每个用户单独控制，配置过程如示例 12-20 所示，本示例中用户认证方式为 Shell 系统用户认证。

【示例 12-20】

```
#登录使用系统用户验证
[root@CentOS bin]#  useradd -d /data/user1 -m user1
[root@CentOS bin]#  useradd -d /data/user2 -m user2
#编辑配置文件，增加以下配置
[root@CentOS bin]# cat    /usr/local/proftp/etc/proftpd.conf
#部分内容省略
<VirtualHost 192.168.3.100>
   DefaultRoot          /data/guest
   AllowOverwrite       no
   <Limit STOR MKD RETR >
      AllowAll
   </Limit>
   <Limit DIRS WRITE READ DELE RMD>
      AllowUser user1 user2
      DenyAll
   </Limit>
</VirtualHost>
#启动
[root@CentOS bin]# /usr/local/proftp/sbin/proftpd  &
[root@CentOS bin]# chmod -R 777 /data/guest/
[root@CentOS bin]# ftp 192.168.3.100
Connected to 192.168.3.100 (192.168.3.100).
220 ProFTPD 1.3.4d Server (ProFTPD Default Installation) [::ffff:192.168.3.100]
#输入用户名和密码
Name (192.168.3.100:root): user2
331 Password required for user2
Password:
230 User user2 logged in
Remote system type is UNIX.
Using binary mode to transfer files.
#上传文件测试
```

```
ftp> put   prxs
local: prxs remote: prxs
227 Entering Passive Mode (192,168,3,100,186,130).
150 Opening BINARY mode data connection for prxs
226 Transfer complete
7700 bytes sent in 0.000126 secs (61111.11 Kbytes/sec)
ftp> quit
221 Goodbye.
```

proftp 设置文件中使用原始的 FTP 命令实现更细粒度的权限控制，可以针对每个用户设置单独的权限，常见的 FTP 命令集如下：

- ALL 表示所有命令，但不包含 LOGIN 命令。
- DIRS 包含 CDUP、CWD、LIST、MDTM、MLSD、MLST、NLST、PWD、RNFR、STAT、XCUP、XCWD、XPWD 命令集。
- LOGIN 包含客户端登录命令集。
- READ 包含 RETR、SIZE 命令集。
- WRITE 包含 APPE、DELE、MKD、RMD、RNTO、STOR、STOU、XMKD、XRMD 命令集，每个命令集的具体作用可参考帮助文档。

以上示例为使用当前的系统用户登录 FTP 服务器，为了避免安全风险，proftpd 的权限可以和 MySQL 相结合，以实现更丰富的功能。有关更多与配置的相关内容，可参考帮助文档。

12.4 常见问题

本节主要介绍网络文件共享软件中常见的一些问题，如 Windows 与 Linux 之间如何共享文件等。

12.4.1 如何在 Windows 和 Linux 之间共享文件

Windows 与 Linux 之间的文件共享可以采用多种方式，常用的是 Samba 或 FTP，具体设置可以参考 12.2.2 节的内容。

12.4.2 Linux 文件如何在 Windows 中编辑

Linux 文件要在 Windows 中编辑，可以使用 Samba，具体配置步骤可以参考 12.2.2 节的内容，Linux 共享的目录如果是可读写的，则文件可以在 Windows 资源管理器中打开并编辑、保存；或在资源管理器中选用右键菜单编辑文件，如图 12.4 所示。

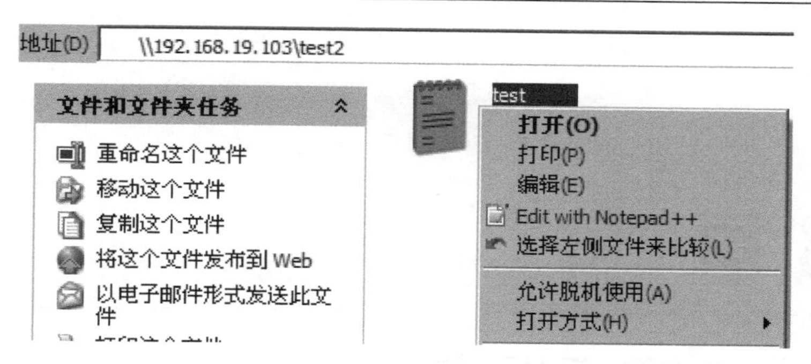

图 12.4 Windows 中使用右键菜单编辑创建好的文件

12.4.3 如何设置 FTP 才能实现文件上传

FTP 的登录方式可分为系统用户和虚拟用户。

（1）系统用户是指使用当前 Shell 中的系统用户登录 FTP 服务器，用户登录后对主目录具有和 Shell 中相同的权限，目录权限可以通过 chmod 和 chown 命令设置。

（2）虚拟用户的特点是只能访问服务器为其提供的 FTP 服务，而不能访问系统的其他资源。所以，如果想让用户在 FTP 服务器站内具有写权限，但又不允许访问系统其他资源，可以使用虚拟用户来提高系统的安全性。在 vsftp 中，认证这些虚拟用户使用的是单独的口令库文件（pam_userdb），由可插入认证模块（PAM）进行认证。使用这种方式更加安全，并且配置更加灵活。

12.5 小 结

本章介绍了 NFS 的原理及其配置过程。NFS 主要用于需要数据一致的场合，比如 Apache 服务可能需要共同的存储服务，而前端的 Apache 接入可能有多台服务器，通过 NFS 用户可以将一份数据挂载到多台机器上，这时客户端看到的数据将是一致的，如需修改，则只需修改一份数据即可。

Samba 常用于 Linux 和 Windows 中的文件共享，本章介绍了 Samba 的原理及其配置过程。通过 Samba，开发者可以在 Windows 中方便地编辑 Linux 系统的文件，通过利用 Windows 中强大的编辑工具可以大大提高开发效率。

第 13 章

BIND 域名解析服务

如今互联网应用越来越丰富，如果仅仅用 IP 地址标识网络上的计算机，是不可能完成任务的，也没有必要，于是产生了域名系统。域名系统通过一系列有意义的名称标识网络上的计算机，用户按域名请求某个网络服务时，域名系统负责将其解析为对应的 IP 地址，这便是 DNS。

本章首先介绍 DNS 的基础知识，然后详细介绍 BIND 的安装和配置方法。

本章主要涉及的知识点有：

- DNS 域名解析服务
- 安装 BIND 服务程序
- 部署从服务器
- 安全的加密传输
- 部署缓存服务器
- 分离解析技术

13.1 DNS 域名解析服务

DNS 是互联网上的一种网络服务，其功能是将域名或者主机名转换为 IP 地址。本节将详细介绍域名解析服务的基础知识。

13.1.1 域名

目前在互联网上，所有主机都是通过 IP 地址来唯一标识的。IP 地址又分为 IPv4 和 IPv6，其中 IPv4 由 32 位（bit，二进制的位）数字组成，而 IPv6 则由 128 位数字组成。对于普通用户来说，这些数字没有明显的意义，因此记忆起来非常困难。

为了解决这个问题，人们发明了域名。所谓域名，是指通过有明显含义的字母和数字来标识互联网上的主机。例如下面就是微软公司的域名：

```
www.microsoft.com
```

在上面的域名中，www 表示主机名，microsoft 为微软公司的名称，com 表示商业公司。可以得知，域名使得网络主机的标识更加直观、易懂和易记。

域名是由小数点隔开的多个字符串组成的。在上面的例子中，域名是由 3 段字符串组成的，实际上域名的长度是可变的，不一定只有 3 段。例如清华大学的域名包含 4 段：

```
www.tsinghua.edu.cn
```

但是总的来说，域名主要包括以下几部分：

- 主机名：域名的第一部分，这部分通常描述主机的具体功能，例如 www 表示该主机为 Web 服务器，SMTP 和 POP 表示该主机提供邮箱服务。
- 机构名：表示主机所属的机构，例如 microsoft、tencent 以及 harvard 等。
- 顶级域名：域名的最后一部分，表示机构所属的行业或者地区，例如 com 表示商业机构，edu 表示教育机构，gov 表示政府机构，cn 表示中国等。

13.1.2 DNS 域名解析服务

目前提供网络服务的应用使用唯一的 32 位的 IP 地址来标识，但由于数字比较复杂，难以记忆，因此产生了域名系统。通过域名系统，可以使用易于理解和形象的字符串名称来标识网络应用。访问互联网应用可以通过域名，也可以通过 IP 地址直接访问该应用。在使用域名访问网络应用时，DNS 负责将其解析为 IP 地址。

DNS 是一个分布式数据库系统，扩充性好，由于是分布式存储的，数据量的增长并不会影响其性能。新加入的网络应用可以由 DNS 负责将新主机的信息传播到网络中的其他部分。

域名查询有两种常用的方式：递归查询和迭代查询。

递归查询由最初的域名服务器代替客户端进行域名查询。如果该域名服务器不能直接回答，则会在网域中各分支的上下进行递归查询，最终将返回查询结果给客户端，在域名服务器查询期间，客户端将完全处于等待状态。

迭代查询则每次由客户端发起请求，如果请求的域名服务器能提供需要查询的信息，则返回主机地址信息。如果不能提供，则引导客户端到其他域名服务器查询。

以上两种方式类似于寻找东西的过程，一种是找个人替自己寻找，另一种是自己完成，首先到一个地方寻找，如果没有，则向另一个地方寻找。

DNS 域名服务器分为高速缓存服务器、主 DNS 服务器和辅助 DNS 服务器。高速缓存服务器将每次域名查询的结果缓存到本机；主 DNS 服务器提供特定网域的权威信息，是可信赖的；辅助 DNS 服务器的信息来源于主 DNS 服务器。

13.2 安装 BIND 服务程序

目前互联网上最为流行的域名解析系统为 BIND（Berkeley Internet Name Domain）。BIND 最早是由美国伯克利大学的一名学生编写的。本节主要介绍 DNS 服务器的配置过程，包含安装、配置文件设置、服务器启动等步骤。

13.2.1 软件安装

DNS 服务依赖的软件可以使用 yum 命令安装或从源码进行安装，本节以 yum 命令为例说明 DNS 服务的安装过程，如示例 13-1 所示。

【示例 13-1】

```
[root@centos8 ~]# yum -y install bind
```

BIND 的主服务进程名称为 named，安装完成之后，用户就可以使用以下命令启动 BIND 服务：

```
[root@centos8 ~]# systemctl start named
[root@centos8 ~]# systemctl status named
● named.service - Berkeley Internet Name Domain (DNS)
   Loaded: loaded (/usr/lib/systemd/system/named.service; disabled; vendor
preset: disabl>
   Active: active (running) since Sat 2021-01-02 10:56:02 CST; 6s ago
  Process: 2839 ExecStart=/usr/sbin/named -u named -c ${NAMEDCONF} $OPTIONS
(code=exited,>
  Process: 2836 ExecStartPre=/bin/bash -c if [ ! "$DISABLE_ZONE_CHECKING" ==
"yes" ]; the>
 Main PID: 2840 (named)
    Tasks: 11 (limit: 49448)
   Memory: 76.3M
   CGroup: /system.slice/named.service
           └─2840 /usr/sbin/named -u named -c /etc/named.conf

 1 月  02 10:56:02 centos8 named[2840]: FORMERR resolving './NS/IN':
192.5.5.241#53
 1 月  02 10:56:02 centos8 named[2840]: FORMERR resolving './NS/IN':
192.203.230.10#53
 1 月  02 10:56:02 centos8 named[2840]: FORMERR resolving './NS/IN':
202.12.27.33#53
 1 月  02 10:56:02 centos8 named[2840]: FORMERR resolving './NS/IN':
192.112.36.4#53
 1 月  02 10:56:02 centos8 named[2840]: FORMERR resolving './NS/IN':
192.58.128.30#53
 1 月  02 10:56:02 centos8 named[2840]: FORMERR resolving './NS/IN':
```

```
199.7.83.42#53
    1月 02 10:56:02 centos8 named[2840]: FORMERR resolving './NS/IN': 198.41.0.4#53
    1 月  02  10:56:02  centos8  named[2840]:  FORMERR  resolving  './NS/IN':
198.97.190.53#53
    1月 02 10:56:02 centos8 named[2840]: resolver priming query complete
    1月 02 10:56:02 centos8 named[2840]: managed-keys-zone: Key 20326 for zone .
acceptance t>
    lines 1-21/21 (END)
```

13.2.2　配置 BIND

经过上面的设置，DNS 服务已经安装完毕，主要的文件如下：

- /etc/named.conf 为 DNS 主配置文件。
- /var/named/为 DNS 域名解析数据文件。

1. 配置文件/etc/named.conf

要配置 DNS 服务器，需要修改配置文件/etc/named.conf。如果该文件不存在，则创建该文件。一个典型的 named.conf 配置文件的内容如下：

```
 1  options {
 2          listen-on port 53 { any; };
 3          listen-on-v6 port 53 { ::1; };
 4          directory       "/var/named";
 5          dump-file       "/var/named/data/cache_dump.db";
 6          statistics-file "/var/named/data/named_stats.txt";
 7          memstatistics-file "/var/named/data/named_mem_stats.txt";
 8          secroots-file   "/var/named/data/named.secroots";
 9          recursing-file  "/var/named/data/named.recursing";
10          allow-query     { any; };
11          recursion yes;
12          dnssec-enable yes;
13          dnssec-validation yes;
14          managed-keys-directory "/var/named/dynamic";
15          pid-file "/run/named/named.pid";
16          session-keyfile "/run/named/session.key";
17          include "/etc/crypto-policies/back-ends/bind.config";
18  };
19
20  logging {
21          channel default_debug {
22                  file "data/named.run";
23                  severity dynamic;
24          };
25  };
26
```

```
27  zone "." IN {
28          type hint;
29          file "named.ca";
30  };
31
32  include "/etc/named.rfc1912.zones";
33  include "/etc/named.root.key";
```

下面说明各个参数的含义。

- options：全局服务器的配置选项，即在options中指定的参数，对配置中的任何网域都有效，如果在服务器上要配置多个网域（如test1.com和test2.com），则在option中指定的选项对这些网域都生效。
- listen-on port：DNS服务实际上是一个监听本机53端口的TCP服务程序。该选项用于指定域名服务监听的网络接口，如监听本机IP或127.0.0.1。此处“any”表示接受所有主机的连接。
- directory：指定named从/var/named目录下读取DNS数据文件，这个目录可由用户自行指定并创建，指定后所有的DNS数据文件都存放在此目录下，注意此目录下的文件所属的组应为named，否则域名服务无法读取数据文件。
- dump-file：当执行导出命令时，将DNS服务器的缓存数据存储到指定的文件中。
- statistics-file：指定named服务的统计文件。当执行统计命令时，会将内存中的统计信息追加到该文件中。
- allow-query：允许哪些客户端访问DNS服务，此处“any”表示任意主机。
- zone：每一个zone用于定义一个区域的相关信息及指定named服务从哪些文件中获得DNS各个域名的数据文件。
- include：将其他的区域文件包含进主配置文件。

2. 定义区域

本示例实现的功能是搭建一台域名服务器ns.oa.com，位于192.168.75.128，其他主机可以通过该域名服务器解析已经注册的以“oa.com”结尾的域名。配置文件如示例13-2所示，如需添加注释，可以用“#”“//”“;”作为注释文字的开头或使用“/* */”包含注释文字。

【示例13-2】

```
[root@CentOS named]# cat -n  /etc/named.conf
     1  options {
     2          listen-on port 53 { any; };
     3          directory       "/var/named";
     4          dump-file       "/var/named/data/cache_dump.db";
     5          statistics-file "/var/named/data/named_stats.txt";
     6          memstatistics-file "/var/named/data/named_mem_stats.txt";
     7          allow-query     { any; };
     8  };
```

```
 9
10  zone "." IN {
11          type hint;
12          file "named.ca";
13  };
14
15  zone "oa.com" IN {
16          type master;
17          file "oa.com.zone";
18          allow-update { none; };
19  };
20
21  include "/etc/named.root.key";
```

第 17 行设置了该区域的数据文件为 oa.com.zone，接下来我们将编写这个文件。

3. 编辑 DNS 数据文件/var/named/oa.com.zone

该文件为 DNS 数据文件，可以配置每个域名指向的实际 IP 地址，文件配置内容如示例 13-3 所示。

【示例 13-3】

```
[root@CentOS named]# cat -n  oa.com.zone
    1  $TTL  3600
    2  @          IN SOA  ns.oa.com root (
    3                                                2013    ; serial
    4                                                1D      ; refresh
    5                                                1H      ; retry
    6                                                1W      ; expire
    7                                                3H )    ; minimum
    8              NS      ns
    9  ns          A    192.168.75.2
   10  test        A    192.168.75.2
   11  bbs         A    192.168.75.4
```

下面说明其中各个参数的含义。

- TTL：表示域名缓存周期字段，指定该资源文件中的信息存放在 DNS 缓存服务器的时间，此处设置为 3600 秒，表示如果超过 3600 秒，则 DNS 缓存服务器重新获取该域名的信息。
- @：表示本域，SOA 描述了一个授权区域，如有 oa.com 的域名请求，将到 ns.oa.com 域查找。root 表示接收信息的邮箱，此处为本地的 root 用户。
- serial：表示该区域文件的版本号。当区域文件中的数据改变时，这个数值将要改变。从（slave）服务器在一定时间以后请求主（master）服务器的 SOA 记录，并将该序列号与缓存中的 SOA 记录的序列号相比较，如果数值改变了，从服务器将重新获取主服务器的数据信息。

- refresh：指定从域名服务器将要检查主域名服务器的 SOA 记录的时间间隔，单位为秒。
- retry：指定从域名服务器的一个请求或一个区域刷新失败后，从服务器重新与主服务器联系的时间间隔，单位是秒。
- expire：是指在指定的时间内，如果从服务器还不能联系到主服务器，从服务器将丢去所有的区域数据。
- Minimum：如果没有明确指定 TTL 的值，则 minimum 表示域名默认的缓存周期。
- A：表示主机记录，用于将一个主机名与一个或一组 IP 地址相对应。
- NS：一条 NS 记录指向一个给定区域的主域名服务器，以及包含该服务器主机名的资源记录。
- CNAME：用来将一个域名与该域名的别名相关联，访问域名的别名和访问域名的原始名字将解析到同样的主机地址。

第 9~11 行分别定义了相关域名指向的 IP 地址。

4. 重新启动域名服务

重新启动域名服务可以使用 systemctl 命令，如示例 13-4 所示。

【示例 13-4】

```
[root@centos8 ~]# systemctl restart named
```

注意：如果启动失败，可以参考屏幕输出的信息来定位错误，或查看/var/log/messages 的内容，更多信息可参考系统帮助“man named.conf”。

经过上面的步骤，DNS 服务端已经部署完毕，客户端需要进行一定设置才能访问域名服务器，操作步骤如下：

（1）配置/etc/resolv.conf。如需正确地解析域名，客户端需要设置 DNS 服务器地址。DNS 服务器地址修改如示例 13-5 所示。

【示例 13-5】

```
[root@CentOS ~]# cat   /etc/resolv.conf
nameserver 192.168.75.128
```

（2）域名测试。域名测试可以使用 ping、nslookup 或 dig 命令，如示例 13-6 所示。

【示例 13-6】

```
[root@CentOS ~]# nslookup   bbs.oa.com
Server:         192.168.75.128
Address:        192.168.75.128#53

Name:   bbs.oa.com
Address: 192.168.75.4
```

上述示例说明了 bbs.oa.com 成功解析到 192.168.75.4。

经过以上部署和测试演示了 DNS 域名系统的初步功能，要进一步了解相关信息，可参考系统帮助或其他资料。

13.3 部署从服务器

由于域名解析服务非常重要，并且解析的压力通常比较大，因此域名服务器通常采用分布式架构。同时为了提高可用性，用户会配置一台主域名服务器和多台从域名服务器。本节将详细介绍从域名服务器的部署方法。

13.3.1 安装 BIND

与前面介绍的 BIND 安装方法一样，使用 yum 命令安装，如示例 13-7 所示。

【示例 13-7】

```
[root@dns-slave ~]# yum -y install bind
```

安装完成之后，启动 named 服务，代码如下：

```
[root@dns-slave ~]# systemctl start named
[root@dns-slave ~]# systemctl status named
● named.service - Berkeley Internet Name Domain (DNS)
   Loaded: loaded (/usr/lib/systemd/system/named.service; disabled>
   Active: active (running) since Fri 2021-01-01 20:05:37 PST; 12s>
  Process: 34904 ExecStart=/usr/sbin/named -u named -c ${NAMEDCONF>
  Process: 34901 ExecStartPre=/bin/bash -c if [ ! "$DISABLE_ZONE_C>
 Main PID: 34905 (named)
    Tasks: 7 (limit: 23800)
   Memory: 61.8M
   CGroup: /system.slice/named.service
           └─34905 /usr/sbin/named -u named -c /etc/named.conf

Jan 01 20:05:37 dns-slave named[34905]: FORMERR resolving './NS/IN>
Jan 01 20:05:37 dns-slave named[34905]: FORMERR resolving './NS/IN>
Jan 01 20:05:37 dns-slave named[34905]: FORMERR resolving './NS/IN>
Jan 01 20:05:37 dns-slave named[34905]: FORMERR resolving './NS/IN>
Jan 01 20:05:37 dns-slave named[34905]: FORMERR resolving './NS/IN>
Jan 01 20:05:37 dns-slave named[34905]: FORMERR resolving './NS/IN>
Jan 01 20:05:37 dns-slave named[34905]: FORMERR resolving './NS/IN>
Jan 01 20:05:37 dns-slave named[34905]: FORMERR resolving './NS/IN>
Jan 01 20:05:37 dns-slave named[34905]: resolver priming query com>
Jan 01 20:05:37 dns-slave named[34905]: managed-keys-zone: Key 203>
lines 1-21/21 (END)
```

13.3.2 定义区域

在/etc/named.conf 配置文件中增加一个区域，其代码如示例 13-8 所示。

【示例 13-8】

```
zone "oa.com" IN {
        type slave;
        masters {192.168.75.128;};
        masterfile-format text;
        file "slaves/oa.com.zone";
};
```

其中 type 命令的值为 slave，表示该服务器为从服务器。masters 命令用来设置主域名服务器的地址。file 命令用来设置 oa.com 区域的数据文件。

设置完成之后，重新启动 named 服务，命令如下：

```
[root@dns-slave ~]# systemctl restart named
```

13.3.3 配置主域名服务器

修改主服务器的/var/named/oa.com.zone 数据文件，添加一条从域名服务器的记录，给从服务器授权。修改后的数据文件的代码如示例 13-9 所示。

【示例 13-9】

```
[root@centos8 named]# cat -n /var/named/oa.com.zone
     1  $TTL    3600
     2  @      IN SOA ns.oa.com root (
     3                         2013;
     4                         1D;
     5                         1H;
     6                         1W;
     7                         3H);
     8              NS      ns
     9              NS      ns2
    10  ns          A 192.168.75.2
    11  ns2         A 192.168.75.129
    12  test        A 192.168.75.2
    13  bbs         A 192.168.75.4
```

其中第 9 行增加了一条域名服务器记录，第 11 行相应增加了一条 A 记录，其中 192.168.75.129 为从域名服务器的 IP 地址。配置完成之后，重新启动主域名服务器上的 named 服务。

13.3.4 检查从域名服务器数据同步

在从域名服务器上查看/var/named/slaves 目录，会发现多出了一个数据文件，如下所示：

```
[root@dns-slave ~]# ll /var/named/slaves/
total 4
-rw-r--r--. 1   named named    260 Jan  1 20:22        oa.com.zone
```

查看该文件的内容，与主域名服务器上的文件完全相同，这表示从域名服务器已经成功从主域名服务器上同步了域名解析所需要的数据文件，如下所示：

```
[root@dns-slave ~]# cat -n /var/named/slaves/oa.com.zone
     1  $ORIGIN .
     2  $TTL 3600       ; 1 hour
     3  oa.com                  IN SOA  ns.oa.com.oa.com. root.oa.com. (
     4                                  2013       ; serial
     5                                  86400      ; refresh (1 day)
     6                                  3600       ; retry (1 hour)
     7                                  604800     ; expire (1 week)
     8                                  10800      ; minimum (3 hours)
     9                                  )
    10                          NS      ns.oa.com.
    11                          NS      ns2.oa.com.
    12  $ORIGIN oa.com.
    13  bbs                     A       192.168.75.4
    14  ns                      A       192.168.75.2
    15  ns2                     A       192.168.75.129
    16  test                    A       192.168.75.2
```

13.3.5 测试从域名服务器

在网络内部任何一台主机上，使用 nslookup 命令测试从服务器能否正常解析域名，命令如下：

```
[root@dns-slave ~]# nslookup bbs.oa.com 192.168.75.129
Server:         192.168.75.129
Address:        192.168.75.129#53

Name:   bbs.oa.com
Address: 192.168.75.4
```

其中 192.168.75.129 为从域名服务器的 IP 地址。从上面的输出可知，从域名服务器已经成功将域名 bbs.oa.com 解析为正确的 IP 地址 192.168.75.4。

13.4 安全的加密传输

互联网中的绝大多数 DNS 服务器都是采用 BIND 作为域名解析系统，而 BIND 服务程序为了提供安全的解析服务，已经支持 TSIG（RFC2845）加密机制。TSIG 主要是利用密码编码的方式来保护区域信息的传输，即TSIG加密机制保证了DNS服务器之间传输域名区域信息的安全性。本节将详细介绍如何在主从域名服务器之间实现加密传输。

BIND提供了dnssec-key命令来生成密钥，该命令的语法如下：

```
dnssec-keygen [options] name
```

其中options为dnssec-key命令的选项，name为密钥的所有者。

该命令的常用选项有：

- -a：指定加密算法，例如RSAMD5、HMAC-SHA512以及DSA等。
- -b：指定密钥长度。
- -n：指定密钥的所有者的类型，可以为ZONE、HOST、ENTITY或者USER等值。
- -r：指定随机源，有助于提高密钥的生成速度。如果操作系统不提供/dev/random或等效设备，则默认的随机源是键盘输入。
- -K：指定密钥文件的路径。

在主域名服务器上创建密钥，命令如示例13-10所示。

【示例13-10】

（1）创建一个目录，用来保存密钥：

```
[root@centos8 ~]# mkdir /root/dnskey
```

（2）使用dnssec-keygen命令生成密钥：

```
[root@centos8 ~]# dnssec-keygen -a HMAC-SHA512 -b 512 -n HOST -K /root/dnskey
-r /dev/urandom oa.key
Koa.key.+165+58489
```

执行完之后，会在/root/dnskey目录下生成两个文件，如下所示：

```
[root@centos8 ~]# ll /root/dnskey/
总用量 8
-rw-------  1  root root      115 1月  2 15:54
 Koa.key.+165+58489.key
-rw-------  1  root root      232 1月  2 15:54
 Koa.key.+165+58489.private
```

其中以.key为后缀的文件为公钥文件，以.private为后缀的文件为私钥文件。

（3）在主域名服务器上创建密钥验证文件，命令如下：

```
[root@centos8 ~]# vi /etc/named/dns-key
```

该文件的内容如下：

```
[root@centos8 ~]# cat -n /etc/named/dns-key
     1  key "oa-dnskey" {
     2          algorithm HMAC-SHA512;
```

```
      3         secret "
BkjN0sy6Yv7nXyN3uueqPC3Geek1utfzDdx+qJcY+Nmr6DFix4UBEk0GVsyQYrSZlIevwlOC9zlQGP
RF255bew== ";
      4  };
```

第 1 行通过 key 命令定义一个密钥，其中的 oa-dnskey 为密钥名称，用户可以自定义，但是要保持与从域名服务器的配置文件中的名称相同。第 2 行为加密算法，这个保持与前面生成密钥的时候指定的算法一致。第 3 行为私钥，这个私钥来自 /root/dnskey/Koa.key.+165+58489.private 文件。

（4）修改密钥，验证文件所有者与权限，命令如下：

```
[root@centos8 ~]# chown root:named /etc/named/dns-key
[root@centos8 ~]# chmod 640 /etc/named/dns-key
```

（5）修改主域名服务器的主配置文件，在 options 命令中添加以下命令：

```
dnssec-enable yes;
dnssec-validation yes;
```

在 options 命令的后面添加以下命令：

```
server 192.168.75.129 { keys oa-dnskey;};
```

其中 192.168.75.129 为从域名服务器的 IP 地址，oa-dnskey 为密钥验证文件中定义的名称。在主配置文件的末尾追加以下命令：

```
include "/etc/named/dns-key";
```

修改完成之后，在主域名服务器上重新加载配置文件，命令如下：

```
[root@centos8 ~]# rndc reload
server reload successful
```

（6）将密钥验证文件复制到从域名服务器，命令如下：

```
[root@centos8 ~]# scp /etc/named/dns-key 192.168.75.129:/etc/named
root@192.168.75.129's password:
dns-key
```

（7）在从域名服务器上修改文件权限，命令如下：

```
[root@dns-slave ~]# chown root:named /etc/named/dns-key
[root@dns-slave ~]# chmod 640 /etc/named/dns-key
```

（8）修改从域名服务器的主配置文件，命令如下：

```
[root@dns-slave ~]# vi /etc/named.conf
```

在 options 命令中增加以下命令：

```
dnssec-enable yes;
dnssec-validation yes;
```

在 oa.com 的区域定义中增加密钥选项，命令如下：

```
zone "oa.com" IN {
        type slave;
        masters {192.168.75.128 key oa-dnskey;};
        masterfile-format text;
        file "slaves/oa.com.zone";
};
```

其中 oa-dnskey 与密钥验证文件中的名称相同。

如果有多个区域都需要使用密钥传输，则用户只要在 options 命令后面添加以下命令即可，不需要修改每个区域。

```
server 192.168.75.128 { keys oa-dnskey;};
```

然后在主配置文件的最后插入以下代码，将密钥验证文件包含进来：

```
include "/etc/named/dns-key";
```

重新加载从域名服务器的配置文件，命令如下：

```
[root@dns-slave ~]# rndc reload
server reload successful
```

（9）测试加密传输，命令如下：

```
[root@dns-slave ~]# dig -t A  bbs.oa.com @192.168.75.128 -k /etc/named/dns-key

; <<>> DiG 9.11.20-RedHat-9.11.20-5.el8 <<>> -t A bbs.oa.com @192.168.75.128
-k /etc/named/dns-key
;; global options: +cmd
;; Got answer:
;; ->>HEADER<<- opcode: QUERY, status: NOERROR, id: 18024
;; flags: qr aa rd ra; QUERY: 1, ANSWER: 1, AUTHORITY: 2, ADDITIONAL: 4

;; OPT PSEUDOSECTION:
; EDNS: version: 0, flags:; udp: 4096
; COOKIE: 533936738abcbe4fa35e13b25ff032a7de04d97c0eea936b (good)
;; QUESTION SECTION:
;bbs.oa.com.                    IN      A

;; ANSWER SECTION:
bbs.oa.com.             3600    IN      A       192.168.75.4

;; AUTHORITY SECTION:
oa.com.                 3600    IN      NS      ns.oa.com.
oa.com.                 3600    IN      NS      ns2.oa.com.

;; ADDITIONAL SECTION:
ns.oa.com.              3600    IN      A       192.168.75.2
```

```
ns2.oa.com.          3600    IN      A       192.168.75.129

;; TSIG PSEUDOSECTION:
oa-dnskey.              0       ANY     TSIG    hmac-sha512. 1609577127 300 64
bjy6qczSOGTVhA/HN2t0jVuoLn6NNzfmyybBVyMn3q6k1zQNT39yQ3RB
KByRYNwysgZyElLmpBYxTflSztcFVA== 18024 NOERROR 0

;; Query time: 0 msec
;; SERVER: 192.168.75.128#53(192.168.75.128)
;; WHEN: Sat Jan 02 00:45:29 PST 2021
;; MSG SIZE  rcvd: 264
```

其中-k 选项指定密钥验证文件的路径。从上面命令的输出可以找到 TSIG 日志输出，这表明加密传输已经配置成功。

13.5 部署缓存服务器

前面介绍的主域名服务器和从域名服务器本身都会维护域名数据库。在互联网上，还有一种域名服务器，其功能并不负责更新域名数据，仅仅是为了解析域名。这类域名服务器称为缓存服务器。本节将介绍缓存服务器的配置方法。

13.5.1 DNS 缓存服务器及其功能

如果每次域名转换都需要查询其他的域名服务器，则势必会浪费一定时间，影响访问速度。因此，为了增加访问效率，计算机提供了域名缓存机制，当访问过某个网站并得到其 IP 地址后，会将其域名和 IP 地址缓存下来，下一次访问的时候，就不需要再请求域名服务器获取 IP 地址，直接使用缓存中的 IP 地址，从而提高了响应速度。

当然，域名数据库是一个动态的数据库，其中的域名数据在不断地发生变化，有些域名会删除，而有些域名对应的 IP 地址会发生改变。因此，缓存是有有效时间的，当过了有效时间后，如果用户再次请求网站，还是需要先查询域名服务器，以获得 IP 地址。

DNS 缓存服务器就是一种专门用来缓存域名数据库的域名服务器。DNS 缓存服务器自身不会产生新的资源数据，它的数据完全来自上游域名服务器，并且其数据也仅仅包含本地局域网内客户端查询过的域名数据，对于本地局域网客户端没有查询过的域名数据，DNS 缓存服务器的缓存中没有相应的数据。因此，DNS 缓存服务器的功能仅仅起到加速查询请求和节省网络带宽的作用。

13.5.2 DNS 查询流程

为了使得读者更加清楚地理解缓存服务器的工作原理，下面介绍一下域名查询的流程。

（1）首先，让用户访问一个网站时，浏览器会向本地的域名服务器提出查询请求。客户端可以同时指定多个域名服务器，但浏览器通常会向第一个域名服务器发出请求。

（2）本地域名服务器会查询本地数据库，如果本地数据库中有该资源记录，则返回查询结果，将域名和IP地址的对应关系发送给客户端，该域名服务器称为权威域名服务器。

（3）如果本地数据库中没有，则查询域名缓存，看看缓存中是否有以前对该资源记录的查询结果，如果有，则返回查询结果；如果仍然没有，则会向其他域名服务器进行递归解析。

（4）进入递归解析，本地域名服务器向根域名服务器提出查询请求，根域名服务器会返回顶级域名服务器地址，例如.com的域名服务器地址。本地域名服务器再次向顶级域名服务器发出查询请求，顶级域名服务器会返回下一级域的域名服务器的地址；以此类推，直到查询到权威的域名服务器。

（5）本地域名服务器从权威域名服务器获得查询结果，将查询结果返回给客户端，并在本地缓存该查询结果，如果客户端再次提出同样的查询请求，本地域名服务器直接从缓存中取得对应结果返回给客户端。

从上面的流程中可以看出，当域名解析进入递归解析后，是非常耗费时间的。因为本地域名服务器一定要查到该域名的权威域名服务器。如果每次访问网站都需要进行递归查询，则会严重影响速度。

域名缓存服务器正是为了解决这个问题而部署的一种域名服务器，它的功能就是不断地向其他的域名服务器转发请求，不断地缓存域名记录。

13.5.3 部署DNS缓存服务器

DNS缓存服务器的部署方法与普通的DNS服务器的部署方法基本相同，只是配置方法稍有区别，下面介绍其部署方法，如示例13-11所示。

【示例13-11】

（1）准备工作。准备工作主要包括防火墙和SELinux的配置等。由于DNS服务的标准端口为53，因此配置防火墙需要开放TCP和UDP的53端口，命令如下：

```
[root@centos8 ~]# firewall-cmd --add-port=53/udp --permanent
success
[root@centos8 ~]# firewall-cmd --add-port=53/tcp --permanent
success
```

关闭SELinux，命令如下：

```
[root@centos8 ~]# setenforce 0
```

修改/etc/selinux/config文件，将其中的SELINUX选项设置为disabled，命令如下：

```
[root@centos8 ~]# sed -i "s/enforcing/disabled/g" /etc/selinux/config
```

（2）安装BIND及其相关软件包，命令如下：

```
[root@centos8 ~]# yum -y install bind bind-utils
```

安装完成之后，启用并启动named服务，命令如下：

```
[root@centos8 ~]# systemctl enable named
[root@centos8 ~]# systemctl start named
```

确定named服务正常运行，命令如下：

```
[root@centos8 ~]# systemctl status named
● named.service - Berkeley Internet Name Domain (DNS)
   Loaded: loaded (/usr/lib/systemd/system/named.service; enabled; vendor
preset: disabled)
   Active: active (running) since Sat 2021-01-02 20:45:36 CST; 42s ago
  Process: 4993 ExecStart=/usr/sbin/named -u named -c ${NAMEDCONF} $OPTIONS
(code=exited, status=0/SUCCESS)
  Process: 4990 ExecStartPre=/bin/bash -c if [ ! "$DISABLE_ZONE_CHECKING" ==
"yes" ]; then /usr/sbin/named-checkconf -z "$NAMEDCONF"; else echo "Checking of
zone files is disabled"; fi (code=exited, status=0/SUCCESS)
 Main PID: 4994 (named)
    Tasks: 11 (limit: 49448)
   Memory: 70.8M
   CGroup: /system.slice/named.service
           └─4994 /usr/sbin/named -u named -c /etc/named.conf

  1 月 02 20:45:36 centos8 named[4994]: FORMERR resolving './NS/IN':
199.9.14.201#53
  1 月 02 20:45:36 centos8 named[4994]: FORMERR resolving './NS/IN':
192.33.4.12#53
  1 月 02 20:45:36 centos8 named[4994]: FORMERR resolving './NS/IN':
192.203.230.10#53
  1 月 02 20:45:36 centos8 named[4994]: FORMERR resolving './NS/IN':
193.0.14.129#53
  1 月 02 20:45:36 centos8 named[4994]: FORMERR resolving './NS/IN':
198.97.190.53#53
  1 月 02 20:45:36 centos8 named[4994]: FORMERR resolving './NS/IN':
192.5.5.241#53
  1 月 02 20:45:36 centos8 named[4994]: FORMERR resolving './NS/IN':
199.7.91.13#53
  1 月 02 20:45:36 centos8 named[4994]: FORMERR resolving './NS/IN':
192.36.148.17#53
  1月 02 20:45:36 centos8 named[4994]: resolver priming query complete
  1月 02 20:45:37 centos8 named[4994]: managed-keys-zone: Key 20326 for zone .
acceptance timer complete: key now trusted
```

（3）修改BIND主配置文件/etc/named.conf，修改后的代码如下：

```
[root@centos8 ~]# cat /etc/named.conf
options {
```

```
        #监听端口及 IP 地址
        listen-on port 53 { any; };
        #监听 IPv6 端口及 IP 地址
        listen-on-v6 port 53 { ::1; };
        #数据文件目录
        directory       "/var/named";
        dump-file       "/var/named/data/cache_dump.db";
        statistics-file "/var/named/data/named_stats.txt";
        memstatistics-file "/var/named/data/named_mem_stats.txt";
        secroots-file   "/var/named/data/named.secroots";
        recursing-file  "/var/named/data/named.recursing";
        #允许哪些主机查询
        allow-query     { any; };
        #是否执行递归查询
        recursion yes;
        #主域名服务器地址列表
        forwarders { 192.168.1.10; };
        #直接转发所有的域名查询请求
        forward only;
        dnssec-enable yes;
        dnssec-validation yes;
        managed-keys-directory "/var/named/dynamic";
        pid-file "/run/named/named.pid";
        session-keyfile "/run/named/session.key";

        include "/etc/crypto-policies/back-ends/bind.config";
};

logging {
        channel default_debug {
                file "data/named.run";
                severity dynamic;
        };
};

zone "." IN {
        type hint;
        file "named.ca";
};

include "/etc/named.rfc1912.zones";
include "/etc/named.root.key";
```

对于其中的命令，说明如下：

- listen-on：设置 named 监听的端口以及 IP 地址，其中 any 表示监听本机所有的 IP 地址。

- allow-query：设置允许哪些主机查询域名服务器，其中的 any 表示允许所有的客户端查询。
- recursion：设置是否执行递归查询，对于缓存服务器，该命令的值必须为 yes，表示执行递归查询。
- forwarders：设置主域名服务器列表，允许指定多个主域名服务器。
- forward：设置 BIND 转发的工作方式，可以取 first 和 only 这两个值，前者表示优先查询主域名服务器，如果查询不到，则使用本地数据库解析；后者表示只查询主域名服务器，如果查询不到，则返回失败。

（4）重新加载配置文件，命令如下：

```
[root@centos8 ~]# rndc reload
server reload successful
```

至此，缓存 DNS 服务器就配置完成了。接下来是测试阶段。

13.5.4 测试 DNS 缓存服务器

测试 DNS 缓存服务器的方法比较简单。找一台客户机，把客户机 DNS 设置为前面部署的缓存服务器的 IP 地址，然后确保主域名服务器和缓存服务器的 named 服务是启动的，然后使用客户机测试需要解析的域名和 IP 地址，发现解析成功。

然后关闭主域名服务器的 named 服务，再通过客户机测试，发现依然可以解析成功。到这里，就说明我们的缓存服务器配置完成了。

13.6 分离解析技术

目前互联网已经成为人们生活的一部分，大量的购物、学习以及娱乐都可以通过互联网完成。为全球提供快速、便捷的互联网服务，改善用户使用体验是各大服务提供商面临的问题。由于各地网络环境不同，如果将服务器集中托管在某个地方，则必然会导致部分区域的人的访问速度受到网络环境的影响。域名分离解析技术正是为了解决这个问题而提出的。本节将详细介绍如何实现域名分离解析。

13.6.1 域名分离解析

在互联网环境中，许多大型站点（例如新浪、网易、腾讯、搜狐等）会分别部署多台镜像服务器，不同地区或不同 ISP 接入的用户会自动连接到离他们最近的镜像服务器。针对类似这样的需求，对于这些站点的权威域名服务器来说，面临的问题就是如何根据客户机的来源不同而引导其访问正确的镜像服务器。

域名的分离解析是指对于同一个域名，根据不同区域的客户端提供不同的域名解析记录。

来自不同地址的客户机请求解析同一域名时，为其提供不同的解析结果。也就是内外网客户请求访问相同的域名时，能解析出不同的 IP 地址，实现负载均衡。

13.6.2 部署域名分离解析

为了能够使得读者深入理解域名分离解析技术的原理，下面通过一个具体的例子来说明其原理以及部署方法。

在本例中，一共有两台主机，其名称、IP 地址和角色如表 13.1 所示。

表 13.1 虚拟机列表

名 称	IP 地址	角 色
dnsserver	192.168.75.128 192.168.76.1	域名服务器
client1	192.168.75.129 192.168.76.2	客户端

从表 13.1 可知，两台虚拟机中的一台为域名服务器，我们需要为其分配两个不同网络的 IP 地址。另外一台作为客户端，同样也需要两个不同网络的 IP 地址。之所以分配两个不同的 IP 地址，是为了模拟不同区域的网络。

域名服务器的部署步骤如示例 13-12 所示。

【示例 13-12】

（1）首先是准备工作，包括关闭 SELinux 以及防火墙，具体的方法前面已经介绍过了，不再重复介绍。

（2）在名称为 dnsserver 的主机上安装 BIND 软件，具体方法可参考前面的介绍。

（3）在 dnsserver 主机的 ens33 网络接口上配置两个 IP 地址，具体方法是修改 /etc/sysconfig/network-scripts/ifcfg-ens33 网络接口文件，修改后的代码如下：

```
TYPE="Ethernet"
PROXY_METHOD="none"
BROWSER_ONLY="no"
BOOTPROTO="static"
IPADDR0=192.168.75.128
GATEWAAY0=192.168.75.1
IPADDR1=192.168.76.1
DEFROUTE="yes"
IPV4_FAILURE_FATAL="no"
IPV6INIT="yes"
IPV6_AUTOCONF="yes"
IPV6_DEFROUTE="yes"
IPV6_FAILURE_FATAL="no"
IPV6_ADDR_GEN_MODE="stable-privacy"
NAME="ens33"
```

```
UUID="624492af-bd8e-4b09-87e4-d8821a95d759"
DEVICE="ens33"
ONBOOT="yes"
```

其中 IPADDR0 和 IPDDAR1 分别对应两个不同网络的 IP 地址。

（4）修改 named 主配置文件。修改后的代码如下：

```
[root@centos8 ~]# cat -n /etc/named.conf
     1  options {
     2          #监听端口及 IP 地址
     3          listen-on port 53 { any; };
     4          #监听 IPv6 端口及 IP 地址
     5          listen-on-v6 port 53 { ::1; };
     6          #数据文件目录
     7          directory       "/var/named";
     8          dump-file       "/var/named/data/cache_dump.db";
     9          statistics-file "/var/named/data/named_stats.txt";
    10          memstatistics-file "/var/named/data/named_mem_stats.txt";
    11          secroots-file   "/var/named/data/named.secroots";
    12          recursing-file  "/var/named/data/named.recursing";
    13          #允许哪些主机查询
    14          allow-query     { any; };
    15          #是否执行递归查询
    16          recursion yes;
    17          dnssec-enable yes;
    18          dnssec-validation yes;
    19          managed-keys-directory "/var/named/dynamic";
    20          pid-file "/run/named/named.pid";
    21          session-keyfile "/run/named/session.key";
    22
    23          include "/etc/crypto-policies/back-ends/bind.config";
    24  };
    25
    26  logging {
    27          channel default_debug {
    28                  file "data/named.run";
    29                  severity dynamic;
    30          };
    31  };
    32
    33  #zone "." IN {
    34  #       type hint;
    35  #       file "named.ca";
    36  #};
    37  # 定义变量 a1，将 192.168.75.0/24 网段指定为 a1
    38  acl "a1" { 192.168.75.0/24; };
    39  #定义变量 a2，将 192.168.76.0/24 网络指定为 a2
```

```
40  acl "a2" { 192.168.76.0/24; };
41  #定义视图 a1
42  view "a1"{
43          match-clients { "a1"; };
44          zone "oa.com" {
45                  type master;
46                  file "oa.com.a1";
47                  };
48          };
49  #定义视图 a2
50  view "a2"{
51          match-clients { "a2"; };
52          zone "oa.com" {
53                  type master;
54                  file "oa.com.a2";
55                  };
56          };
57  #include "/etc/named.rfc1912.zones";
58  include "/etc/named.root.key";
```

（5）编写区域数据文件，其中 oa.com.a1 的代码如下：

```
[root@centos8 ~]# cat -n /var/named/oa.com.a1
   1  $TTL 1D
   2  @       IN SOA  oa.com. root.oa.com. (
   3                                          0       ; serial
   4                                          1D      ; refresh
   5                                          1H      ; retry
   6                                          1W      ; expire
   7                                          3H )    ; minimum
   8          NS      ns.oacom.
   9  ns       IN A    192.168.2.10
  10  www      IN A    192.168.2.10
```

oa.com.a2 的代码如下：

```
[root@centos8 ~]# cat -n /var/named/oa.com.a2
   1  $TTL 1D
   2  @       IN SOA  oa.com. root.oa.com. (
   3                                          0       ; serial
   4                                          1D      ; refresh
   5                                          1H      ; retry
   6                                          1W      ; expire
   7                                          3H )    ; minimum
   8          NS      ns.oa.com.
   9  ns       IN A    192.168.75.10
  10  www      IN A    192.168.75.10
```

（6）重新加载配置文件，命令如下：

```
[root@centos8 ~]# rndc reload
server reload successful
```

接下来的工作是通过名称为client1的主机模拟不同的网络来测试前面配置的域名服务器，对于同一个域名，不同网络的请求是否会得到不同的 IP 地址。

首先修改 client1 的 IP 地址，将其更改为 192.168.75.129，代码如下：

```
TYPE="Ethernet"
PROXY_METHOD="none"
BROWSER_ONLY="no"
BOOTPROTO="static"
IPADDR=192.168.75.129
DEFROUTE="yes"
IPV4_FAILURE_FATAL="no"
IPV6INIT="yes"
IPV6_AUTOCONF="yes"
IPV6_DEFROUTE="yes"
IPV6_FAILURE_FATAL="no"
IPV6_ADDR_GEN_MODE="stable-privacy"
NAME="ens33"
UUID="25f47b3f-30f3-4129-a420-de746e5ec509"
DEVICE="ens33"
ONBOOT="yes"
```

然后通过 nslookup 命令查询前面部署的域名服务器中定义的域名记录 www.oa.com，命令如下：

```
[root@dns-slave ~]# nslookup www.oa.com 192.168.75.128
Server:         192.168.75.128
Address:        192.168.75.128#53

Name:   www.oa.com
Address: 192.168.2.10
```

其中 192.168.75.128 为前面部署的域名服务器。从输出结果可知，来自 IP 地址 192.168.75.129 的域名解析请求，得到域名服务器的响应为 192.168.2.10，这与数据文件 oa.com.a1 中的配置是一致的。

然后将 client1 的 IP 地址更改为 192.168.76.2，再通过 nslookup 命令查询 www.oa.com 这个域名的解析记录，命令如下：

```
[root@dns-slave ~]# nslookup www.oa.com 192.168.76.1
Server:      192.168.76.1
Address: 192.168.76.1#53

Name:    www.oa.com
```

```
Address: 192.168.75.10
```

从上面的输出可知，来自192.168.76.2的查询请求，域名服务器返回结果为192.168.75.10。

注意：192.168.75.128和192.168.76.1都是域名服务器的IP地址。之所以配置两个不同的IP地址，是为了实现能够与两个不同的网络通信。

13.7 小结

BIND是目前互联网上使用最多的域名解析服务器软件。本章详细介绍了域名有关的基础知识以及BIND的安装和配置方法。学习好本章的知识，有助于读者更加熟练地维护域名服务器。

第 14 章

Postfix 与 Dovecot 邮件系统部署

电子邮件是互联网上最古老，也是至今仍然使用非常频繁的应用之一。许多大型的公司都专门建立了自己的邮件系统，在很大程度上保证了商业信息的安全。

本章首先介绍电子邮件的基础知识，然后介绍如何通过 Postfix 和 Dovecot 这两个开源的软件系统实现简易的邮件服务。

本章涉及的知识点主要有：

- POP3、SMTP 以及 IMAP 等电子邮件系统
- 如何通过 Postfix 和 Dovecot 部署基础的电子邮件系统
- 设置用户别名信箱

14.1 电子邮件系统

电子邮件是最早的互联网应用之一。一个典型的电子邮件系统是由邮件服务器和客户端组成的。与其他的应用系统一样，电子邮件客户端和服务器之间遵循一定的协议。本节将详细介绍电子邮件的组成部分及其协议。

14.1.1 POP3

电子邮件包括收件和发件两个操作，这两个操作分别使用不同的通信协议。其中，接收邮件使用 POP3（Post Office Protocol 3，邮局协议 3）。该协议是建立在 TCP/IP 之上的。当用户发送邮件给另一个人时，对方当时多半不会在线上，所以邮件服务器必须为收信者保存这封信，直到收信者来查阅这封信。当收信人收信的时候，通过 POP3 才能从邮件服务器取得邮件。所以，POP3 负责从邮件服务器获取电子邮件列表。

POP3 默认的端口为 110，即邮件服务器监听 110 端口，邮件客户端连接邮件服务器的 110 端口获取邮件列表。

14.1.2 STMP

SMTP（Simple Mail Transfer Protocol，简单邮件传输协议）也是建立在 TCP/IP 之上的。当用户通过电子邮件客户端发送电子邮件时，需要通过 SMTP 将邮件发送到对方的邮件服务器上。对方登录自己的邮箱，就可以查看电子邮件。

SMTP 服务的默认端口为 25。

14.1.3 IMAP

IMAP（Internet Mail Access Protocol，互联网邮件访问协议）是一个应用层协议，用于从本地邮件客户端访问远程服务器上的邮件。

IMAP 也是电子邮件访问标准协议之一。不同的是，开启了 IMAP 之后，用户在电子邮件客户端收取的邮件仍然保留在服务器上，同时在客户端上的操作都会反馈到服务器上，如删除邮件或者标记已读等，服务器上的邮件也会做相应的操作。所以无论从浏览器登录邮箱还是从客户端软件登录邮箱，看到的邮件以及状态都是一致的。

POP3 与 IMAP 的区别主要在于，POP3 只允许电子邮件客户端下载服务器上的邮件，但是在客户端的操作（例如移动邮件、标记已读等）不会反馈到服务器上，比如通过客户端收取了邮箱中的一封邮件并移动到其他文件夹，邮箱服务器上的这些邮件是没有同时被移动的。

而 IMAP 则提供电子邮件客户端与邮件服务器之间的双向通信，客户端的操作都会反馈到服务器上，对邮件进行的操作，服务器上的邮件也会做相应的操作。

14.2 部署基础的电子邮件系统

Postfix 和 Dovecot 是目前流行的电子邮件系统，其中 Postfix 可以作为 SMTP 服务器软件，而 Dovecot 可以作为 POP3 和 IMAP 服务器软件。本节将以这两个软件为例来说明如何部署一个基本的电子邮件系统。

14.2.1 配置域名解析服务

在前面介绍 BIND 的时候提到过，域名解析记录中有多种不同的记录类型，例如 A 记录用来负责域名到 IP 地址的映射，CNAM 记录用来设置域名别名到域名的映射，NS 记录用来表明由哪台服务器对该域名进行解析。除此之外，还有一种 MX 记录，它是与邮件相关的，记录了发送电子邮件时域名对应的服务器地址。下面介绍如何在域名服务器中配置域名解析服务，如示例 14-1 所示。

【示例 14-1】

（1）配置服务器主机名称时，服务器主机名称和发信域名要保持一致。

```
[root@localhost ~]# hostnamectl set-hostname mail.oa.com
```

（2）清空 iptables 防火墙的默认策略，防止防火墙的规则影响邮件收发。

```
[root@localhost ~]# iptables -F
```

在本例中仅仅是为了测试邮件系统，所以将防火墙的规则全部清空了，在实际生产环境中，用户应该修改防火墙规则，开放 Postfix 和 Dovecot 的服务端口，而不是直接将其所有规则清除。

（3）配置域名解析服务。在/var/named/oa.com.zone 数据文件中增加 MX 解析记录，命令如下：

```
[root@localhost named]# vim oa.com.zone
$TTL 1D
@    IN SOA      oa.com. root.oa.com. (
                         0   ; serial
                         1D  ; refresh
                         1H  ; retry
                         1W  ; expire
                         3H )    ; minimum
     NS   ns.oa.com.
ns        IN A    192.168.2.143
@    IN MX 10    mail.oa.com.
mail      IN A    192.168.2.144
```

（4）重新启动 named 服务，命令如下：

```
[root@ns ~]# systemctl restart named
```

14.2.2　配置 Postfix 服务

Postfix 是一款开源的电子邮件系统，其主要功能是通过 STMP 发送邮件。示例 14-2 演示了 Postfix 服务器的配置方法。

【示例 14-2】

（1）安装 Postfix，命令如下：

```
[root@localhost ~]# yum -y install postfix
```

（2）修改配置文件。Postfix 的主配置文件是/etc/postfix/main.cf，需要修改以下几个参数：

```
# 修改 myhostname 的变量，用来保存服务器的主机名称
myhostname = mail.oa.com
# 修改 mydomain 的变量，用来保存邮件域的名称
mydomain = oa.com
# 修改 myorigin 的变量，用来保存发出邮件的域名称，调用 mydomain 的变量即可
myorigin = $mydomain
# 修改服务监听地址，哪些 IP 地址对外提供电子邮件服务
```

```
inet_interfaces = all
# 修改可接受邮件的主机名或域名列表
mydestination = $myhostname, $mydomain
```

（3）创建电子邮件系统的登录用户。由于 Postfix 可以使用 Linux 的本地系统用户，因此用户可以直接在 CentOS 中创建两个用户，分别为 dev 和 sale，命令如下：

```
[root@localhost ~]# useradd dev
[root@localhost ~]# echo "redhat" |passwd --stdin dev
Changing password for user dev.
passwd: all authentication tokens updated successfully.
[root@localhost ~]# useradd sale
[root@localhost ~]# echo "redhat" |passwd --stdin sale
Changing password for user sale.
passwd: all authentication tokens updated successfully.

[root@localhost ~]# systemctl restart postfix
[root@localhost ~]# systemctl enable postfix
```

14.2.3 配置 Dovecot 服务

Dovecot 是一款能够为 Linux 系统提供 IMAP 和 POP3 电子邮件服务的开源服务程序，安全性极高，配置简单，执行速度快，而且占用的服务器硬件资源也较少，因此是一款值得推荐的收件服务程序。示例 14-3 演示了 Dovecot 服务的配置方法。

【示例 14-3】

（1）安装 Dovecot，命令如下：

```
[root@ns ~]# yum -y install dovecot
```

（2）修改配置。Dovecot 的主配置文件为/etc/dovecot/dovecot.conf，用户需要修改以下参数：

```
# 修改支持的电子邮件协议
protocols = imap pop3 lmtp
# 允许用户使用明文进行密码验证，因为笔者的实验环境没有证书，所以需要自己写入配置文件中
disable_plaintext_auth = no
# 设置允许登录的网段
login_trusted_networks = 192.168.2.0/24
```

配置文件/etc/dovecot/conf.d/10-mail.conf，修改以下参数：

```
# 配置邮件格式与存储路径
mail_location = mbox:~/mail:INBOX=/var/mail/%u
```

然后分别切换到 dev 和 sale 用户，在主目录中创建保存邮件的目录，命令如下：

```
[root@localhost ~]# su - dev
[dev@mail ~]$ mkdir -p mail/.imap/INBOX
[dev@mail ~]$ exit
```

```
[root@localhost ~]# su - sale
[sale@mail ~]$ mkdir -p mail/.imap/INBOX
[sale@mail ~]$ exit
```

（3）启动服务，命令如下：

```
[root@localhost ~]# systemctl restart dovecot
[root@localhost ~]# systemctl enable dovecot
ln -s '/usr/lib/systemd/system/dovecot.service'
'/etc/systemd/system/multi-user.target.wants/dovecot.service'
```

服务器端配置完成。

14.2.4　测试邮件服务

接下来通过发送和接收邮件来测试邮件服务器是否配置成功。具体测试步骤如示例 14-4 所示。

【示例 14-4】

（1）下载并安装 Foxmail。安装完成之后，打开 Foxmail，在【新建账号】对话框中选择【其他邮箱】选项，如图 14.1 所示。

（2）打开【新建账号】对话框，单击【手动设置】按钮，如图 14.2 所示。

图 14.1　选择邮箱

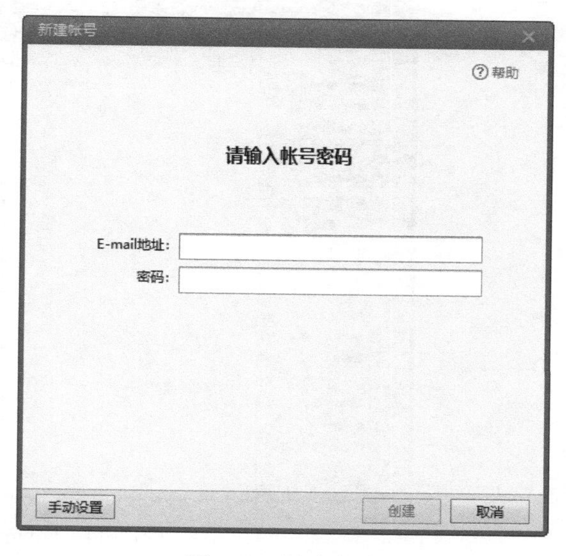

图 14.2　新建账号

（3）接收服务器类型选择【POP3】选项，在【邮件账号】文本框中输入 dev，在【密码】文本框中输入 dev 用户的密码，在【POP 服务器】文本框中输入 mail.oa.com，在【SMTP 服务器】文本框中输入 mail.oa.com，端口保持默认设置，如图 14.3 所示。

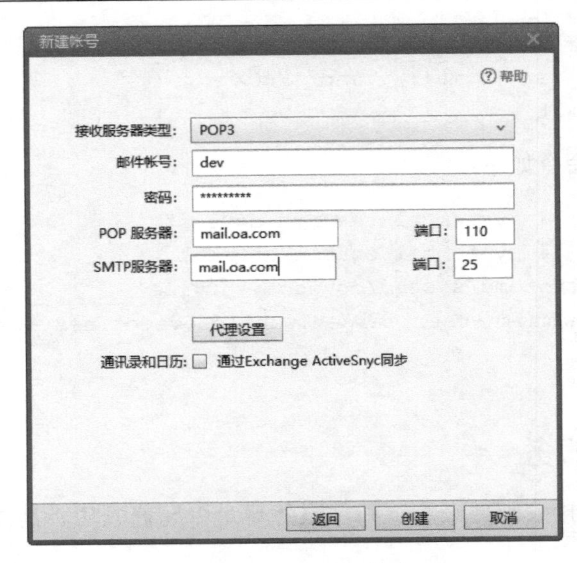

图 14.3　账号详细信息

设置完成之后，单击【创建】按钮，完成账号的创建。

按照同样的方法再为 sale 用户创建一个邮箱账号。

（4）设置完成之后，Foxmail 的界面如图 14.4 所示。

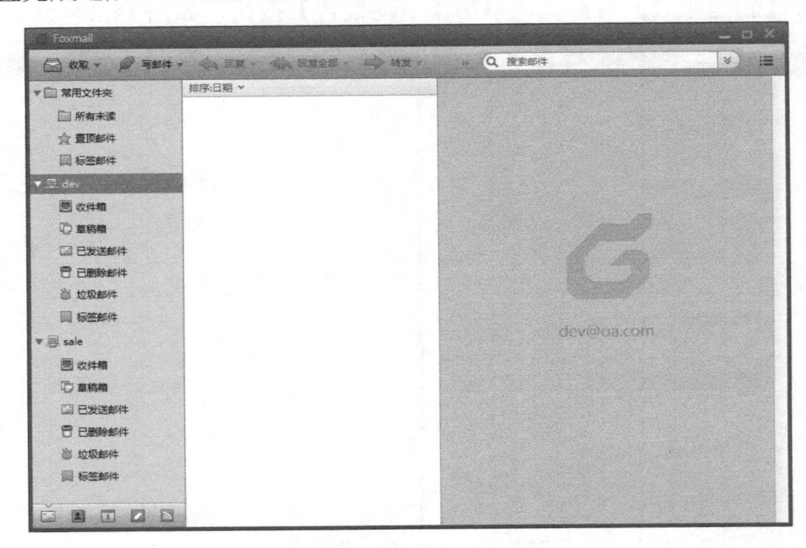

图 14.4　Foxmail 主界面

（5）选中 dev 邮箱账号，单击【写邮件】按钮，打开【写邮件】对话框，如图 14.5 所示。

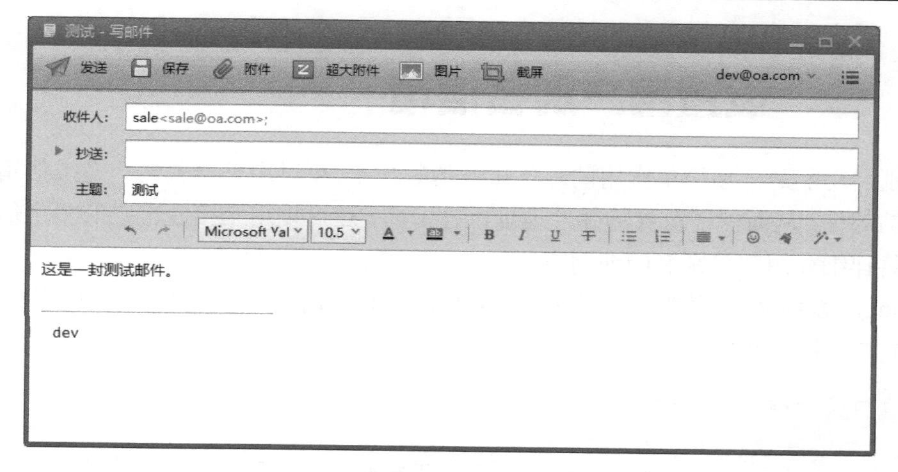

图 14.5　写邮件

在【收件人】文本框中输入 sale@oa.com，在【主题】文本框中输入“测试”，在邮件内容中输入“这是一封测试邮件”。单击【发送】按钮，完成邮件的发送。

（6）选中 sale 邮箱账号，单击【收取】按钮，就可以收到刚刚发送的邮件，如图 14.6 所示。

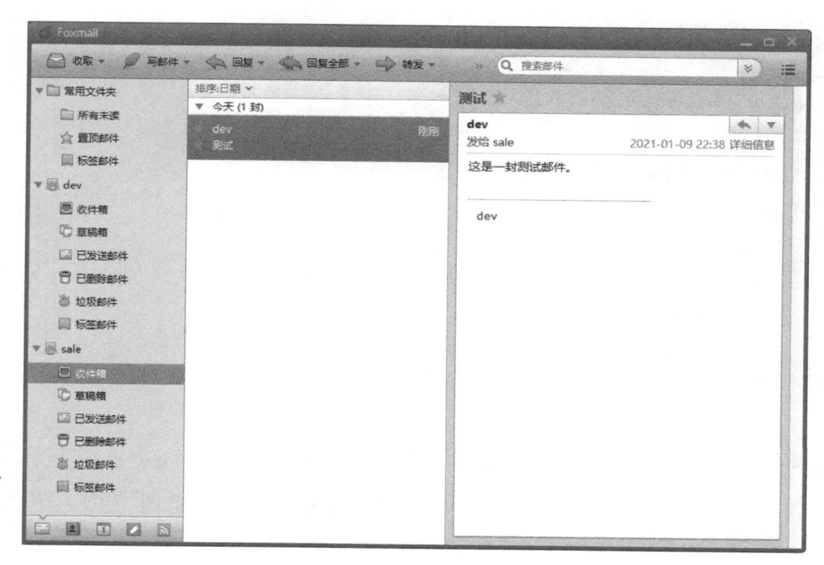

图 14.6　收取邮件

注意：在收发邮件时，需要将用户的计算机的 DNS 服务器修改为前面配置的域名服务器的 IP 地址，否则就会发生收发失败的情况。

14.3 设置用户别名信箱

用户别名功能是一项简单实用的邮件账号伪装技术，可以用来设置多个虚拟信箱的账号以接收发送的邮件，从而保证自身的邮件地址不被泄露，还可以用来接收自己的多个信箱中的邮件。本节将详细介绍邮箱别名的使用方法。

在 Linux 系统中，存在着用户别名的概念。用户别名与真正用户的对应关系保存在/etc/aliases 文件中，如下所示：

```
[root@mail ~]# cat /etc/aliases
#
#  Aliases in this file will NOT be expanded in the header from
#  Mail, but WILL be visible over networks or from /bin/mail.
#
#       >>>>>>>>>>      The program "newaliases" must be run after
#       >> NOTE >>      this file is updated for any changes to
#       >>>>>>>>>>      show through to sendmail.
#

# Basic system aliases -- these MUST be present.
mailer-daemon:  postmaster
postmaster:     root

# General redirections for pseudo accounts.
bin:            root
daemon:         root
adm:            root
lp:             root
sync:           root
shutdown:       root
…
```

其中前面的是用户别名，后面的是真正的用户名。也就是说，在上面的代码中出现的绝大部分用户别名都被映射为 root 用户。当其他人向这些用户别名发送邮件时，实际上 root 用户会收到邮件。

示例 14-5 演示了邮箱别名的使用方法。

【示例 14-5】

（1）编辑/etc/aliases 文件，在文件的最后追加以下代码：

```
hawk:           sale
```

上面的代码为 sale 用户创建了一个名称为 hawk 的别名。

（2）使别名生效，命令如下：

```
[root@mail ~]# newaliases
```

（3）打开 Foxmail，选中 dev 邮箱账号，单击【写邮件】按钮，打开【写邮件】对话框，在【收件人】文本框中输入 hawk@oa.com，邮件主题和内容可以自定义，如图 14.7 所示。单击【发送】按钮，完成邮件发送。

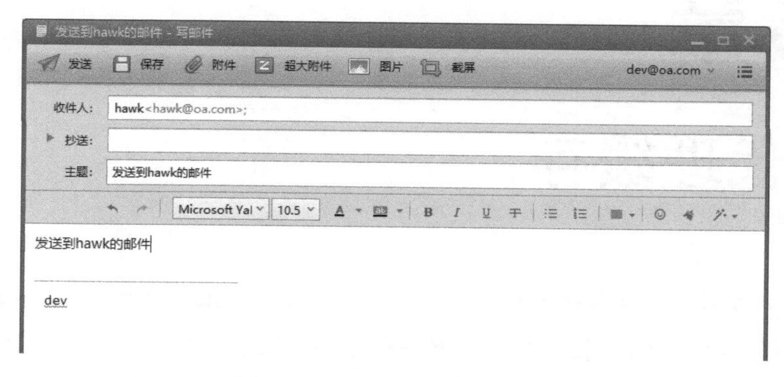

图 14.7 发送邮件到邮箱别名

（4）右击 sale 邮箱账号，选择【收取】命令，就会收到刚刚发送给 hawk@oa.com 的邮件，如图 14.8 所示。

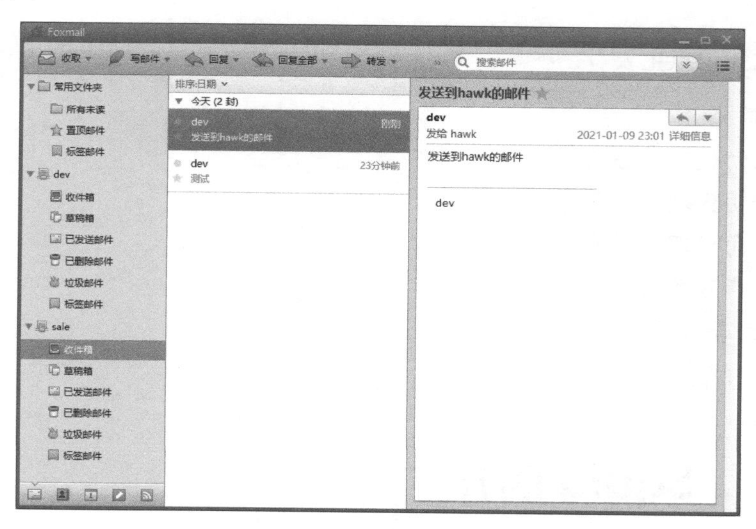

图 14.8 通过别名收取邮件

14.4 小 结

本章详细介绍了电子邮件的基础知识，以及如何通过 Postfix 和 Dovecot 这两个开源软件来部署电子邮件系统。电子邮件是互联网上使用最为频繁的应用之一，掌握好本章的内容，对于读者运维电子邮件系统会起到很大的促进作用。

第 15 章

Squid 代理缓存

Squid 是目前互联网上非常流行的一款自由软件，基于 GNU 通用公共许可证发布。Squid 有广泛的用途，例如作为网页服务器的前置缓存服务器来缓存相关请求，以提高 Web 服务器的速度，或者为共享网络资源而缓存 Web 资源和其他网络搜索，或者通过过滤流量加强网络安全以及在局域网中通过代理上网等。

本章首先介绍 Squid 的基础知识，然后介绍 Squid 在代理服务器以及缓存服务器方面的配置方法。

本章涉及的知识点主要有：

- Squid 简介
- 配置正向代理服务器
- 配置透明代理服务器
- 配置反向代理服务器
- 配置缓存服务器
- Squid 综合应用案例

15.1 Squid 简介

Squid 是一款历史悠久的互联网软件，最早可以追溯到 1994 年。Squid 最早的功能设计就是为了缓存用户访问的网页、图片、文件等各种资源，加快网络访问速度，这在网络带宽不大的年代起到了非常重要的作用。现在，人们对于 Squid 有了许多新的定义，应用到了更多的场景中。本节将详细介绍 Squid 的相关基础知识。

15.1.1 什么是 Squid

Squid 是一款高性能的缓存服务器软件，它最初的目标就是为了缓存用户访问过的各种网络资源，它不仅支持 HTTP，还支持 FTP 以及 Gopher 等协议。

Squid 可运行在大多数软硬件环境上，例如 UNIX、Linux、Solaris、Windows 以及 OS/2 等。

Squid 对于硬件的要求不高，其中最重要的资源为内存，当服务器的内存短缺时，会严重影响 Squid 的性能。除此之外，服务器的存储空间也是一个重要的方面，充足的存储空间意味着 Squid 可以缓存更多的资源，而缓存目标的增长也意味着命中率的提高。硬盘的访问速度也是一个重要的因素，目前高速缓存服务器大多采用 SSD 等高速存储设备。

15.1.2　Squid 的主要功能

Squid 的主要功能体现在以下几个方面：

- 缓存网站内容，以达到分担源站压力，加快访问速度的目的。
- 热点缓存，只缓存访问热度达到设定级别的网站内容。
- 合并回源，多个相同的请求只回源一次。
- ACL 访问控制，可针对源 IP、目的地 IP、域名、URL、访问时间、单一最大连接数限制访问行为。
- 主要支持的协议有 HTTP、HTTPS、FTP 以及 Gopher。
- 网页内容篡改，可根据需求篡改源站内容。
- 网站头部篡改，可根据需求篡改请求头部。
- 可针对不同的域名或 URL 配置不同的缓存规则。

15.1.3　Squid 的主要应用场景

目前 Squid 的应用场景在不断地扩大，主要有以下几种：

- 正向代理：典型用途是为在防火墙内的局域网客户端提供访问互联网的途径。
- 透明代理：架设于网络运营商主干机房，提高各个地区访问者的访问速度，减少源站压力。
- 反向代理：作为网站前端，降低源站服务器的负载，隐藏源站真实 IP 地址。
- 缓存服务器：加快网络访问速度。

15.2　配置正向代理服务器

在很多大型企业内部，为了加强信息系统的安全，通常是不允许局域网内部的主机直接访问外部网络的，同样也不允许外部的主机直接访问局域网内的主机。为了能够有效地控制局域网内的主机对于外部网络的访问，管理员通常在局域网内设置正向代理服务器，所有对于外部网络的访问都通过代理服务器转发。因此，正向代理服务器在网络安全方面起到了重要的作用。本节将详细介绍 Squid 在充当正向代理服务器方面的配置方法。

15.2.1 正向代理原理

正向代理服务器的目的主要是局域网内部的主机能够访问外部互联网资源，同时也可以保护局域网内的主机能够不暴露在互联网上。正向代理服务器的原理如图 15.1 所示。

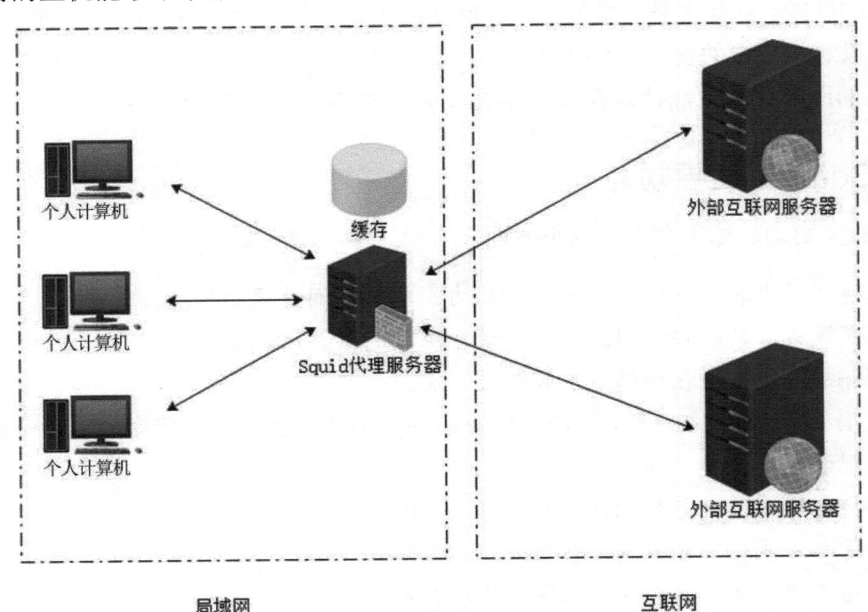

图 15.1 正向代理服务器的原理

从图 15.1 可知，局域网的所有外部流量都通过 Squid 进行转发，因此，对于外部互联网上的主机而言，看到的只有 Squid 所在的主机，而无法看到局域网内部的主机。

15.2.2 正向代理配置方法

正向代理的配置方法相对比较简单，也比较容易理解。下面首先介绍正向代理的配置方法，如示例 15-1 所示。

【示例 15-1】

（1）安装 Squid，命令如下：

```
[root@CentOS ~]# yum -y install squid
```

安装完成之后，启动并启用 squid 服务，命令如下：

```
[root@CentOS ~]# systemctl start squid
[root@CentOS ~]# systemctl enable squid
Created symlink /etc/systemd/system/multi-user.target.wants/squid.service →
/usr/lib/systemd/system/squid.service.
```

（2）配置 Squid。Squid 的主配置文件为/etc/squid/squid.conf，代码如下：

```
[root@CentOS ~]# cat -n /etc/squid/squid.conf
```

```
1  #
2  # Recommended minimum configuration:
3  #
4
5  # Example rule allowing access from your local networks.
6  # Adapt to list your (internal) IP networks from where browsing
7  # should be allowed
8  acl localnet src 0.0.0.1-0.255.255.255  # RFC 1122 "this" network (LAN)
9  acl localnet src 10.0.0.0/8        # RFC 1918 local private network (LAN)
10 acl localnet src 100.64.0.0/10     # RFC 6598 shared address space (CGN)
11 acl localnet src 169.254.0.0/16    #  RFC  3927  link-local  (directly
plugged) machines
12 acl localnet src 172.16.0.0/12     # RFC 1918 local private network (LAN)
13 acl localnet src 192.168.0.0/16    # RFC 1918 local private network (LAN)
14 acl localnet src fc00::/7          # RFC 4193 local private network range
15 acl localnet src fe80::/10         #  RFC  4291  link-local  (directly
plugged) machines
16 acl SSL_ports port 443
17 acl Safe_ports port 80          # http
18 acl Safe_ports port 21          # ftp
19 acl Safe_ports port 443         # https
20 acl Safe_ports port 70          # gopher
21 acl Safe_ports port 210         # wais
22 acl Safe_ports port 1025-65535  # unregistered ports
23 acl Safe_ports port 280         # http-mgmt
24 acl Safe_ports port 488         # gss-http
25 acl Safe_ports port 591         # filemaker
26 acl Safe_ports port 777         # multiling http
27 acl CONNECT method CONNECT
28 dns_nameservers 114.114.114.114 223.5.5.5
29 #
30 # Recommended minimum Access Permission configuration:
31 #
32 # Deny requests to certain unsafe ports
33 http_access deny !Safe_ports
34
35 # Deny CONNECT to other than secure SSL ports
36 http_access deny CONNECT !SSL_ports
37
38 # Only allow cachemgr access from localhost
39 http_access allow localhost manager
40 http_access deny manager
41
42 # We strongly recommend the following be uncommented to protect innocent
43 # web applications running on the proxy server who think the only
44 # one who can access services on "localhost" is a local user
45 #http_access deny to_localhost
```

```
46
47  #
48  # INSERT YOUR OWN RULE(S) HERE TO ALLOW ACCESS FROM YOUR CLIENTS
49  #
50
51  # Example rule allowing access from your local networks.
52  # Adapt localnet in the ACL section to list your (internal) IP networks
53  # 允许来自本地网络的请求
54  http_access allow localnet
55  http_access allow localhost
56  # 最后拒绝所有的来源地址的请求
57  http_access deny all
58
59  # Squid 服务端口
60  http_port 3128
61
62  # Uncomment and adjust the following to add a disk cache directory.
63  #cache_dir ufs /var/spool/squid 100 16 256
64
65  # Leave coredumps in the first cache dir
66  coredump_dir /var/spool/squid
67
68  #
69  # Add any of your own refresh_pattern entries above these.
70  #
71  refresh_pattern ^ftp:           1440    20%     10080
72  refresh_pattern ^gopher:        1440    0%      1440
73  refresh_pattern -i (/cgi-bin/|\?) 0     0%      0
```

Squid 常用命令说明：

- acl：定义访问规则。包含 src、dst 以及 srcdomain 等元素，稍后详细介绍。
- http_access：定义访问项，包含 access、allow 以及 deny 等元素，稍后详细介绍。
- dns_nameservers：定义域名服务器列表，多个域名服务器之间使用空格隔开。如果不定义域名服务器，就会出现无法解析域名的情况。
- http_port：定义 Squid 的服务端口，默认为 3128。

下面详细介绍 acl 和 http_access 这两个命令，通过这两个命令实现访问控制。

1. acl

acl 即访问控制列表，该命令是 Squid 用来实现访问控制的主要命令，该命令的基本语法如下：

```
acl acl_element_name type_of_acl_element values_to_acl
```

元素说明：

- acl_element_name：列表名称，可以是任意一个在 ACL 中定义的名称。
- type_of_acl_element：列表类型，常见的列表类型如表 15.1 所示。
- values_to_acl：列表内容，根据列表类型改变。

表 15.1 ACL 列表类型

类 型	说 明
src	源地址
dst	目标地址
port	目标端口
dstdomain	目标域名
time	访问时间
maxconn	最大并发数
url_regex	目标 URL
urlpath_regex	完整的目标 URL

示例 15-2 列出了一些常用的 ACL 规则。

【示例 15-2】

```
#匹配所有的源地址
acl all src 0.0.0.0/0.0.0.0
#匹配来自网络 10.0.0.0/8 的源地址
acl localnet src 10.0.0.0/8
#匹配目标地址 222.18.64.37
acl myip dst 222.18.63.37
#匹配目标端口 443
acl SSL_ports port 443
```

2. http_access

定义好 ACL 规则之后，还不能发挥作用，需要使用 http_access 命令来应用规则，以决定哪些规则是允许的，哪些规则是拒绝的。

http_access 命令的语法如下：

```
http_access [allow|deny] acl_name
```

其中 allow 表示允许，deny 表示拒绝，acl_name 为前面定义的 ACL 列表。

通常情况下，一个 Squid 配置文件中会包含多条 http_access 命令，该命令的匹配规则如下：

- 列表中的规则总是遵循自上而下的顺序来匹配的。
- 一旦检测到匹配的规则，匹配就立即结束。
- 如果没有任何规则与访问请求匹配，默认操作将与列表中最后一条规则对应。

配置完成之后，重新启动 Squid 服务，以使配置文件生效。

15.2.3 测试正向代理

测试正向代理的方法比较简单，找一台内部网络的计算机，然后在浏览器中进行代理服务器设置，能够正常访问外部网络就表示正向代理已经配置成功。示例 15-3 采用了一台 Windows 10 的计算机，浏览器采用 Microsoft Edge。

【示例 15-3】

（1）打开 Microsoft Edge 浏览器，单击右上角的更多按钮 ⋯ ，然后选择【设置】菜单，打开【设置】对话框，如图 15.2 所示。

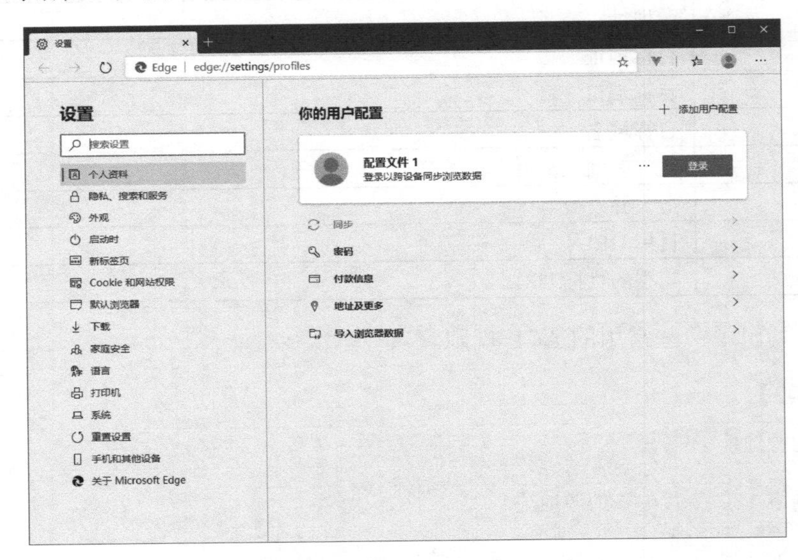

图 15.2 【设置】对话框

（2）选择【系统】菜单，切换到系统设置面板，如图 15.3 所示。

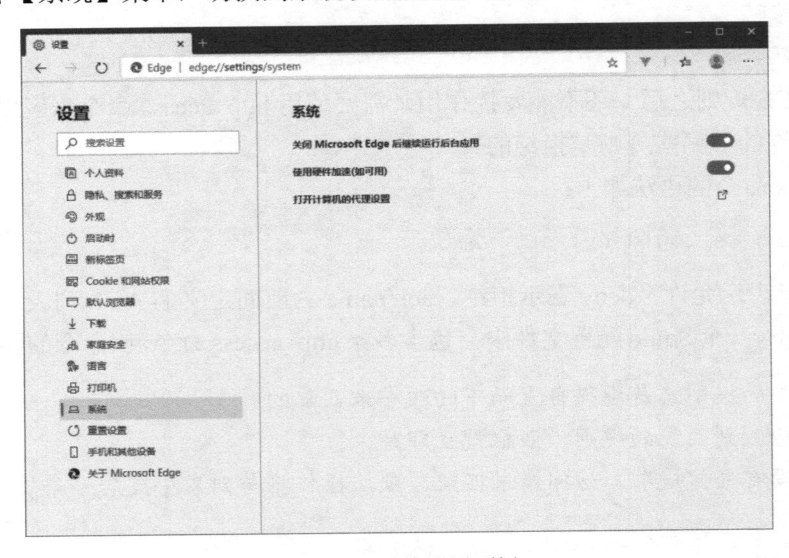

图 15.3 系统设置面板

（3）单击【打开计算机的代理设置】右侧的 ↗ 按钮，打开【代理】窗口，如图 15.4 所示。

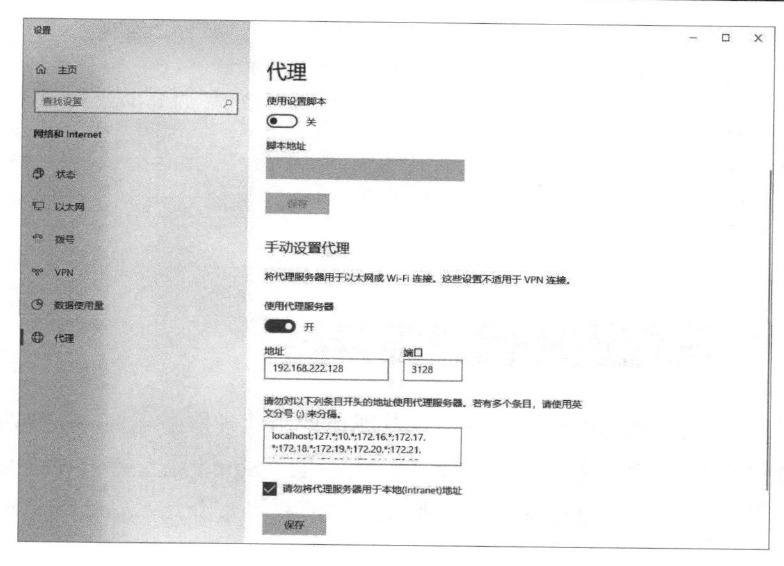

图 15.4　【代理】窗口

单击【手动设置代理】选项中的【使用代理服务器】开关按钮，然后在【地址】文本框中输入前面部署的 Squid 服务器的 IP 地址，在【端口】文本框中输入前面设置的 Squid 的服务端口，在本例中为 3128。

（4）输入一个外部网络的网址，例如 http://www.baidu.com，浏览器会正常打开百度的首页，如图 15.5 所示。

图 15.5　通过代理访问百度网站

查看 Squid 的访问日志，可以看到有关百度的日志输出，如下所示：

```
[root@CentOS ~]# tail -f /var/log/squid/access.log
1609752738.015    37059  192.168.222.1   TCP_TUNNEL/200   7087   CONNECT
sp1.baidu.com:443 - HIER_DIRECT/14.215.177.39 -
```

```
    1609752738.206          126   192.168.222.1   TCP_TUNNEL/200    186    CONNECT
sp1.baidu.com:443 - HIER_DIRECT/14.215.177.39 -
    1609752738.357           75   192.168.222.1   TCP_TUNNEL/200    186    CONNECT
sp1.baidu.com:443 - HIER_DIRECT/14.215.177.39 -
    1609752738.357        37396   192.168.222.1   TCP_TUNNEL/200   6331    CONNECT
sp2.baidu.com:443 - HIER_DIRECT/14.215.177.39 -
```

15.3 配置透明代理服务器

在介绍正向代理服务器的时候，用户可以发现在使用代理服务器时，需要在客户端配置浏览器选项，这给用户的使用带来了一定的麻烦。实际上，Squid还支持一种透明代理服务器模式，即用户不需要在浏览器上进行配置即可使用。本节将详细介绍Squid作为透明代理服务器的配置方法。

15.3.1 什么是透明代理服务器

透明代理服务器的功能与正向代理服务器基本相同，都是为了解决内部主机访问外部网络的问题。但是在使用方法方面，透明代理比传统的代理服务器更加方便，这正是“透明代理服务器”名称的由来，即使用时对用户是透明的，无须过多关注。

透明代理又称为透明网关，它的功能类似于网关设备，并且用户在使用的时候需要将个人计算机的网关设置为代理服务器的地址。

15.3.2 透明代理服务器的配置方法

接下来介绍透明代理服务器的配置方法。在本例中，我们使用两台虚拟机，其中一台虚拟机上安装CentOS 8系统，作为透明代理服务器；另一台虚拟机上安装Windows 10系统，作为客户端计算机，具体设置方法如示例15-4所示。

【示例15-4】

（1）设置代理服务器。透明代理服务器配置两个网络适配器，其中一个采用桥接模式（见图15.6），另一个采用LAN区段模式，其中的LAN区段为lan(192.168.3.0/24)，如图15.7所示。

接下来分别为这两个网络适配器分配静态IP地址192.168.2.141和192.168.3.2，这两个网络适配器分别对应网络接口ens33和ens37，如下所示：

```
    [root@localhost ~]# ip a | grep ens
    2: ens33: <BROADCAST,MULTICAST,UP,LOWER_UP> mtu 1500 qdisc fq_codel state UP
group default qlen 1000
        inet 192.168.2.141/24 brd 192.168.2.255 scope global dynamic noprefixroute
ens33
    3: ens37: <BROADCAST,MULTICAST,UP,LOWER_UP> mtu 1500 qdisc fq_codel state UP
group default qlen 1000
```

```
    inet 192.168.3.2/24 brd 192.168.3.255 scope global noprefixroute ens37
```

其中 ens33 为外部网络接口，ens37 为内部网络接口。

图 15.6 网络适配器桥接模式

图 15.7 网络适配器 LAN 区段模式

（2）在代理服务器上开启网络转发，如下所示：

```
[root@localhost ~]# sed -i '$a\net.ipv4.ip_forward = 1' /etc/sysctl.conf
[root@localhost ~]# sysctl -p
net.ipv4.ip_forward = 1
```

（3）在代理服务器上安装 Squid，命令如下：

```
[root@localhost ~]# yum -y install squid
```

修改 Squid 的配置文件，修改后的代码如下：

```
[root@localhost ~]# cat -n /etc/squid/squid.conf
     1  http_access allow all
     2  http_port 3128
     3  http_port 3129 intercept
     4
     5  coredump_dir /var/spool/squid
     6  #
     7  refresh_pattern ^ftp:           1440    20%     10080
     8  refresh_pattern ^gopher:        1440    0%      1440
     9  refresh_pattern -i (/cgi-bin/|\?) 0     0%      0
    10  refresh_pattern .               0       20%     4320
```

其中第 3 行的 http_port 指定监听的端口为 3129，后面的 intercept 表示该代理模式为透明代理。

（4）配置防火墙规则，命令如下：

```
#开放 http 服务
[root@localhost ~]# firewall-cmd --add-service=http
```

```
success
#开放 https 服务
[root@localhost ~]# firewall-cmd --add-service=https
success
#开放代理服务器的 31228 端口
[root@localhost ~]# firewall-cmd --add-port=3128/tcp
success
#开放透明代理的 3129 端口
[root@localhost ~]# firewall-cmd --add-port=3129/tcp
success
#所有来自 ens37 网络接口的目标端口为 80 的数据包都转发到透明代理的 3129 端口
[root@localhost ~]# firewall-cmd --direct --add-rule ipv4 nat PREROUTING 0 -i
ens37 -p tcp --dport=80 -j REDIRECT --to-ports 3129
success
#所有来自 ens37 网络接口的目标端口为 443 的数据包都转发到透明代理的 3129 端口
[root@localhost ~]# firewall-cmd --direct --add-rule ipv4 nat PREROUTING 0 -i
ens37 -p tcp --dport=443 -j REDIRECT --to-ports 3129
success
#保存配置规则
[root@localhost ~]# firewall-cmd --runtime-to-permanent
success
#重新加载规则
[root@localhost ~]# firewall-cmd --reload
success
```

（5）设置客户机。修改客户机的网络，将其加入 lan(192.168.3.0/24)区段中，如图 15.8 所示。

然后修改 Windows 10 的 IP 地址为 192.168.3.3，子网掩码为 255.255.255.0，这个 IP 地址位于 LAN 区段的 lan(192.168.3.0/24)中。默认网关设置为 192.168.3.2，即代理服务器内部网络接口的 IP 地址，如图 15.9 所示。

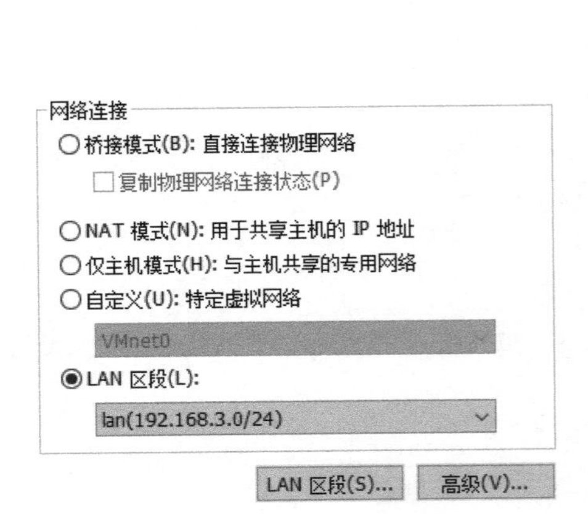

图 15.8　将客户机加入 LAN 区段

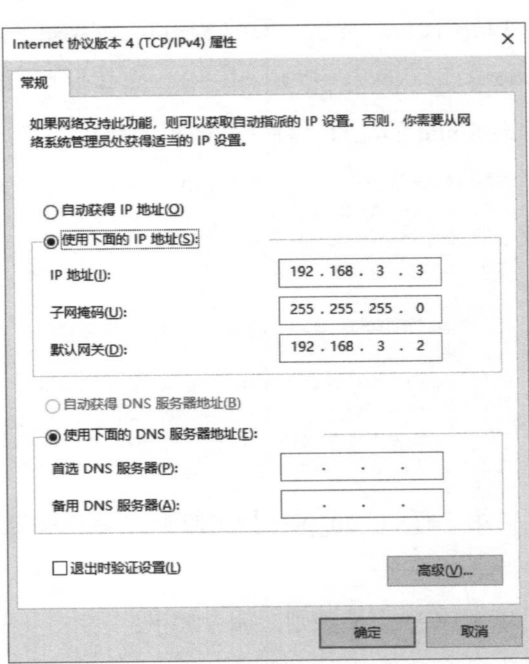

图 15.9　设置客户机网络参数

设置完成之后，客户机与代理服务器的两个网络接口都可以通信，如下所示：

```
PS C:\Users\chunxiao> ping 192.168.3.3
正在 Ping 192.168.3.3 具有 32 字节的数据:
来自 192.168.3.3 的回复: 字节=32 时间<1ms TTL=128
来自 192.168.3.3 的回复: 字节=32 时间<1ms TTL=128
来自 192.168.3.3 的回复: 字节=32 时间<1ms TTL=128
来自 192.168.3.3 的回复: 字节=32 时间<1ms TTL=128

192.168.3.3 的 Ping 统计信息:
    数据包: 已发送 = 4，已接收 = 4，丢失 = 0 (0% 丢失)，
往返行程的估计时间(以毫秒为单位):
    最短 = 0ms，最长 = 0ms，平均 = 0ms
```

15.3.3 测试透明代理服务器

测试透明代理服务器的方法比较简单，只要能够在客户机上访问外部网络中的资源就表明设置成功。

在客户机上打开浏览器，输入任意一个互联网 Web 服务器的 IP 地址，可以正常打开，如图 15.10 所示。

图 15.10 通过透明代理访问外部网络

在代理服务器的日志中可以看到相应访问日志，如下所示：

```
[root@localhost ~]# tail -f /var/log/squid/access.log
1609944891.223          4107    192.168.3.3    TCP_MISS/200    329737    GET
http://118.178.254.170/app.4756a783e6908175571a.css                        -
ORIGINAL_DST/118.178.254.170 text/css
1609944906.666      19551   192.168.3.3   TCP_MISS_ABORTED/200   2457062   GET
http://118.178.254.170/app.4756a783e6908175571a.bundle.js                  -
ORIGINAL_DST/118.178.254.170 application/javascript
1609944906.734     28 192.168.3.3 TCP_REFRESH_UNMODIFIED/304 327 GET
```

注意：处于 LAN 区段的网络接口不可以访问外部网络，只能与同一 LAN 区段的网络接口通信。

15.4 配置反向代理服务器

反向代理也就是通常所说的 Web 服务器加速，它是一种通过在繁忙的 Web 服务器和互联网之间增加一个高速的 Web 缓冲服务器（即 Web 反向代理服务器）来减轻实际的 Web 服务器的负载。因此，反向代理是目前互联网上非常流行的一种技术。本节将详细介绍如何使用 Squid 作为反向代理服务器。

15.4.1 反向代理的原理

反向代理是针对 Web 服务器而言的，它作为代理缓存，并不针对浏览器用户，而针对一台或多台特定的 Web 服务器，这也是反向代理名称的由来。

反向代理的原理如图 15.11 所示，要实施反向代理，只要将 Squid 服务器放置在一台或多台 Web 服务器前端即可。当互联网用户访问某个 Web 服务器时，通过 DNS 服务器解析后的 IP 地址是 Squid 反向代理服务器的 IP 地址，而非原始 Web 服务器的 IP 地址。这时 Squid 反向代理服务器充当 Web 服务器，浏览器可以与它连接，无须再直接与 Web 服务器相连。因此，大量 Web 服务工作量被转移到反向代理服务器上。这样不但能够防止外部网主机直接和 Web 服务器通信带来的安全隐患，而且能够很大程度上减轻 Web 服务器的负担，提高访问速度。

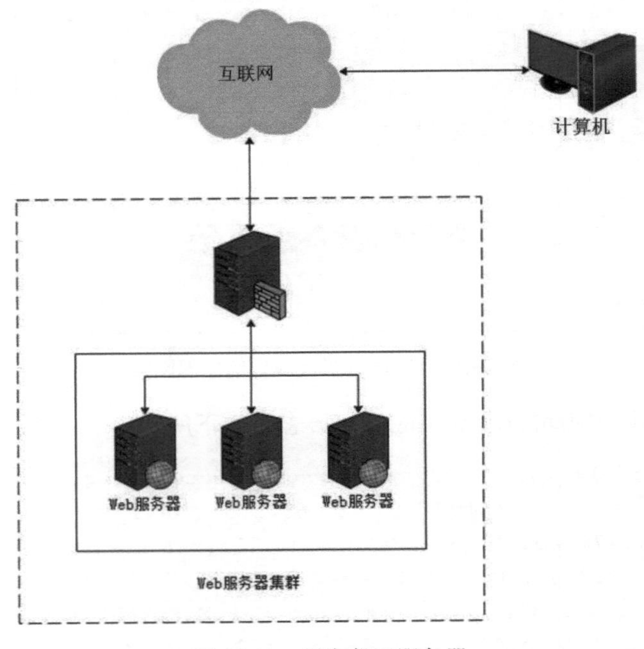

图 15.11　反向代理服务器

15.4.2 反向代理服务器的配置方法

通常情况下，在反向代理服务器后面会有一个 Web 服务器集群。这涉及集群的相关知识，这些知识与本章的内容关系不大，所以在下面的例子中以两台独立的 Web 服务器来充当 Web 服务器集群。表 15.2 列出了本例中的 3 台虚拟机的详细信息。

表 15.2 虚拟机的详细信息

名 称	IP 地址	角 色
squid	192.168.75.128	反向代理服务器
webserver1	192.168.75.130	Web 服务器 1
webserver2	192.168.75.131	Web 服务器 2

反向代理服务器的配置方法如示例 15-5 所示。

【示例 15-5】

（1）准备安装环境。在 3 台虚拟机上分别关闭 firewalld 防火墙和 SELinux。

```
[root@localhost ~]# systemctl stop firewalld
[root@localhost ~]# setenforce 0
[root@localhost ~]# sed -i "s/enforcing/disabled/g" /etc/selinux/config
```

（2）在 webserver1 和 webserver2 上安装 Apache，命令如下：

```
[root@localhost ~]# yum -y install httpd
```

安装完成之后，启动 Apache 服务，命令如下：

```
[root@localhost ~]# systemctl start httpd
```

（3）在名称为 squid 的虚拟机上安装 Squid，命令如下：

```
[root@localhost ~]# yum -y install squid
```

（4）修改 Squid 配置文件，代码如下：

```
[root@localhost ~]# cat -n /etc/squid/squid.conf
     1  acl localnet src 0.0.0.1-0.255.255.255  # RFC 1122 "this" network (LAN)
     2  acl localnet src 192.168.0.0/16    # RFC 1918 local private network (LAN)
     3  #定义 80 端口的 ACL
     4  acl Safe_ports port 80
     5  acl CONNECT method CONNECT
     6  #指定源服务器
     7  cache_peer 192.168.75.130 parent 80 0 no-query originserver weight=1 
name=a
     8  #指定源服务器
     9  cache_peer 192.168.75.131 parent 80 0 no-query originserver weight=1 
name=b
    10  #指定域名
    11  cache_peer_domain a www.domain.com
    12  #指定域名
    13  cache_peer_domain b www.domain.com
    14  #
```

```
15 http_port 80 accel vhost vport
16 http_access deny !Safe_ports
17
18 # Deny CONNECT to other than secure SSL ports
19 http_access deny CONNECT !SSL_ports
20
21 # Only allow cachemgr access from localhost
22 http_access allow localhost manager
23 http_access deny manager
24
25
26 # Example rule allowing access from your local networks.
27 # Adapt localnet in the ACL section to list your (internal) IP networks
28 # from where browsing should be allowed
29 http_access allow localnet
30 http_access allow localhost
31
32 # And finally deny all other access to this proxy
33 http_access deny all
34
35 # Squid normally listens to port 3128
36 http_port 3128
37
38 # Uncomment and adjust the following to add a disk cache directory.
39 #cache_dir ufs /var/spool/squid 100 16 256
40
41 # Leave coredumps in the first cache dir
42 coredump_dir /var/spool/squid
43
44 #
45 # Add any of your own refresh_pattern entries above these.
46 #
47 refresh_pattern ^ftp:           1440    20%    10080
48 refresh_pattern ^gopher:         1440    0%     1440
49 refresh_pattern -i (/cgi-bin/|\?) 0     0%     0
50 refresh_pattern .              0      20%    4320
```

在上面的代码中，重要的是cache_peer和cache_peer_domain这两个命令，下面详细介绍一下这两个命令的使用方法。

1. cache_peer

该命令用来设置父子代理服务器或者源服务器，其语法如下：

```
cache_peer hostname type http_port icp_port option
```

有以下选项可以配置：

- hostname：被请求的同级代理服务器或父级代理服务器，可以用主机名或IP地址表示。

- type：代理服务器的类型，其中 sibling 为同级代理服务器，parent 为父级代理服务器。
- http_port：代理服务器的端口。
- icp_port：代理服务器的 ICP 端口。
- option：附加选项，其中 no-query 表示不向该代理服务器发送 ICP 请求，originserver 表示该服务器为源服务器，weight 表示该服务器的权重，name 表示该服务器的名称。

2. cache_peer_domain

该命令用来设置代理服务器对应的域名，其语法如下：

```
cache_peer_domain peer_name domain_name
```

其中参数如下：

- peer_name：设置的代理服务器的名称。
- domain_name：代理服务器对应的域名。

示例 15-6 列举了这两个命令的常用方法。

【示例 15-6】

```
#定义 3 个源服务器
cache_peer 192.168.1.50 parent 81 0 no-query originserver weight=1 name=a
cache_peer 192.168.1.50 parent 82 0 no-query originserver weight=1 name=b
cache_peer 192.168.1.50 parent 80 0 no-query originserver weight=1 name=c
#如果用户请求 www.serverA.com，则 Squid 向 Server 192.168.1.50 的端口 81 发送请求
cache_peer_domain a www.serverA.com
#如果用户请求 www.serverB.com，则 Squid 向 Server 192.168.1.50 的端口 82 发送请求
cache_peer_domain b www.serverB.com
#如果用户请求 www.serverC.com，则 Squid 向 Server 192.168.1.50 的端口 80 发送请求
cache_peer_domain c  www.serverC.com
```

设置完成之后，重新启动 Squid 服务。

15.4.3 测试反向代理服务器

测试反向代理服务器的方法就是通过浏览器访问 Squid 服务器的 80 端口，然后观察两台 Web 服务器是否收到请求以及 Apache 的主页能否正常显示。

打开浏览器，输入 Squid 代理服务器的 IP 地址，在本例中为：

```
http://192.168.75.130/
```

Apache 的默认主页就会显示出来，如图 15.12 所示。

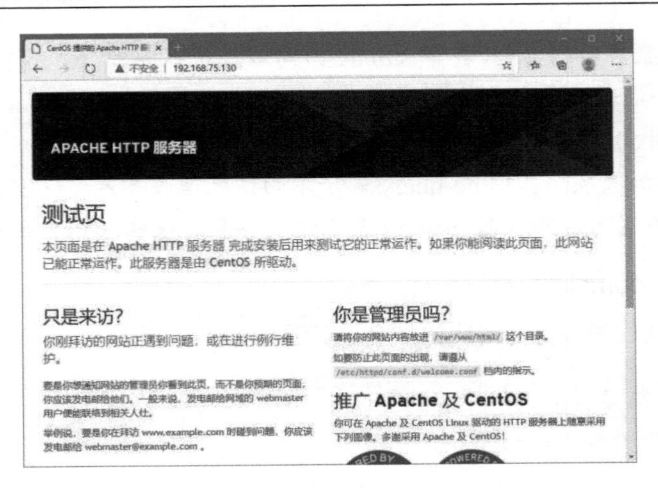

图 15.12　Apache 的默认主页

这意味着反向代理已经正常运行。查看 webserver1 中的 Apache 的访问日志，可以看到来自客户端 IP 地址 192.168.75.1 的访问请求，如下所示：

```
[root@localhost ~]# tail -f /var/log/httpd/access_log
192.168.75.1 - - [06/Jan/2021:05:57:58 -0800] "GET / HTTP/1.1" 403 4006 "-" "Mozilla/5.0 (Windows NT 10.0; Win64; x64) AppleWebKit/537.36 (KHTML, like Gecko) Chrome/87.0.4280.88 Safari/537.36 Edg/87.0.664.66"
192.168.75.1 - - [06/Jan/2021:05:57:58 -0800] "GET / HTTP/1.1" 403 4006 "-" "Mozilla/5.0 (Windows NT 10.0; Win64; x64) AppleWebKit/537.36 (KHTML, like Gecko) Chrome/87.0.4280.88 Safari/537.36 Edg/87.0.664.66"
192.168.75.1 - - [06/Jan/2021:05:57:59 -0800] "GET / HTTP/1.1" 403 4006 "-" "Mozilla/5.0 (Windows NT 10.0; Win64; x64) AppleWebKit/537.36 (KHTML, like Gecko) Chrome/87.0.4280.88 Safari/537.36 Edg/87.0.664.66"
```

其中 192.168.75.1 为 VMware 虚拟机的默认网关。

15.5　配置缓存代理服务器

缓存服务器是用来存储用户访问的网页、图片、文件等信息的专用服务器。这种服务器不仅可以使用户最快地得到他们想要的信息，而且可以大大减少服务端网络传输的数据量。实际上，缓存服务器往往也是代理服务器。在前面介绍的几种代理服务器中，使用的都是缓存的机制。本节将介绍 Squid 的缓存配置方法。

15.5.1　Web 缓存的基本概念

当 Squid 代理服务器转发用户请求时，通常会将用户请求过的 Web 资源文件（例如网页、图片以及音频等文件）保存在代理服务器的磁盘上。当某个用户再次请求到相同的资源时，Squid 就可以从本地磁盘上读取该资源，并返回给用户，而无须再次向远程的 Web 服务器发送请求。由于 Squid 缓存的资源一般都是静态资源，因此处理起来非常快。以上就是 Web 缓存的基本原理。

当然，远程服务器上的资源并不是一直不变的，因此 Squid 的缓存会设置一定的有效期，当用户请求失效的缓存资源时，Squid 会重新向远程服务器发送请求。

15.5.1　Squid 缓存的常用选项

Squid 缓存也是在配置文件/etc/squid/squid.conf 中配置的。下面对缓存有关的命令进行介绍。

1. cache_dir

该命令用来配置 Squid 缓存目录，其语法如下：

```
cache_dir scheme directory size L1 L2 [options]
```

选项的含义如下：

- scheme：缓存的存储机制，可以选择 ufs、aufs、coss、diskd 或者 null 等值，默认为 ufs。
- directory：存储缓存对象的目录，建议将一个缓存目录放在单独的磁盘分区中，另外最好放在一个单独的物理磁盘上。
- size：缓存目录大小。
- L1 和 L2：Squid 的缓存目录分为 2 级。L1 指定第一层的目录数，L2 指定第二层的目录数，默认为 16 和 256。真正的缓存目录放在二级目录下，并且数据是按次序存放的。
- options：常用的值有 read-only 和 max-size，分别表示只读方式和目录中单个文件的最大值。

2. cache_swap_low 和 cache_swap_high

这两个命令分别设置缓存的最低值和最高值（为百分比）。

3. maximum_object_size 和 minimum_object_size

这两个命令分别设置单个缓存对象的最大值和最小值，单位可以是 Bytes、KB 或者 MB 等。

4. cache_replacement_policy

该命令用来设置 Squid 的磁盘缓存的置换策略。Squid 提供了 3 种置换策略，分别说明如下：

- LRU：最近最少使用。
- GDSF：贪婪对偶大小次数。
- LFUDA：动态衰老最少经常使用。

其中 LRU 是默认的置换策略。

5. refresh_pattern

该命令用于确定一个 Web 资源进入缓存后，在缓存中停留的时间。其语法如下：

```
refresh_pattern [-i] regexp min percent max
```

参数说明如下：

- regexp：字母大小写敏感的正则表达式。
- min：缓存资源过期的最低时间限制，单位为分钟。
- percent：过期时间百分比。
- max：缓存资源过期的最高时间限制。

15.5.3 Squid 缓存配置实例

常见的缓存服务器的配置方法如示例 15-7 所示。

【示例 15-7】

（1）创建缓存目录，命令如下：

```
[root@CentOS ~]# mkdir -p /data/squidcache
```

（2）将缓存目录的所有者更改为 squid，命令如下：

```
[root@CentOS ~]# chown -R squid:squid /data/squidcache/
```

（3）修改 Squid 配置文件，增加以下代码：

```
#设置磁盘缓存目录以及缓存有效时间
cache_dir aufs /data/squidcache 512 16 256
#设置内存缓存的大小
cache_mem 128 MB
#出现 cgi-bin 或者?的 URL 不予缓存
hierarchy_stoplist cgi-bin ?
coredump_dir /var/spool/squid
#设置 FTP 资源缓存刷新规则
refresh_pattern ^ftp: 1440 20% 10080
#设置 gopher 资源缓存刷新规则
refresh_pattern ^gopher: 1440 0% 1440
#设置 CGI 缓存刷新规则
refresh_pattern -i (/cgi-bin/|\?) 0 0% 0
#设置静态资源缓存刷新规则
refresh_pattern \.(jpg|png|gif|mp3|xml) 1440 50% 2880 ignore-reload
#设置默认的缓寸刷新规则
refresh_pattern . 0 20% 4320
```

（4）重新加载配置文件，命令如下：

```
[root@CentOS ~]# squid -krec
```

15.6 小　结

Squid 是一款功能非常强大的缓存以及代理服务器软件。它可以应用在许多网络环境中，解决了许多实际问题。本章详细介绍了 Squid 缓存以及代理服务器的配置方法，包括正向代理、反向代理、透明代理以及缓存服务器等。掌握好本章的内容，可以使得读者在日常网络维护中更加得心应手。

第 16 章

PXE+Kickstart 无人值守安装

在第 1 章中，我们详细介绍了 Linux 的安装方式。实际上，除了前面介绍的几种方式之外，Linux 还支持 PXE 结合 Kickstart 进行无人值守安装，这在需要大批量安装 Linux 的情况下非常有用。

本章首先介绍如何通过 PXE 进行网络安装 CentOS Stream 8（后面简称 CentOS），然后介绍如何结合 Kickstart 实现无人值守安装 Linux。

本章涉及的知识点主要有：

- 通过 PXE 安装 CentOS
- PXE 结合 Kickstart 实现无人值守安装 CentOS

16.1 通过 PXE 安装 CentOS

PXE 为 CentOS 提供了一种非常便捷的安装方式。通过 PXE，用户不需要准备任何的物理安装介质，即可通过网络完成 CentOS 的安装。本节将详细介绍 PXE 的基本原理以及安装 CentOS 的方法。

16.1.1 PXE 及其基本原理

PXE（Preboot Execution Environment，预启动执行环境），提供了一种使用网卡启动计算机的机制，这种机制让计算机的启动可以不依赖本地数据存储设备。

要使用 PXE，必须满足两个条件：

（1）安装 CentOS 的主机的网卡必须支持 PXE 功能，并且开机时选择从网卡启动，这样系统才会通过网卡进入 PXE 客户端的程序。

（2）PXE 服务器必须提供至少含有 DHCP 以及 TFTP 的服务。其中 DHCP 服务器能够提供待安装主机所需要的网络参数，还要告诉主机 TFTP 服务器的地址。TFTP 服务器则提供主机启动所需要的 Boot loader（引导加载程序）以及内核文件下载服务。

除此之外，还需要 NFS、FTP 或者 HTTP 等方式来提供安装文件。在大多数情况下，这些服务都可以由一台主机提供。

PXE 引导 Linux 安装的过程如下：

（1）主机开机之后，网卡便搜索局域网内的 DHCP 服务器，并发送 IP 地址请求消息，DHCP 服务器则为该主机分配一个 IP 地址，同时将 PXE 环境下的 Boot loader 文件 pxelinux.0 的位置信息传送给主机。

（2）主机根据 DHCP 服务器返回的引导文件的地址，向 TFTP 服务器请求 pxelinux.0 文件，TFTP 服务器接收到消息之后再向主机发送 pxelinux.0 文件。

（3）主机执行接收到的 pxelinux.0 文件。

（4）主机向 TFTP 服务器请求 pxelinux.cfg 文件，TFTP 服务器将配置文件发回主机，继而主机根据配置文件执行后续操作。

（5）主机向 TFTP 服务器发送 Linux 内核请求信息，TFTP 服务器接收到消息之后将内核文件发送给主机。

（6）主机加载 Linux 内核。

（7）主机通过 NFS、FTP 或者 HTTP 等方式下载系统安装文件进行安装。

16.1.2　准备安装环境

在本例中，一共准备了两台虚拟机。其中一台作为 DHCP、TFTP 以及 HTTP 服务器，该主机有两个网络适配器，其中一个设置为桥接模式，网络参数设置为自动获取，与外部网络连通，另一个设置为与另一台主机位于同一个 LAN 区段 lan(192.168.3.0/24)中，使得两台主机能够通信，其 IP 地址为 192.168.3.1。另一台作为需要安装的主机，只有一个网络适配器，设置为 lan(192.168.3.0/24)。

虚拟机网络的设置如图 16.1 所示。

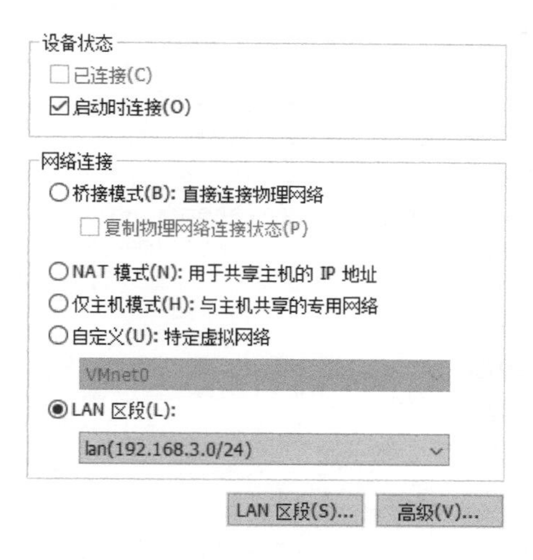

图 16.1　设置虚拟机网络

16.1.3 安装DHCP服务器

在整个安装过程中，DHCP 服务器可以说是安装过程的起点。所以下面首先安装 DHCP 服务器。前面已经介绍过，在安装过程中，DHCP 服务器的主要功能是提供主机所需要的网络参数与 TFTP 服务器的地址，以及 Boot loader 的文件名。安装过程如示例 16-1 所示。

【示例 16-1】

（1）安装 dhcp-server 软件包，安装命令如下：

```
[root@localhost ~]# yum -y install dhcp-server
```

（2）修改 dhcp-server 的配置文件/etc/dhcp/dhcpd.conf，代码如下：

```
[root@localhost ~]# cat -n /etc/dhcp/dhcpd.conf
     1	ddns-update-style none;
     2	default-lease-time 259200;
     3	max-lease-time 518400;
     4	#设置默认网关
     5	option routers 192.168.3.1;
     6	#设置 DHCP 服务器所管理的子网
     7	subnet 192.168.3.0 netmask 255.255.255.0 {
     8	        #客户机可分配的 IP 地址的范围
     9	        range 192.168.3.128 192.168.3.200;
    10	        #默认的子网掩码
    11	        option subnet-mask 255.255.255.0;
    12	        #下一个服务器的地址，此处为 TFTP 服务器的 IP 地址
    13	        next-server 192.168.3.1;
    14	        #Boot loader 文件名
    15	        filename "pxelinux.0";
    16	}
```

（3）重新启动 DHCP 服务器，并确认服务正常运行，命令如下：

```
[root@localhost ~]# systemctl restart dhcpd
[root@localhost ~]# systemctl status dhcpd
● dhcpd.service - DHCPv4 Server Daemon
   Loaded: loaded (/usr/lib/systemd/system/dhcpd.service; disabled; ven>
   Active: active (running) since Fri 2021-01-08 18:49:37 PST; 10min ago
     Docs: man:dhcpd(8)
           man:dhcpd.conf(5)
 Main PID: 2897 (dhcpd)
   Status: "Dispatching packets..."
    Tasks: 1 (limit: 23800)
   Memory: 5.1M
   CGroup: /system.slice/dhcpd.service
           └─2897 /usr/sbin/dhcpd -f -cf /etc/dhcp/dhcpd.conf -user dhc>

Jan 08 18:49:37 localhost.localdomain dhcpd[2897]:
```

```
Jan 08 18:49:37 localhost.localdomain dhcpd[2897]: Listening on LPF/ens>
Jan 08 18:49:37 localhost.localdomain dhcpd[2897]: Sending on   LPF/ens>
Jan 08 18:49:37 localhost.localdomain dhcpd[2897]: Sending on   Socket/>
Jan 08 18:49:37 localhost.localdomain dhcpd[2897]: Server starting serv>
Jan 08 18:49:37 localhost.localdomain systemd[1]: Started DHCPv4 Server>
Jan 08 18:54:03 localhost.localdomain dhcpd[2897]: DHCPDISCOVER from 00>
Jan 08 18:54:04 localhost.localdomain dhcpd[2897]: DHCPOFFER on 192.168>
Jan 08 18:54:05 localhost.localdomain dhcpd[2897]: DHCPREQUEST for 192.>
Jan 08 18:54:05 localhost.localdomain dhcpd[2897]: DHCPACK on 192.168.3>
lines 1-22/22 (END)
```

16.1.4　安装 TFTP 服务器

在 PXE 安装过程中，TFTP 服务器的功能主要是提供引导文件和 Linux 内核文件。安装 TFTP 服务器的方法如示例 16-2 所示。

【示例 16-2】

（1）安装 tftp-server 软件包，命令如下：

```
[root@localhost ~]# yum -y install tftp tftp-server xinetd
```

（2）启动 TFTP 服务器，命令如下：

```
root@localhost ~]# systemctl restart xinetd tftp
```

16.1.5　准备引导文件

如果要使用 PXE 的开机引导的话，就需要使用 CentOS 提供的 syslinux 包，将 syslinux 目录下的文件复制到 TFTP 的根目录/var/lib/tftpboot 下即可。整个过程如示例 16-3 所示。

【示例 16-3】

（1）安装 syslinux 软件包，命令如下：

```
[root@localhost ~]# yum -y install syslinux
```

（2）复制 4 个文件到 TFTP 的根目录，命令如下：

```
[root@localhost ~]# cp /usr/share/syslinux/* /var/lib/tftpboot/
```

（3）创建配置文件目录，命令如下：

```
root@localhost ~]# mkdir /var/lib/tftpboot/pxelinux.cfg
```

16.1.6　准备内核文件

要启动安装过程，必须提供内核文件，这里以 64 位版本的 CentOS 8.3 为例，具体步骤如示例 16-4 所示。

【示例 16-4】

（1）下载 CentOS 8 镜像文件。CentOS 8 提供两种镜像文件，分别为用于网络安装的 CentOS-8.3.2011-x86_64-boot.iso 以及完整版的镜像文件 CentOS-8.3.2011-x86_64-dvd1.iso，这两个文件都包含 syslinux。用于网络安装的 CentOS-8.3.2011-x86_64-boot.iso 文件很小，所以此处下载该文件，命令如下：

```
[root@localhost ~]# wget http://mirrors.163.com/centos/8/isos/x86_64/
CentOS-8.3.2011-x86_64-boot.iso
```

（2）挂载镜像文件。为了提取其中的文件，需要将下载后的文件挂载到挂载点上使用，命令如下：

```
[root@localhost ~]# mount CentOS-8.3.2011-x86_64-boot.iso /mnt
```

（3）复制内核文件。先创建一个目录，用来放置内核文件，命令如下：

```
[root@localhost ~]# mkdir /var/lib/tftpboot/centos8
```

然后将内核文件复制到以上目录中，命令如下：

```
[root@localhost ~]# cp /mnt/isolinux/* /var/lib/tftpboot/centos8/
```

实际上/mnt/isolinux 目录中的文件并不都是必需的，为了简单起见，此处将所有的文件都复制过去。

（4）复制配置文件，命令如下：

```
[root@localhost ~]# cp /mnt/isolinux/isolinux.cfg /var/lib/tftpboot/
pxelinux.cfg/default
```

然后修改该文件的内容，修改后的代码如下：

```
[root@localhost pxelinux.cfg]# cat -n /var/lib/tftpboot/pxelinux.cfg/default
     1  default vesamenu.c32
     2  timeout 600
     3  display ./centos8/boot.msg
     4  menu clear
     5  menu background splash.png
     6  menu title CentOS Linux 8
     7  menu vshift 8
     8  menu rows 18
     9  menu margin 8
    10  menu helpmsgrow 15
    11  menu tabmsgrow 13
    12  menu color border * #00000000 #00000000 none
    13  menu color sel 0 #ffffffff #00000000 none
    14  menu color title 0 #ff7ba3d0 #00000000 none
    15  menu color tabmsg 0 #ff3a6496 #00000000 none
    16  menu color unsel 0 #84b8ffff #00000000 none
    17  menu color hotsel 0 #84b8ffff #00000000 none
    18  menu color hotkey 0 #ffffffff #00000000 none
```

```
19   menu color help 0 #ffffffff #00000000 none
20   menu color scrollbar 0 #ffffffff #ff355594 none
21   menu color timeout 0 #ffffffff #00000000 none
22   menu color timeout_msg 0 #ffffffff #00000000 none
23   menu color cmdmark 0 #84b8ffff #00000000 none
24   menu color cmdline 0 #ffffffff #00000000 none
25   menu tabmsg Press Tab for full configuration options on menu items.
26   menu separator # insert an empty line
27   menu separator # insert an empty line
28   #安装 CentOS 菜单项
29   label linux
30     menu label ^Install CentOS Linux 8
31     kernel ./centos8/vmlinuz
32     append initrd=./centos8/initrd.img inst.stage2=http://192.168.3.1
/centos quiet
33   #基本图形界面
34   label vesa
35     menu indent count 5
36     menu label Install CentOS Linux 8 in ^basic graphics mode
37     text help
38       Try this option out if you're having trouble installing
39       CentOS Linux 8.
40     endtext
41     kernel ./centos8/vmlinuz
42     append initrd=./centos8/initrd.img inst.stage2=hd:LABEL=CentOS-8-3
-2011-x86_64-dvd nomodeset quiet
43   #返回主菜单项
44   label returntomain
45     menu label Return to ^main menu
46     menu exit
47
48   menu end
```

其中最主要的修改是将内核文件的路径修改为当前目录中的 centos8 目录。此外，将 inst.stage2 选项的值设置为 http://192.168.3.1/centos，这个 URL 就是我们提供 CentOS 8 安装文件的地址。

16.1.7 准备安装文件

前面已经介绍过，CentOS 的安装文件可以通过 NFS、FTP 或者 HTTP 等方式来提供。在本例中，使用 HTTP 方式提供 CentOS 8 的安装文件，具体步骤如示例 16-5 所示。

【示例 16-5】

（1）下载 CentOS 8 完整的镜像文件，命令如下：

```
[root@localhost ~]# wget http://mirrors.163.com/centos/8/isos/x86_64/CentOS-
8.3.2011-x86_64-dvd1.iso
```

（2）安装 Apache 服务器，命令如下：

```
[root@localhost ~]# yum -y install httpd
```

然后启动 Apache 服务，命令如下：

```
[root@localhost ~]# systemctl start httpd
```

（3）解压 CentOS 8 镜像文件。先挂载 CentOS-8.3.2011-x86_64-dvd1.iso 文件，然后将其中的文件都复制到/var/www/html/centos 目录下，命令如下：

```
[root@localhost ~]# mount /data/CentOS-8.3.2011-x86_64-dvd1.iso /mnt
[root@localhost ~]# mkdir /var/www/html/centos
[root@localhost ~]# cp -r /mnt/* /var/www/html/centos/
```

16.1.8 开始安装

当所有的准备工作都完成之后，用户就可以开始安装主机了。具体的安装步骤如示例 16-6 所示。

【示例 16-6】

（1）启动要安装的主机，并且设置为网卡启动。接下来主机会自动寻找局域网内的 DHCP 服务器，如图 16.2 所示。稍等片刻，找到 DHCP 服务器之后，便会获取一个 IP 地址。

```
Network boot from Intel E1000
Copyright (C) 2003-2018  VMware, Inc.
Copyright (C) 1997-2000  Intel Corporation

CLIENT MAC ADDR: 00 0C 29 29 42 7A  GUID: 564DB05D-1B39-F27D-AE14-53B4D329427A
DHCP._
```

图 16.2 通过网卡启动主机

（2）选择安装方式。当内核加载完成之后，安装菜单就会显示出来。由于我们在前面的配置文件中删除了部分内容，所以安装界面只显示了 3 个选项，如图 16.3 所示。选择第 1 个菜单项，按回车键继续安装。

（3）设置语言。在左侧的列表框中选择【中文】，然后单击【继续】按钮，如图 16.4 所示。

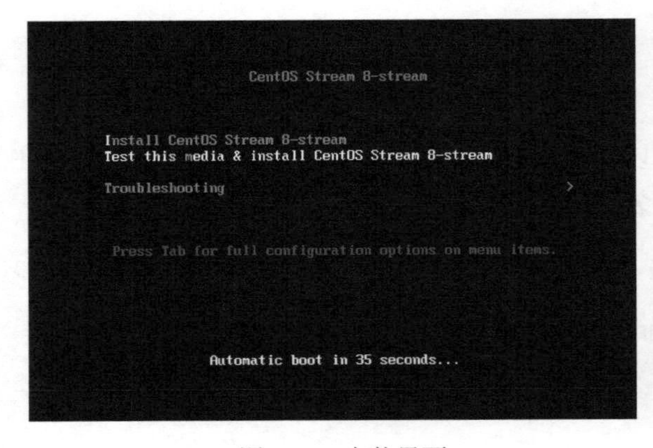

图 16.3 安装界面

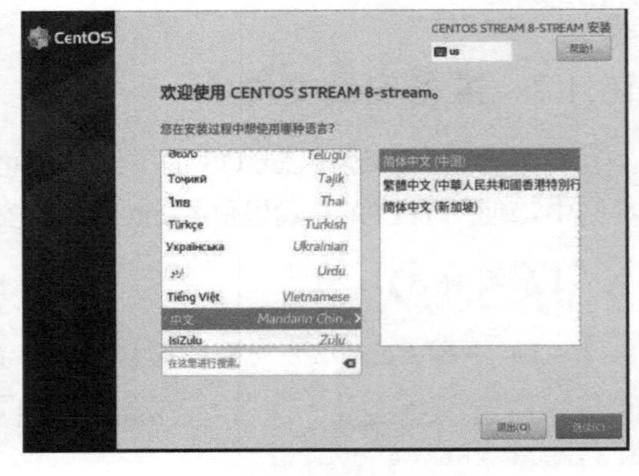

图 16.4 选择语言

（4）设置安装摘要。在【安装摘要】窗口中，单击【安装源】按钮，打开【安装源】窗口。选中【在网络上】单选按钮，在网络协议下拉菜单中选择 http://选项，然后在文本框中输入：

```
192.168.3.1/centos/BaseOS
```

在输入网址的时候，前面不用加 http。这个地址是前面配置的 Apache 服务器的地址，如图 16.5 所示。单击界面左上角的【完成】按钮，返回【安装摘要】对话框。

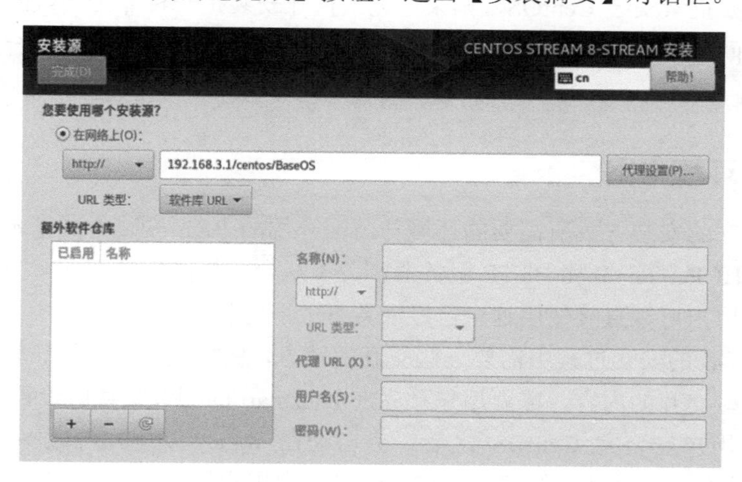

图 16.5　设置安装源

（5）设置其他选项。关于【安装摘要】窗口中的其他选项，与前面学习的设置方法完全相同，不再重复介绍。

（6）开始安装。设置完成之后，单击【开始安装】按钮，开始安装过程，如图 16.6 所示。

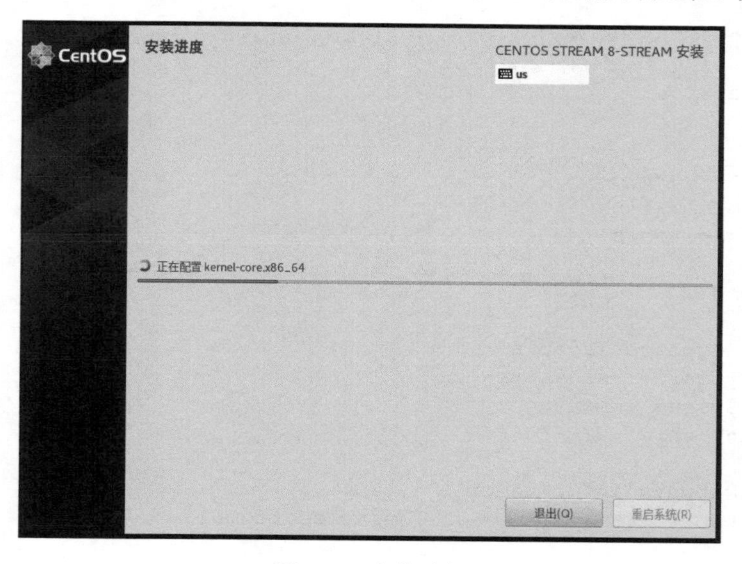

图 16.6　安装过程

等安装完成之后，重新启动主机，即可登录系统。

16.2 PXE 结合 Kickstart 实现无人值守安装 CentOS

如果用户需要批量安装 CentOS，则采用无人值守安装是一种非常高效的方式，可以为用户节约大量的时间。本节将详细介绍如何将 PXE 和 Kickstart 这两种技术结合起来，实现无人值守安装。

16.2.1 安装环境准备

采用无人值守的安装方式所需要的环境与前面介绍的 PXE 安装方式基本相同，也需要一台主机来充当 DHCP、TFTP 和 HTTP 服务器。关于这台主机的安装和配置方法，与上一节介绍的完全相同，用户可以直接使用这台已经配置好的服务器。

由于在 CentOS 的安装过程中需要一些交互的地方，例如选择安装源、软件包以及安装目标盘等。对于这些交互的内容，需要用户预先在 Kickstart 的配置文件中设置好。

实际上，在用户安装完 CentOS 之后，会自动在 root 用户的主目录中生成一个名称为 anaconda-ks.cfg 文件，该文件详细记录了在安装过程中用户做出的选择。Kickstart 所需要的配置文件的内容与该文件几乎相同，因此用户可以在已有的 anaconda-ks.cfg 文件的基础上进行修改，以满足安装需求。

在本例中，所需要的配置文件的内容如下：

```
[root@localhost ~]# cat -n ks.cfg
     1	#version=RHEL8
     2	# Use graphical install
     3	graphical
     4	
     5	
     6	%packages
     7	@^minimal-environment
     8	kexec-tools
     9	
    10	%end
    11	
    12	# Keyboard layouts
    13	keyboard --xlayouts='cn'
    14	# System language
    15	lang zh_CN.UTF-8
    16	
    17	# Network information
    18	network  --hostname=localhost.localdomain
    19	
    20	# Use network installation
    21	url --url="http://192.168.3.1/centos "
    22	
    23	# Run the Setup Agent on first boot
```

```
24   firstboot --enable
25
26   ignoredisk --only-use=sda
27   autopart
28   # Partition clearing information
29   clearpart --none --initlabel
30
31   # System timezone
32   timezone America/New_York --isUtc
33
34   # Root password
35   rootpw --iscrypted $6$gkNOYgfg4t5tDWMq$Rzwnn/whpCYfuYvnBE
9knvS73v8sQokd1qWIVDJ28f/o80hIInGH1kTzwJjrRWq8rj3zO48wTYLJ3MTv83jnq1
36
37   %addon com_redhat_kdump --enable --reserve-mb='auto'
38
39   %end
40
41   %anaconda
42   pwpolicy root --minlen=6 --minquality=1 --notstrict --nochanges --notempty
43pwpolicy user --minlen=6 --minquality=1 --notstrict --nochanges --emptyok
44pwpolicy luks --minlen=6 --minquality=1 --notstrict --nochanges --notempty
45  %end
```

然后修改/var/lib/tftpboot/pxelinux.cfg/default 文件，将其中的一行修改为 ks 的配置文件的路径，如下所示：

```
append initrd=./centos8/initrd.img ks=http://192.168.3.1/centos/ks.cfg quiet
```

16.2.2　开始安装

接下来开始进行无人值守安装。将需要安装系统的主机的电源打开，设置为从网卡启动。主机会自动搜索 DHCP 服务器，获取 IP 地址及相关引导文件和内核，然后启动安装界面。整个过程都不需要用户参与，一直到安装结束，如图 16.7 所示。

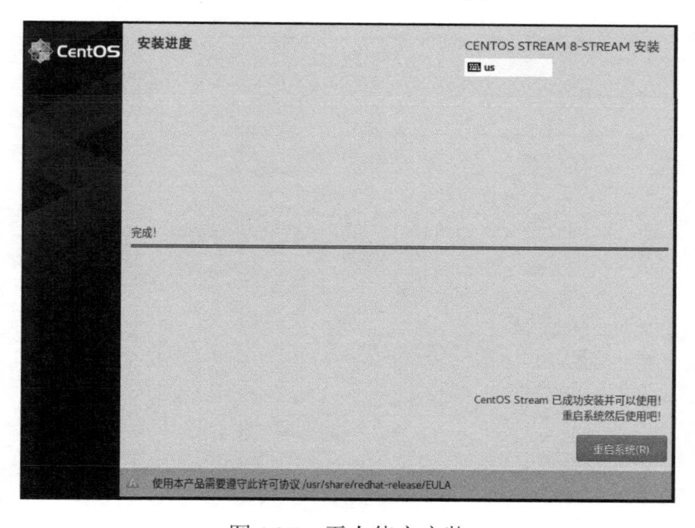

图 16.7　无人值守安装

16.3 小 结

CentOS 的安装方式非常灵活，在不同的场景下，用户应该选择最适合的安装方式。本章介绍了 PXE 以及 Kickstart 无人值守安装方式，前者不需要任何物理安装介质即可完成安装，并且安装速度比通过其他物理介质安装要快很多；后者则非常适合大批量安装的场景。相信通过本章的学习，读者对于 Linux 的安装过程有了更加深入的理解，这对于 Linux 的维护工作是非常有帮助的。